Ausgezeichnete Informatikdissertationen 1996

Im Auftrag der GI herausgegeben durch den Nominierungsausschuß

Wolfgang Bibel	TH Darmstadt
Herbert Fiedler	U Bonn
Werner Grass	U Passau
Peter Gorny	U Oldenburg
Günter Hotz (Vorsitzender)	U Saarbrücken
I. O. Kerner	TU Dresden
Rüdiger Reischuk	Med. U Lübeck
Friedrich Roithmayr	U Innsbruck

B. G. Teubner Stuttgart 1998

Die Deutsche Bibliothek – CIP-Einheitsaufnahme

Ausgezeichnete Informatikdissertationen 1996 /
im Auftr. der GI hrsg. durch den Nominierungsausschuß.
Wolfgang Bibel ... – Stuttgart : Teubner, 1998
  ISBN 978-3-519-02646-4   ISBN 978-3-322-91230-5 (eBook)
  DOI 10.1007/978-3-322-91230-5

Das Werk einschließlich aller seiner Teile ist urheberrechtlich geschützt. Jede Verwertung außerhalb der engen Grenzen des Urheberrechtsgesetzes ist ohne Zustimmung des Verlages unzulässig und strafbar. Das gilt besonders für Vervielfältigungen, Übersetzungen, Mikroverfilmungen und die Einspeicherung und Verarbeitung in elektronischen Systemen.
© B. G. Teubner Stuttgart 1998

Vorwort

Die Gesellschaft für Informatik (GI) zeichnet jedes Jahr eine Informatikdissertation durch einen Preis aus. Die Auswahl dieser Dissertation stützt sich auf die von den Universitäten und Hochschulen für diesen Preis vorgeschlagenen Dissertationen. Somit sind die Teilnehmer an dem Auswahlverfahren der GI bereits als „Preisträger" ihrer Hochschule ausgezeichnet.

Der Ausschuß der GI, der den Preisträger aus der Reihe der vorgeschlagenen Kandidaten nominiert, veranstaltete in Räumen der *Akademie der Wissenschaften und Literatur Mainz* ein Kolloquium, das den Kandidaten Gelegenheit bot, ihre Resultate im Kreis der Mitbewerber vorzustellen und zu verteidigen. Der Ausschuß war von dem hohen Niveau der eingereichten Arbeiten und der Präsentation sehr positiv beeindruckt. Die Teilnehmer begrüßten die Veranstaltung des Kolloquiums sehr, nahmen an der Diskussion teil und schätzten die Möglichkeit, mit den Teilnehmern aus anderen Hochschulen ins Gespräch zu kommen. Zu dem Erfolg des Kolloquiums trug auch die großzügige Gastfreundschaft der Akademie bei, der hier dafür auch gedankt sei.

Es fiel dem Ausschuß schwer, unter den nach dem Kolloquium in die engere Wahl genommenen Kandidaten den Preisträger zu bestimmen. Die Publikation der hier präsentierten Kurzfassungen gleicht die Ungerechtigkeit der Auswahl eines Kandidaten unter mehreren ebenbürtigen Kandidaten etwas aus.

Der Band gibt der Öffentlichkeit auch einen Eindruck davon, was an den deutschen Hochschulen in der Informatik geforscht wird. Der Nominierungsausschuß bedauert, daß sich keine der für die Forschung zuständigen Organisationen für eine finanzielle Unterstützung des Kolloquiums gewinnen ließ. Er freut sich, daß dennoch alle vorgeschlagenen Kandidaten bis auf einen, der in den USA weilte, an dem Kolloquium teilnehmen konnten.

Nicht jede Hochschule konnte einen Kandidaten für den Preis benennen. Leider waren drei der Kandidaten trotz großzügigem zeitlichen Entgegenkommen nicht in der Lage, ihre Beiträge zu diesem Band rechtzeitig fertigzustellen.

Herrn Dr. Peter Spuhler vom Teubner Verlag gebührt Dank für die Aufnahme der GI-Dissertationspreisreihe in das Verlagsprogramm. Die Voraussetzung hierfür ist allerdings das finanzielle Engagement der Ernst Denert-Stiftung für Software-Engineering, wofür wir Herrn Prof. Ernst Denert herzlich danken.

Der Nominierungsausschuß hat sehr effizient und konstruktiv zusammengearbeitet und dem Vorsitzenden die Arbeit leicht gemacht.
Von dem Ausschuß als Preisträger nominiert und von der GI ausgezeichnet wurde Dr. Georg Sander, der bei Prof. Reinhard Wilhelm in Saarbrücken promoviert hat.
Herrn Dr. Thomas Burch danke ich für die aufwendige redaktionelle Überarbeitung der in heterogenen Textsystemen verfaßten Beiträge.

Günter Hotz, Saarbrücken im September 1997

Liste der Kandidaten

Name	Hochschule
Grit Denker	TU Braunschweig
Roland Düsing	GH Duisburg
Volker Heun	TU München
Ralf Hinze	U Bonn
Joachim Hornegger	U Erlangen Nürnberg
Yassine Lakhnech	U Kiel
Ralf Möller	U Hamburg
Stefan Müller	TH Darmstadt
Helge Petersohn	U Leipzig
Ina Pitschke	U Oldenburg
Georg Sander	U Saarbrücken
Andrea Sattler-Klein	U Kaiserslautern
Martin Simons	TU Berlin
Rüdiger Westermann	U Dortmund

Nominierungsausschuß für den GI-Dissertationspreis

Name	Hochschule
Wolfgang Bibel	TH Darmstadt
Herbert Fiedler	U Bonn
Werner Grass	U Passau
Peter Gorny	U Oldenburg
Günter Hotz (Vorsitzender)	U Saarbrücken
I. O. Kerner	TU Dresden
Rüdiger Reischuk	Med. U Lübeck
Friedrich Roithmayr	U Innsbruck

Inhaltsverzeichnis

Verfeinerung in objektorientierten Spezifikationen: Von Aktionen zu Transaktionen[1]

Grit Denker

Technische Universität Braunschweig, Informatik, Abt. Datenbanken
Postfach 3329, D–38023 Braunschweig
e–mail: G.Denker@tu-bs.de

Softwaresysteme sind heute in allen Bereichen des öffentlichen Lebens anzutreffen. Informationssysteme sind eine spezielle Art von Softwaresystemen. Wir beschäftigen uns mit dem Entwurf von Informationssystemen unter Verwendung eines objektorientierten Ansatzes. Da der Entwurfsprozeß schnell unübersichtlich wird, verwenden wir die Technik der Verfeinerung zur Strukturierung und Reduktion der Komplexität mit dem Ziel, den Grad der Wiederverwendbarkeit zu erhohen. Der objektorienticrtc Ansatz erfordert es, sowohl die Struktur des beabsichtigten Systems als auch dessen Verhalten zu verfeinern. Unser Ansatz basiert auf einer temporalen Logik zur Formalisierung der Systemdynamik. Im Zusammenhang mit der Verfeinerungstechnik ergeben sich einige Probleme, die wir anhand von Beispielen erläutern. Ein Lösungsansatz wird intuitiv beschrieben.

---

[1]Diese Arbeit wurde teilweise unterstützt durch die Europäische Gemeinschaft unter ESPRIT BRA ASPIRE 22704 und durch die DFG unter Eh75/11-1.

1   Einleitung

Softwaresysteme sind in der heutigen Zeit allgegenwärtig. In vielen Bereichen des Lebens werden Rechner eingesetzt, um Arbeitsabläufe zu unterstützen, zu automatisieren oder zu vereinfachen. Ein spezielle Art von Softwaresystemen sind die sogenannten Informationssysteme. Unter einem Informationssystem versteht man ein System, welches, basierend auf einer oder mehreren Datenbanken, Anweisungen und Anfragen aus einem Anwendungsprogramm bearbeitet und gegebenenfalls Ergebnisse an den/die Anwender/in zurückliefert. Aufgrund der Tatsache, daß Informationssysteme erst aktiv werden, wenn Aufgaben an sie herangetragen werden, nennt man diese Systeme auch reagierende Systeme (engl. *reactive systems*). In einer Datenbank werden Daten in strukturierter Weise gesammelt und dauerhaft gespeichert. Darüber hinaus werden an einer einheitlichen Schnittstelle Zugriffsmöglichkeiten auf die Daten bereitgestellt. Unter einer Anfrage an eine Datenbank versteht man sowohl die Ermittlung und adäquate Aufbereitung von relevanten Informationen als auch die Veränderungen des Datenbestandes. Datenbanksysteme stellen eine Weiterentwicklung zu Dateisystemen dar. Die wesentlichen Neuerungen von Datenbanksystemen sind die Datenunabhängigkeit sowie die Redundanzfreiheit. Fehlende Datenunabhängigkeit hat zur Folge, daß ein/eine Programmier/in eine Anwendung nur unter Kenntnis der internen Darstellung der Daten sowie der Speichermedien und der damit einhergehenden Zugriffsmethoden erstellen kann. Datenredundanz tritt auf, wenn kein Datenbanksystem eingesetzt wird. In einem solchen Fall verwaltet jedes Anwendungsprogramm die von ihm benötigten Daten in eigenen Dateien. Dabei können Daten von verschiedenen Anwendungsprogrammen mehrfach gespeichert werden. Aufgrund der Unabhängigkeit der Anwendungen kann nicht gewährleistet werden, daß keine Widersprüchlichkeiten auftauchen. Neben Datenunabhängigkeit und Redundanzfreiheit bieten Datenbanksysteme weitere Funktionen wie z.B. Datenschutz und -sicherung, Operationen zur Speicherung, Suche und Änderung von Daten u.v.m. an. Diese und andere Hauptfunktionen eines Datenbanksystems wurden erstmalig von Codd [Cod82] angegeben. Im folgenden geben wir einige typische Beispiele für Informationssysteme:

- Flugbuchungssysteme, wie man sie in Reisebüros antrifft, gehören zu der Klasse der Informationssysteme. Solche Systeme liefern Informationen über Flugverbindungen, Kapazitäten, Preise, etc. und erlauben es, Reservierungen oder Buchungen vorzunehmen. Diese Systeme greifen auf Datenbanken zu, in denen alle Flugverbindungen mit ihren aktuellen Daten und Auslastungen gespeichert sind. Es können Daten aus den Flugdatenbanken erfragt werden und Änderungen vorgenommen werden.

- Typische Informationssysteme sind auch Bibliothekssysteme. Ein Bibliotheksinformationssystem erlaubt BenutzerInnen, sich eine Übersicht über den Dokumentenbestand einer Bibliothek zu machen. Standardmäßig werden spezielle Suchfunktionen angeboten, mit deren Hilfe man Dokumente nach Kriterien wie z.B. Schlagwörter, Autoren, Erscheinungsjahr, etc. anfragen kann. Je nach angebotener Funktionalität des Bibliothekssystem ist es auch möglich, Reservierungen für ausgeliehene Dokumente vorzunehmen oder Ausleihen direkt am Rechner vorzunehmen.

- Kundenverwaltungssysteme in Dienstleistungsbranchen wie z.B. Versicherungen und Banken gehören ebenfalls zu den Informationssystemen. Mit ihrer Hilfe werden relevante Daten von Kunden wie z.B. Name, Geburtsdatum, Adresse, Kontostände, Kreditrahmen, Angaben über bestehende Versicherungen, Schadensfälle und in Anspruch genommene Leistungen dauerhaft gespeichert. Neben der Möglickeit Anfragen zu stellen, bieten solche Systeme oftmals Funktionen zur Erstellung von Übersichten und Statistiken und Auswertungsprogramme an. Ein Kundenverwaltungssystem stellt auch ein Werkzeug dar, mit deren Hilfe Daten zwischen KollegInnen ausgetauscht werden können. Die Daten werden zentral durch ein Datenbankmanagementsystem verwaltet, welches mehreren BenutzerInnen erlaubt auf diese Daten lesend bzw. schreibend zuzugreifen. Auf diese Weise werden Änderungen, die von einer Mitarbeiterin vorgenommen werden, auch für andere Mitarbeiter sichtbar. Natürlich muß beim MehrbenutzerInnenbetrieb gewährleistet werden, daß die Zugriffe synchronisiert werden, damit keine Konflikte auftreten.

In der vorliegenden Arbeit beschäftigen wir uns mit Informationssystemen, genauer gesagt mit dem schrittweisen Entwurf von Informationssystemen unter Verwendung eines objektorientierten Ansatzes. Hierzu behandeln wir im folgenden Abschnitt zunächst ein Phasenmodell zum Entwurf von Informationssystemen. In Kapitel 3 beschreiben wir kurz die wesentlichen Merkmale des objektorientierten Ansatzes und erläutern diese anhand eines Beispiels. Wir benutzen zur Darstellung die objektorientierte Spezifikationssprache TROLL. TROLL basiert semantisch auf einer speziellen temporalen Logik, die wir anhand von Beispielen vorstellen. Im anschließenden Kapitel 4 beschäftigen wir uns mit der Technik der Verfeinerung im Entwurfsprozeß. Verschiedene Arten der Verfeinerung werden vorgestellt. Vor dem Hintergrund objektorientierter Spezifikationen sind insbesondere Datentyp- und Aktionsverfeinerung von Interesse. Die Verfeinerung objektorientierter Spezifikationen, die auf temporaler Logik basieren, verursacht einige Probleme, die wir in Kapitel 5 vorstellen. Eine Lösung zu den genannten Problemen wird in Kapitel 6 vorgestellt. Wir schließen mit einer kurzen Zusammenfassung und einer Vorstellung weiterer Ergebnisse der Dissertation und geben einen Ausblick auf fortführende Arbeiten.

2   Entwurf von Informationssystemen

Die Entwicklung eines Informationssystems ist eine anspruchsvolle Aufgabe. Das Problem besteht darin, daß eine Software mit unterliegender Datenbank erstellt werden soll, die den Wünschen und Vorstellungen des/der Auftraggebers/Auftraggeberin entspricht. Dies wird in der englischen Literatur oft mit dem einprägsamen Satz "What you get is what you want" umschrieben. Ein weiterer wesentlicher Erfolgsfaktor sind neben der Erfüllung der Erwartungshaltung des/der Kunden/Kundin auch die entstehenden Kosten. Das gewünschte Softwarepaket soll mit möglichst geringen finanziellen Mitteln erstellt werden. Wir werden uns im folgenden nur mit dem Problem beschäftigen, die "richtige" Software zu entwerfen und zu implementierten und dabei die Kostenfrage außer Acht lassen.

Der Prozeß des Datenbankentwurfs wird in mehrere Phasen unterteilt (siehe Abb. 2.1). Am Anfang steht die Anwendungswelt mit dem Fachproblem. Im ersten Schritt werden in einer Anforderungsanalyse Informationsinhalte gesammelt und Verarbeitungsvorgänge von allen bekannten BenutzerInnen untersucht. Auf diese Weise wird der Gesamtinformationsbedarf und -fluß ermittelt. In der nächsten Phase wird ein konzeptionelles Schema entworfen. Dieses Schema ist unabhängig vom später verwendeten Datenbanksystem. Es stellt eine anwendungsorientierte Gesamtsicht dar, in der Daten, Objekte, Attribute, Integritätsbedingungen, Operationen u.ä. im sogenannten konzeptionellen Schema definiert werden. Die im folgenden beschriebene Arbeit bezieht sich vor allem auf diese Phase. Im anschließenden logischen Entwurf wird dieses Schema mit dem Datenmodell des Ziel-Datenbanksystems dargestellt (z.B. relationales Modell). Die physische Datenorganisation, d.h. z.B. die Auswahl von Indexen und Clustern, wird im physischen Entwurf vorgenommen. Abschließend muß das System implementiert, installiert und bei Änderungswünschen angepaßt werden.

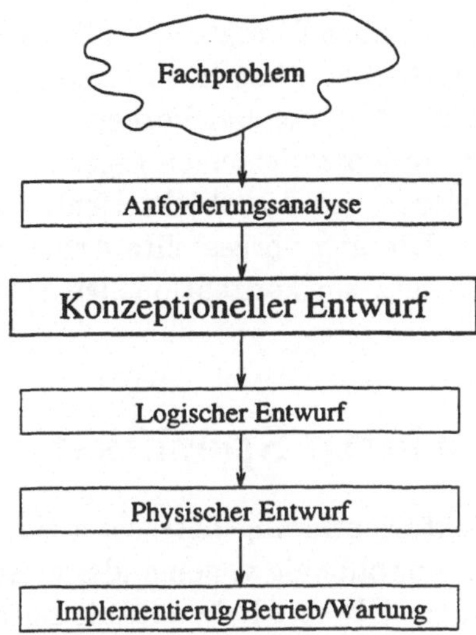

Abbildung 2.1: Datenbankentwurf

Der konzeptionelle Entwurf ist von großer Bedeutung. Das resultierende Gesamtschema stellt die Grundlage für weitere Implementierungsschritte dar. Bei späteren Umstellungen auf andere Datenbankmodelle oder bei Anpassungen an geänderte Anforderungen kann es immer wieder zu Rate gezogen werden. Die Nachvollziehbarkeit von Entwurfsentscheidungen ist durch das konzeptionelle Schema gewährleistet. Eine Modellierung des Systems in frühen Phasen der Entwicklung garantiert auch die Einhaltung von Aspekten des Software Engineering. Im Software Engineering werden Theorien, Methoden, Werkzeuge, und Organisationsformen angeboten, die die Konstruktion großer Programmsysteme unterstützen. Das Ziel ist, nachweisbar Qualitätssoftware zu erstellen. Das Vorbild sind hierbei Ingenieursdisziplinen wie Maschinenbau oder Architektur, bei denen Qualitätsstandards längs Gang und Gebe sind. Im Bereich des Softwareentwurfs ist dies jedoch noch lange nicht der Fall. Die Zusicherung von Eigenschaften einer Software ist jedoch umso bedeutender, wenn sie sicherheits- und/oder kostenkritisch ist.
Ein intuitives Korrektheitskriterium für Software ist die Erfüllung der spezifizierten Anforderungen. Dies setzt jedoch voraus, daß

1. eine hinreichend genaue Spezifikation der funktionalen Anforderungen und der angenommenen Voraussetzungen existiert, und daß

2. eine solche Beschreibung in einem Formalismus vorgenommen wurde, welcher den mathematischen Nachweis (Verifikation) oder die empirische Überprüfung (Validation) zuläßt.

In den vergangenen Jahren haben formale Spezifikationsverfahren Zuwachs erfahren. Aufgrund ihrer mathematischen Basis ermöglichen formale Ansätze die
Validation des Entwurfs, die Analyse und Vorhersage von Systemeigenschaften
und auch das Testen der Implementierungen gegen spezifizierte Eigenschaften.
Unter den formalen Ansätzen hat das objektorientierte Paradigma besonders
große Bedeutung erlangt. Die hier vorgestellte Arbeit verwendet einen formalen, objektorientierten Ansatz zur konzeptionellen Spezifikation von Informationssystemen.

3   Objektorientierte Spezifikation

Das Paradigma der Objektorientierung betrachtet Softwaresysteme als strukturierte Kollektionen von unabhängig voneinander existierenden Objekten, die
miteinander kommunizieren. Objekte haben lokale Zustände, die sich im Laufe
der Zeit durch Ausführung von Operationen verändern. Ein wesentlicher Unterschied zu konventionellen Vorgehensweisen bietet der objektorientierte Ansatz aufgrund folgender Annahme: Objekte werden als Einheiten von Struktur
und Verhalten modelliert und integrieren auf diese Weise Daten und Operationen. Im Kontrast hierzu werden in herkömmlichen Vorgehensweisen oftmals
die Daten, die in Datenbanken zusammengefaßt werden, unabhängig von den
Operationen, aus denen sich die Anwendungsprogramme zusammensetzen, die
auf diesen Daten arbeiten, modelliert. Werden Daten und Operationen unabhängig und unter Einsatz speziell dafür entwickelter Techniken, Methoden
und Sprachen entwickelt, so sind die sich ergebenden Datenbanken und Anwendungsprogramme in unterschiedlichen, meistens inkompatiblen Formalismen
beschrieben.
Abhilfe schafft hier der objektorientierte Ansatz. Neben dem Objekt als Einheit von Struktur und Verhalten, und dem System als Gesellschaft miteinander
kommunizierender Objekte, werden zusätzlich Konzepte zur Strukturierung,
Klassifikation und Abstraktion angeboten. Diese Konzepte, repräsentiert in
Sprachen und unterstützt durch Werkzeuge und Methoden, bieten einen einheitlichen Rahmen zum Entwurf von Systemen, in dem die Phasen von der
ersten Anforderungsanalyse bis zur Implementation unterstützt werden.
Seit über 10 Jahren arbeitet die Abteilung Datenbanken der TU Braunschweig
unter Leitung von Prof. Dr. H.-D. Ehrich am Entwurf einer theoretisch fundierten, objektorientierten Spezifikationssprache. Im Rahmen einer Kooperation zwischen der TU Braunschweig, Abt. Datenbanken, und der Technischen Universität von Lissabon, Instituto Superior Técnico (Prof. Dr. A. und
C. Sernadas), entwickelte sich die Sprache OBLOG (OBject LOGic) [SSE87],
die mittlerweile von der portugiesischen Firma ESDI zu einem kommerziellen

Produkt weiterentwickelt wurde [Esp93]. In Braunschweig entstand die Sprache TROLL [JSHS96] (Textual Representation – Object Logic Language), die als Weiterentwicklung im Hinblick auf eine höhere AnwenderInnen-Akzeptanz durch Einführung intuitiver, pragmatischer Sprachelemente zu verstehen ist. Die aktuelle Version wurde insbesondere im Hinblick auf Verteilungsaspekte, Ausführbarkeit und Methodik verbessert [DH97]. Großen Einfluß hatten dabei die Erkenntnisse, die wir beim Einsatz von TROLL in einer industriellen Anwendung gemacht haben [HDK+97].

Beispiel 3.1 (Versicherung – Abstrakte Spezifikation) Wir illustrieren im folgenden die wesentlichen Sprachkonstrukte von TROLL anhand eines Beispiels. Wir beschreiben einen kleinen Teil einer Versicherungsgesellschaft. Eine vollständige Spezifikation eines Informationssystems für Versicherungen wäre sehr umfangreich. Wir beschreiben hier nur Ausschnitte, mit denen wir im folgenden interessante Aspekte der Verfeinerung veranschaulichen können. Wir konzentrieren uns auf zwei Objektklassen, `Kundin` und `Angestellte`. Wir beschreiben für eine Kundin nur eine Aktion, nämlich die Beantragung einer Lebensversicherung.

```
object class Kundin
   actions lebensversAntrag;
end
```

Angestellte haben zwei Attribute, zum einen eine Maximalzahl von Versicherungen, die von Ihnen betreut werden, zum anderen die aktuelle Anzahl der Versicherungen, die sie gerade betreuen. Das erste Attribut wird als konstant beschrieben, d.h. der Wert der ihm zu Anfang zugewiesen wurde, kann im Laufe der Existenz eines Angestellten nicht mehr geändert werden. Für das zweite Attribut wird ein Initialwert angegeben. Dieser Wert gilt nach der Geburt eines Angestellten solange, bis er durch eine Aktion geändert wird. Das Geburtsereignis eines Angestellten ist die Aktion `einstellen`. Geburtsereignisse werden in TROLL durch einen vorangestellten Stern gekennzeichnet. Diesem Geburtsereignis muß beim Aufruf ein Parameter übergeben werden. Ein weiteres Ereignis ist `vorgang`, welches die Aktivität eines Angestellten beschreibt, wenn ein Lebensversicherungsantrag gestellt wurde. Die Definition der Attribute und Aktionen einer Objektklasse repräsentieren die Struktur von Objekten dieser Klasse. Das Verhalten wird im *behavior*-Teil definiert. Der Effekt der Aktion `einstellen(m)` wird in einer *do-od*-Klausel beschrieben. Der übergebende Parameter wird dem Attribut `maxVers#` zugewiesen. Für die Aktion `vorgang` ist ebenfalls der Effekt sowie zusätzlich noch eine Vorbedingung spezifiziert, die folgendes aussagt: Ein Angestellter kann nur dann noch einen weiteren

Vorgang bearbeiten, wenn er nicht bereits schon bis zu seiner Maximalzahl an
Versicherungen ausgelastet ist. Die folgende TROLL-Spezifikation formalisiert
den genannten Sachverhalt.

```
object class Angestellter
  attributes
    maxVers#: nat constant;
    aktVers# : nat initialized 0;
  actions
    *einstellen(max:nat);
    vorgang;
  behavior
    einstellen(m) do maxVers#:=m od;
    vorgang only if aktVers#<maxVers# do aktVers#:=aktVers#+1 od;
end
```

Wir nehmen an, daß in der Versicherungswelt unabhängig voneinander zwei
Personen (Objekte) existieren: eine Kundin K und ein Angestellter A. Die Kundin kommuniziert mit dem Angestellten der Versicherung durch die Beantragung einer Lebensversicherung. In der TROLL-Beschreibung ist entsprechend
im Verhaltensteil definiert worden, daß die Beantragung einer Lebensversicherung durch die Kundin einen Vorgang beim Angestellten hervorruft. Dies
entspricht dem gegenseitigen Aufrufen von Aktionen (engl. *calling*).

```
object system Versicherungsgesellschaft
  objects
    K: Kundin
    A: Angestellter
  behavior
    K.lebensversAntrag do A.vorgang od;
end
```

Der objektorientierte Ansatz von TROLL basiert auf einer verteilten temporalen Logik. Die Idee, temporale Logiken als deskriptive Beschreibungsmittel
des Verhaltens von reagierenden und nebenläufigen Systemen zu verwenden,
ist nicht neu [MP92, Saa91]. Wir verwenden eine verteilte, temporale Logik,
die sogenannte Distributed Temporal Logic (DTL). DTL wurde inspiriert

von den Ideen zu einer temporalen Logik zur Beschreibung verteilter Systeme [LRT92]. DTL ist eine lineare temporale Logik, die zusätzlich über die Mächtigkeit verfügt Verteilungsaspekte adäquat zu formalisieren. DTL bietet die üblichen Konnektoren einer Prädikatenlogik wie $\wedge$ (logisches Und), $\neg$ (Negation) und die anderen daraus ableitbaren Operatoren (Implikation, logisches Oder, ...). Als temporale Operatoren werden sowohl vergangenheitsgerichtete Operatoren wie z.B. Y (im vorigen Zustand, (engl. *yesterday*)) oder P (irgendwann in der Vergangenheit, (engl. *sometime in the past*) als auch zukunftsgerichtete Operatoren wie z.B. X (im folgenden Zustand, engl. *next*) und F (irgendwann in der Zukunft, engl. *sometime in the future*) angeboten. Darüber hinaus kann man zu einer Aktion α zwei spezielle Terme bilden, die besagen, wann die Aktion ausgeführt werden kann ($\triangleright\alpha$, engl. *enabling*) bzw. wann die Aktion ausgeführt wurde ($\odot\alpha$, engl. *occurrence*). Auf eine genaue Definition der Syntax und Semantik von DTL verzichten wir an dieser Stelle und verweisen auf [Den96]. Stattdessen wollen wir die Verwendung der Logik anhand des Beispiels erläutern.

Jedes Sprachkonstrukt von TROLL wird in eine DTL-Formel mit gleicher Bedeutung übersetzt. Eine Übersetzung aller TROLL-Konzepte ist in [Den96] angegeben. Der Vorteil einer solchen Übersetzung besteht darin, daß danach eine Systemspezifikation als Menge von Formeln vorliegt, die weiterführend mit Hilfe von Werkzeugen (Theorembeweiser, Validationswerkzeuge, etc.) oder durch Anwendung mathematischer Techniken (formaler mathematische Beweis) bearbeitet werden kann.

Für die obige Spezifikation ergeben sich die folgenden Formeln:

$$\Phi \;=\; \{\texttt{A.}[\odot\texttt{einstellen(m)} \Rightarrow \texttt{maxVers\#} = \texttt{m}],$$
$$\texttt{A.}[\triangleright\texttt{vorgang} \Rightarrow \texttt{aktVers\#} < \texttt{maxVers\#}],$$
$$\texttt{A.}[\texttt{Y(aktVers\#} = \texttt{n)} \wedge \odot\texttt{vorgang} \Rightarrow \texttt{aktVers\#} = \texttt{n} + 1],$$
$$\texttt{K.}[\odot\texttt{LebenversAntrag} \Rightarrow \texttt{A.}[\odot\texttt{vorgang}]\}$$

Die ersten drei Formeln gelten für Angestellte während die letzte Formel für die Kundin gilt. Die erste Formel kann folgendermaßen gelesen werden: "Wenn der Angestellte A sich in einem Zustand befindet, in dem das Geburtsereignis mit dem Parameter m aufgetreten ist (d.h. wenn er geboren wurde), so hat in diesem Zustand sein Attribut maxVers# den Wert des übergebenden Parameters". Diese Formel beschreibt somit den Effekt des Auftretens der Aktion einstellen auf das genannte Attribut. In der zweiten Formel ist die Vorbedingung für die Aktion vorgang formalisiert. Sie besagt, daß diese Aktion nur in solchen Zuständen auftreten kann, in denen die Maximalzahl der Versicherungen noch nicht erreicht ist. Die dritte Formel beschreibt dann, daß die Anzahl der aktuellen Versicherungen durch das Auftreten der vorgang Aktion verändert wird. Sie muß folgendermaßen gelesen werden: "Wenn für einen Angestellten in einem Zustand die Aktion `vorgang` aufgetreten ist und im vorigen Zustand hatte das Attribut `aktVers#` den Wert n, so hat es jetzt den Wert $n+1$". Mit anderen Worten: Das Auftreten der Aktion `vorgang` inkrementiert den Wert des Attributes `aktVers#`. Die letzte Formel gilt für die Kundin. Sie besagt, daß ein durch sie gestellter Lebensversicherungsantrag bewirkt, daß der Angestellte den Vorgang bearbeitet. In Worten: "Wenn die Kundin sich in einem Zustand befindet, in dem sie eine Lebensversicherung beantragt hat, so muß der Angestellte sich in einem Zustand befinden, in dem er diesen Vorgang bearbeitet". Dies bedeutet, daß die beiden Personen sich synchronisieren. Diese Kommunikation ist gerichtet, d.h. die Kundin veranlaßt durch ihren Antrag einen Vorgang beim Angestellten. Umgekehrt gilt jedoch nicht, daß ein Vorgang beim Angestellten auch immer einen Antrag bei *der* Kundin bedeutet. In einer Versicherung werden ja auch Anträge anderer Kunden von demselben Angestellten bearbeitet. Die Richtung der Kommunikation wird in der temporalen Formel durch eine Objektidentität wiedergegeben. Die letzte Formel gilt daher für die Kundin, da diese die Kommunikation durch ihren Antrag anstößt. Alle Formeln in DTL sind einem bestimmten Objekt zugeordnet für die sie gelten. Innerhalb einer Formel kann jedoch die Sicht zu einem anderen Objekt wechseln. Dies macht gerade die Ausdrucksfähgkeit von DTL aus, in der verteilte Systeme und Beziehungen zwischen den Objekten eines solchen Systems formalisiert werden können.

Im folgenden Abschnitt gehen wir auf die Technik der Verfeinerung im Entwurfsprozeß ein. Danach kommen wir auf die temporale Logik zurück und geben Beispiele für Probleme im Zusammenhang mit Verfeinerung.

4 Die Technik der Verfeinerung

Im Laufe des Entwurfs von Informationssystemen entstehen zahlreiche Dokumente, die in unterschiedlichen Beziehungen zueinander stehen. Dieser Prozeß wird schnell unübersichtlich und unhandlich. Ein häufig eingesetztes Verfahren, um den Entwurf komplexer Systeme zu erleichtern, ist die Technik der schrittweisen Verfeinerung (engl. *refinement*). Auf mehreren, immer konkreter werdenden, Abstraktionsstufen wird das System als Sequenz einander verfeinernder Spezifikationen beschrieben. Dieses Vorgehen steigert durch einen erhöhten Wiederverwendungsgrad die Produktivität bei der Softwareerstellung. Die Entwicklung einer sprachunabhängigen Verfeinerungstheorie, mit der die Korrektheit der einzelnen Entwurfsschritte zugesichert werden kann, wird besonders für den Entwurf datenintensiver oder sicherheitskritischer Systeme von großer Bedeutung sein.

Das Ziel dieses Vorgehens ist, die abstrakte Beschreibung der Systemfunktionalität soweit zu verfeinern, daß eine ausreichend genaue Beschreibung des Systems vorliegt, die möglichst nahe einer Implementierung ist. Jeder Verfeinerungsschritt konkretisiert bzw. komplettiert Aspekte einer Systemspezifikation. Da in objektorientierten Spezifikationen der Begriff des Objekts das zentrale Beschreibungskonzept ist, müssen wir zur Unterstützung dieser Entwurfstechnik einen Rahmen zur Verfeinerung von Objekten durch Objekte bereitstellen. Bevor wir die Ideen zu einem solchen Formalismus vorstellen, geben wir in diesem Abschnitt eine erste Einordnung verschiedener Verfeinerungsbegriffe. Die Verfeinerung als Vorgehensweise in objektorientierten Entwurfsmethoden subsumiert viele unterschiedliche Arten. Je nachdem, wie detailliert die Informationen über ein System sind, können folgende Arten der Verfeinerung unterstützt werden (s. [Bro93]):

Verfeinerung der Verteilungsarchitektur: Ein System wird zu einem komplexen Netzwerk konkretisiert. Beispiel: Die Produktionskomponente eines Unternehmens wird zu einem kompletten System verfeinert.

Datenstrukturverfeinerung: Die Darstellung des Zustandsraums eines Systems oder Objekts wird detaillierter beschrieben. Beispiel: Ein Verzeichnis wird mit Hilfe von Bäumen oder durch Hash-Tabellen implementiert.

Interaktionsverfeinerung: Die Art der Interaktion zwischen Komponenten eines Systems wird genauer festgelegt. Beispiel: Die Zusammenarbeit zweier Abteilungen A und B einer Firma wird zu einem Dienstleistungsaustausch der Form „Anforderungsdefinition (Abt. A)", „Implementation (Abt. B)", „Test (Abt. A)" verfeinert.

Verhaltensverfeinerung: Hierunter fallen verschiedene Aspekte.
Aktionen werden zu Prozessen verfeinert. Beispiel: Die TransferOperation zwischen Konten eines Bankensystems wird zur Abfolge von Abhebungs- und Einzahlunganweisungen verfeinert.
Der Definitionsbereich von Operationen wird erweitert. Beispiel: In einer verfeinerten Stapelspezifikation wird das Verhalten von „pop(empty)" festgelegt.
Lose Spezifikationen von Operationen und deren Verhalten werden konkretisiert. Beispiel: Die Adressen-Zuweisungsfunktion eines Speicherverwaltungssystem, die neue Adressen liefert, wird zu einer Funktion verfeinert, die die Adressen in sequentieller Reihenfolge liefert.

Schnittstellenverfeinerung: Die Syntax der Schnittstellen wird geändert. Beispiel: Es werden zusätzliche Dienste angeboten oder die Signaturen existierender Services werden erweitert bzw. verändert.

Im Rahmen der objektorientierten Spezifikation interessieren uns insbesondere die Datenstrukturverfeinerung und die Verhaltensverfeinerung. Erstere, auch Datentypverfeinerung genannt, bezieht sich auf die Verfeinerung der Attribute einer Spezifikation, während letztere die Aktionen der objektorientierten Beschreibung betrifft. Bei der Verhaltensverfeinerung werden wir uns auf die sogenannte Aktionsverfeinerung konzentrieren, d.h. eine abstrakte Aktion wird durch eine Folge von konkreten Aktionen näher beschrieben. Aktionsverfeinerung wurde erfolgreich in der Programm- bzw. Prozeßverfeinerung bearbeitet. Bei der Datentypverfeinerung werden Attribute durch Kombinationen anderer Attribute implementiert. Datentypverfeinerung wurde bereits in der Theorie der abstrakten Datentypen ausgiebig behandelt. Bei der Entwicklung einer Verfeinerungstheorie für objektorientierte Spezifikationen sind also Ergebnisse aus beiden Teilbereichen zu integrieren. Einen umfassenden Überblick über die Literatur aus den angrenzenden Gebieten kann aus Platzmangel hier nicht gegeben werden. Hinweise auf entsprechende Literaturstellen findet der/die interessierte Leser/in in [Den96].

Wir beschäftigen uns im folgenden nur noch mit der Aktionsverfeinerung, d.h. dem Prinzip der Implementierung abstrakter Aktionen durch komplexe Prozesse durch Verwendung von Operatoren wie Sequenz, Schleife oder Auswahl. Die Datentypverfeinerung kann in unserem Ansatz als Spezialfall der Aktionsverfeinerung angesehen werden. Details hierzu finden sich in [Den96]. Die bei der Verfeinerung entstehenden komplexen Prozesse nennen wir Transaktionen. Die Aktionen, und damit auch die Transaktionen, arbeiten auf den Daten des unterliegenden Informationssystems. Es kann zu Konflikten durch konkurrierende Zugriffe mehrerer Transaktionen kommen. Aus diesem Grund ist die Theorie der Transaktionsverarbeitung bei der Verfeinerung objektorientierter Spezifikationen mit einzubeziehen. Der genaue Zusammenhang zur Theorie der Transaktionsverwaltung wird ausführlich in [Den96] beschrieben. Wir werden im folgenden anhand einiger Beispiele die wesentlichen Probleme beschreiben, die entstehen, wenn temporal-logische Systemspezifikationen verfeinert werden.

5 Verfeinerung und temporale Logik – Probleme

Wir werden im folgenden eine Verfeinerung der Lebensversicherungsspezifikation angeben. Dieses Beispiel weist alle wichtigen Problemfälle auf, die bei der Kombination von objektorientierten Spezifikationen, die Systemdynamik mit Hilfe von temporaler Logik beschreiben, und Verfeinerung auftauchen.

Beispiel 5.1 (Versicherung – Verfeinerte Spezifikation)   Im Laufe des
Entwurfsprozesses wird deutlich, daß die der erste Ansatz zur Spezifikation der
Versicherungsgesellschaft zu abstrakt und ungenau war. Daher sollen in weiteren Verfeinerungsschritten mehr Details beschrieben werden. Insbesondere
stellt der/die Entwerfer/in fest, daß der Vorgang eines Lebensversicherungsan-
trags mehrere Schritte umfaßt. Wir modellieren daher in einem zweiten Schritt
eine Transaktion VORGANG mit den folgenden Einzelschritten: (1) der Angestellte erhöt zunächst die Anzahl seiner aktuell bearbeiteten Versicherungen,
dann (2) füllt er das Antragsformular aus, und (3) berechnet er die Prämie
der Versicherung. Die entsprechende verfeinerte Spezifikation für Angestellte
(Angestellter-V) sieht folgendermaßen aus:

```
object class Angestellter-V
  attributes
    maxVers#: nat constant;
    aktVers# : nat initialized 0;
  actions
    *einstellen(max:nat);
    erhoehe;
    ausfuellen;
    berechnePraemie;
  behavior
    einstellen(m) do maxVers#:=m od;
    erhoehe only if aktVers#<maxVers# do aktVers#:=aktVers#+1 od;
  transactions
    VORGANG=erhoehe;ausfuellen;berechnePraemie
end
```

Die Vorbedingung für die Annahme eines Vorgangs wird in der verfeinerten
Spezifikation vor der ersten stattfindenden Aktion (erhoehe) überprüft. In diesem Beispiel haben wir nur den Sequenzoperator verwendet, um eine Transaktion zu definieren. Im allgemeinen ist es möglich auch Schleifen und Auswahlen
zu verwenden. Darüber hinaus verändert sich auch die Kommunikationsstruktur zwischen Objekten des Systems. Das Erhöhen der Anzahl aktuell bearbei-
teter Versicherungen ist eine Vorarbeit, die der Angestellte unabhängig von der
Kundin vornehmen kann. Die Interaktion mit der Kundin findet zum Zeitpunkt
des Ausfüllens des Formulars statt. Die entsprechende verfeinerte Version der
Systemspezifikation berücksichtigt die veränderte Kommunikationsstruktur:

```
object system Versicherungsgesellschaft-V
  objects
    K: Kundin
```

```
   A-V: Angestellter-V
behavior
   K.lebensversAntrag do A-V.ausfuellen od;
end
```

■

Augenscheinlich leistet die verfeinerte Spezifikation dasselbe wie die abstrakte Ausgangsspezifikation. Um dies jedoch in allgemeingültiger Weise nachprüfen zu können, ist eine Theorie erforderlich, in der der Nachweis geführt werden kann, daß die "verfeinerte Spezifikation korrekt ist im Hinblick auf die gegebenen abstrakte Spezifikation". Das bedeutet, ein Korrektheitskriterium wird benötigt, um zu testen, ob eine Spezifikation eine andere korrekt verfeinert. Unser Korrektheitskriterium basiert auf der Annahmen, daß die möglichen Beobachtungen, die man von dem System und seinen Zuständen machen kann zusammen mit den möglichen Systementwicklungen die essentiellen Teile sind, die durch eine Verfeinerung erhalten werden müssen. In der Literatur sind ähnliche Ansätze als Beobachtungsäquivalenz bekannt (engl. *observational equivalence*). In unserem Ansatz wird die Systemdynamik durch die Formeln der verteilten, temporalen Logik ausgedrückt. Intuitiv bedeutet dies, daß die Formeln der verfeinerten Spezifikation dieselbe Bedeutung haben müssen wie die Formeln der abstrakten Spezifikation. Da jedoch die abstrakte und verfeinerte Spezifikation unterschiedliche Symbole verwenden, ist die semantische Äquivalenz nicht einfach festzustellen. Eine Möglichkeit die Formelmengen zu vergleichen, besteht in folgendem Ansatz: Zunächst wird eine Abbildung von den Symbolen der abstrakten Spezifikation (Namen von Aktionen und Attributen) zu den Symbolen der verfeinerten Spezifikation gesucht. Dies ist die sogenannte Verfeinerungsfunktion. Mit Hilfe dieser Abbildung kann man die Formeln der abstrakten Spezifikation auf solche abbilden, die nur Elemente der verfeinerten Spezifikation enthalten. Damit ergeben sich zwei Formelmengen, die auf der gleichen syntaktischen Basis, d.h. über dem gleichen Alphabet erzeugt wurden.

Beispiel 5.2 (Versicherung – Abbildung abstrakter Formeln)   Die Abbildung zwischen den Signaturelementen der abstrakten und verfeinerten Spezifikation sieht wie folgt aus: Die Verfeinerungsfunktion ist die Identität für alle Attribute und Aktionen mit Ausnahme der Aktion vorgang, die in die Transaktion VORGANG überführt wird. Das Objekt A wird auf das verfeinerte Objekt A-V abgebildet. Durch Anwendung dieser Verfeinerungsfunktion auf die abstrakten Formeln erhalten wir:

$$\Phi \;=\; \{\texttt{A-V.}[\odot\texttt{einstellen(m)} \Rightarrow \texttt{maxVers\#} = \texttt{m}],$$

$$\text{A-V.}\,[\triangleright\text{VORGANG} \Rightarrow \text{aktVers\#} < \text{maxVers\#}],$$
$$\text{A-V.}\,[\text{Y}(\text{aktVers\#} = n) \land \odot\text{VORGANG} \Rightarrow \text{aktVers\#} = n + 1],$$
$$\text{K.}[\odot\text{lebenversAntrag} \Rightarrow \text{A-V.}\,[\odot\text{VORGANG}]]\}$$

Die Ausführung der Transaktion VORGANG ist in einem Zustand möglich (in Zeichen ▷VORGANG), wenn es eine Folge von Zuständen gibt, in denen die zugehörigen Aktionen auftauchen können. Analog ist die Transaktion VORGANG aufgetreten (in Zeichen ⊙VORGANG), wenn eine Folge von Zuständen dem aktuellen Zustand vorhergeht, in denen die entsprechenden Aktionen aufgetaucht sind. ∎

Die Formeln beschreiben gerade das Verhalten einer Systemspezifikation. Wenn wir also zeigen wollen, daß die beiden Spezifikationen unterschiedlichen Abstraktionsniveaus verhaltensäquivalent sind, so müssen wir zeigen, daß aus der Formelmenge der verfeinerten Spezifikation alle Formeln der abstrakten Spezifikation abgeleitet werden können. Genau an dieser Stelle setzen die Probleme der temporalen Logik bei Verwendung von Verfeinerungstechniken ein. Obwohl in unserem Beispiel intuitiv richtig verfeinert wurde, werden wir sehen, daß der formale Beweis fehlschlägt. Dies liegt jedoch nicht an der Verfeinerung. Vielmehr werden wir sehen, daß die Formulierung der abstrakten temporalen Formeln zu ungenau und insbesondere für Verfeinerungszwecke nicht geeignet ist.

Beispiel 5.3 (Versicherung – Korrektheitskriterium) Wir beschränken uns auf die letzten beiden Formeln des vorigen Beispiels. In der vorletzten Formel soll sich der temporale Operator Y auf den Zustand vor Ausführung der Transaktion VORGANG. Dieser Bezugspunkt ist jedoch in der abgebildeteten abstrakten Formel nicht mehr korrekt. Nehmen wir an, daß vor Ausführung der Transaktion bereits n aktuelle Versicherungen vom Angestellte bearbeitet wurden. Um die Transaktion durchzuführen sind drei Schritte notwendig. Im ersten Schritt (Zustand 1) wird die Anzahl auf n+1 erhöht. Im nächsten Schritt (Zustand 2) wird der Antrag ausgefüllt, die Anzahl der aktuellen Versicherungen bleibt n+1. Im letzten Schritt (Zustand 3) wird die Prämie berechnet, auch hierbei verändert sich die Anzahl der aktuellen Versicherungen nicht mehr. Sieht man sich nun die transformierte, abstrakte Formel an, so erkennt man, daß sie sich auf den Zustand 2 bezieht, in dem bereits die Anzahl der aktuellen Transaktionen n+1 war. Diese Anzahl erhöht sich auch im nächsten Zustand nicht mehr um eins. Die abstrakte Formel gilt also nicht. Dies liegt jedoch nicht daran, daß die verfeinerte Spezifikation nicht das "Richtige" macht, sondern vielmehr daran, daß der gewählte temporale Operator zwar für den abstrakten Fall adäquat war, jedoch im Falle einer Verfeinerung es nicht ist. Im abstrakten

Fall bezog sich das Y auf den Zustand vor der Ausführung der Transaktion.
Dies ist jedoch in der Verfeinerung nicht mehr gültig.
Wir geben noch ein weiteres Beispiel, daß zeigen soll, daß die Probleme in der
Formulierung der abstrakten Formeln liegen. Die letzte Formel in Bsp. 5.2, die
Interaktionsformel K.[⊙lebenversAntrag ⇒ A-V.[⊙VORGANG]], auf die bereits
die Verfeinerungsfunktion angewendet wurde, läßt sich nicht aus der Kommu-
nikationsformel der verfeinerten Spezifikation ableiten. In der verfeinerten Spe-
zifikation synchronisiert die Kundin sich mit dem Angestellten beim Ausfüllen
des Antragsformulars (s. Bsp. 5.1), d.h. mitten in der Transaktion VORGANG.
Die oben genannte Interaktionsformel besagt jedoch, daß die Kundin und der
Angestellte sich synchronisieren müssen, wenn die beiden beteiligten (Trans)-
Aktionen aufgetaucht sind, also am Ende der Transaktion VORGANG. Das bedeutet, die abstrakte Formel ist sehr restriktiv was die Kommunikation der beiden
Objekte betrifft. Sie beschreibt nicht nur, daß überhaupt eine Synchronisation
stattfinden soll, sondern legt auch den genauen Zeitpunkt der Synchronisation
fest. Die Absicht des entsprechenden TROLL Spezifikationsteils war jedoch nur,
festzulegen, daß beide Objekte kommunizieren.
Wir sehen also, daß das Korrektheitskriterium nicht erfüllt ist, da die verfeinerten Formeln nicht die gleiche Bedeutung haben wie die transformierten,
abstrakten Formeln.   ∎

Die Tatsache, daß wir bereits festgestellt haben, daß die Verfeinerung intuitiv
korrekt ist, läßt vermuten, daß das Problem nicht in der Verfeinerungsfunktion sondern in der Formulierung temporaler Formeln liegt. Tatsächlich hat sich
herausgestellt, daß die Art der Formalisierung von Systemdynamik nicht kompatibel mit Verfeinerung ist. Wir werden im folgenden exemplarisch zeigen,
wie das Systemverhalten formalisiert werden kann, so daß die entstehenden
Formeln auch sinnvoll im Falle einer Verfeinerung sind.
Die formale Definition des Korrektheitskriteriums, der Verfeinerungsfunktion
sowie der Syntax und Semantik der verteilter, temporalen Logik DTL unter
Einbeziehung von Transaktionen sind in [Den96] zu finden.

6   Verfeinerung und temporale Logik – Eine Lösung

Die Grundidee zur Lösung der beschriebenen Probleme ist es, TROLL Spezifikationen derart in Formeln der verteilten temporalen Logik zu übersetzen,
daß deren Bedeutung auch bei Anwendung von Verfeinerungsschritten noch
adäquat bleibt. Hierzu muß die semantische Definition eines jeden TROLL Kon-
strukts durch die Transformation in DTL dahingehend untersucht werden, ob

bei einer Verfeinerung die Bedeutung die gleiche bleibt. Insbesondere bezieht sich dies auf die temporalen Operatoren und ihren Bezug auf Zustände des Systems vor und nach Ausführungen von Aktionen. Wir werden nur für die beiden in Bsp. 5.3 vorgestellten Probleme Lösungen anbieten und zeigen welche Erweiterungen in der Logik notwendig werden. Mit diesen Erweiterungen lassen sich dann analog auch andere Sprachkonstrukte behandeln.

Beispiel 6.1 Anstatt der abstrakten Formel A.[Y(aktVers# $= $ n)$\wedge\odot$vorgang$\Rightarrow$ aktVers# $=$ n $+$ 1], die den Effekt der Aktion vorgang beschreibt, schlagen wir eine neue Formel vor. Wir definieren dazu eine Funktion $beg(T)$ (Beginn einer Transaktion), die die erste Aktion, die im Rahmen der Transaktion auszuführen ist, liefert. Für eine Aktion α ist dieser Operator die Identität, d.h. $beg(\alpha) = \alpha$. Mit Hilfe dieses Operators können wir uns auf die richtigen Zeitpunkte beziehen. Die folgende Formel formalisiert den Effekt einer Aktion:

$$\text{A.}[\text{P}(\odot beg(\text{VORGANG}) \wedge \text{Y}(\text{aktVers\#} = \text{n})) \wedge \odot\text{VORGANG} \Rightarrow \text{aktVers\#} = \text{n} + 1].$$

Wenn irgendwann in der Vergangenheit die erste Aktion der Transaktion VORGANG aufgetaucht ist, und im Zustand davor (das ist der Zustand vor der Ausführung der Transaktion), der Wert des Attributs aktVers#=n war, und jetzt ist die Transaktion beendet ($\odot$VORGANG), so ist der Attributwert inkrementiert. Wesentlich bei dieser Formel ist, daß sie unabhängig von der Länge der Transaktion immer das Richtige beschreibt, egal, ob die Transaktion nur aus einem Schritt besteht, also eine Aktion ist, oder ob sie aus mehreren Schritten besteht (z.B. nach einer Verfeinerung).
Um die Synchronisation korrekt zu formalisieren müssen wir eine Funktion $act(T)$ einführen, die die Menge aller Aktionen liefert, die zu einer Transaktion gehören. Für eine Aktion α gilt: $act(\alpha) = \alpha$. Damit läßt sich die Kommunikation zwischen Kundin und Angestellten folgendermaßen als Logikausdruck beschreiben:

$$\text{K.}[\odot\text{lebenversAntrag} \Rightarrow \text{A.}[\exists\beta_k \in act(\text{VORGANG}) \wedge \odot\beta_k]].$$

Diese Formel besagt, daß die Kundin sich beim Stellen eines Antrags mit irgendeiner (aber mindestens einer) Aktion des Angestellten, die zum Vorgang gehört, synchronisiert. Diese Formel ist sowohl auf der abstrakten Ebene korrekt als auch auf der verfeinerten Ebene. ∎

Auch für alle anderen Sprachkonstrukte lassen sich temporale Formeln angeben, die unter Verwendung von Verfeinerungsfunktionen ihre Bedeutung behalten (s. [Den96]).

7 Zusammenfassung, weitere Ergebnisse und Ausblick

Gegenstand der zugrundeliegenden Dissertation ist die Formalisierung einer Verfeinerungstheorie zur Unterstützung des Entwurfs verteilter Informationssysteme mit objektorientierten Methoden. Aufgrund des Objektbegriffs als Einheit von Struktur, repräsentiert durch die spezifizierten Attribute, und Verhalten, repräsentiert durch die spezifizierten Aktionen, ergeben sich zwei Arten der Verfeinerung: Datentypverfeinerung und Aktionsverfeinerung.

In dieser Arbeit haben wir kurz in den Entwurf von Informationssystemen eingeführt und die objektorientierte Spezifikationssprache TROLL sowie die ihr zugrundeliegende verteilte, temporale Logik vorgestellt. Wir haben uns mit den Problemen beschätigt, die bei der Verfeinerung entstehen, wenn temporale Logiken als semantische Grundlage verwendet werden. Eine mögliche Lösung wurde exemplarisch vorgestellt.

Im Rahmen der Dissertation [Den96] sind die hier nur intuitiv erläuterten Ideen formal definiert worden. Es wurden Vorschläge zur Erweiterung der TROLL-Sprache um Elemente zur Transaktionsspezifikation gemacht. Ein weiterer Punkt, der hier aus Platzgründen ebenfalls nicht detailliert werden konnte, betrifft die verteilte, temporale Logik und ihre nebenläufigen Modelle. Es wurde eine spezielle Logik definiert, die sogenannte Verfeinerungslogik, die auch bei Verfeinerung noch anwendbar bleibt. Alle TROLL Konstrukte wurden mit Hilfe dieser Logik semantisch erklärt. Für das Korrektheitskriterium der Verfeinerung wurden sowohl auf logischer Ebenen als auch auf Modellebene verschiedene formale Definitionen angegeben und deren Äquivalenz bewiesen. Unter Aktionsverfeinerung verstehen wir das Prinzip der Implementierung abstrakter Aktionen durch konkrete Transaktionen. In unserem Ansatz berücksichtigen wir Ansätze und Ergebnisse aus der Theorie der Transaktionsverarbeitung, die sich mit der Synchronisation von konkurrierenden Transaktionen beschäftigen. Insbesondere erläutern wir in [Den96] die Problematik der Verschränkung von Transaktionen, wie sie aus der Transaktionsverwaltung bekannt ist, die damit verbundene Frage nach möglichen Konflikten und den Zusammenhang zur Verfeinerung in objektorientierten Spezifikationen. Hierzu wird die Nebenläufigkeit, die explizit in den Modellen vorhanden ist, ausgenutzt. Der Aspekt der echten Nebenläufigkeit zur Modellierung verteilter Systeme im Zusammenhang mit der Verfeinerung objektorientierte Spezifikationen ist unseres Wissens noch nirgends untersucht worden. Mögliche Erweiterungen unserer Verfeinerungstheorie im Hinblick auf die Art der Transaktionsspezifikation und den Grad der Serialisierbarkeit werden diskutiert. Insbesondere stellen wir erste Ansätze zu direkten Weiterentwicklungen vor, die sich durch den Vergleich mit verwandten Ansätzen aus der Prozeßtheorie und der Theorie der Mehrschichten-Transaktionen ergeben.

Weiterführende Arbeiten sind in unterschiedlichen Bereichen sinnvoll. Wir nennen im folgenden die drei Wichtigsten. (1) Beweissystem: Wir haben uns in der vorliegenden Arbeit schwerpunktmäßig mit semantischen Aspekten der Verfeinerung unter Beachtung von Ideen aus der Transaktionsverarbeitung beschäftigt. Um Verfeinerungsbeziehungen nachzuweisen ist ein Ableitungssystem notwendig, das auf unsere Verfeinerungslogik abgestimmt ist. (2) Modulkonzept: Eine semantisch wohlfundierte Verfeinerungstheorie, wie sie in der Dissertation vorgestellt wurde, ist nur ein Teilziel auf dem Weg zur modularen, objektorientierten Spezifikation. Module, bestehend aus mehreren Export- und einer Importschnittstelle und dem Modulbody, sollen die Spezifikationseinheiten der „Spezifikation im Großen" sein. Die Exportschnittstellen legen die Funktionalität des jeweiligen Moduls für verschiedene Anwendungssichten fest. Durch die Importschnittstelle werden andere bereits vorhandene Module eingebunden, deren Funktionen für die Implementierung der Exportfunktionen genutzt werden sollen. Im Modulbody wird die Beziehung zwischen den Exportfunktionen und den Importfunktionen mit Hilfe von Verfeinerungsfunktionen beschrieben. Ein solches Modulkonzept soll die Idee eines Lego-Baukasten zur Systemimplementation realisieren, in dem durch Zusammenstecken von zueinanderpassenden Modulen neue Module entstehen, bis die Gesamtfunktionalität des Zielsystems erreicht ist. Aufbauend auf den Erkenntnissen der Dissertation zur Verfeinerung, die hilfreich bei der Erklärung der Verfeinerungsbeziehungen zwischen Import- und Exportschnittstellen sind, werden wir in weiterführenden Arbeiten das Modulkonzept untersuchen. (3) Transaktionsverarbeitung für Objektsysteme: Die Ideen der Transaktionsverarbeitung sind als wesentliches Merkmal in den vorgestellten Verfeinerungsansatz eingeflossen. Es muß im Kontext der vorhanden reichhaltigen Theorie zur Transaktionsverwaltung sowie der existenten Protokolle untersucht werden, inwiefern unsere Arbeit einen Grundlage für eine Transaktionsverwaltung in Objektsystemen bietet.

Literatur

[Bro93]   M. Broy. (Inter-)Action Refinement: The Easy Way. In S. Meldal and M. Haveraaen, editors, *Proc. of the 4th Nordic Workshop on Program Correctness*, Department of Informatics, University of Bergen, Norway, April 1993. Reports in Informatics; Report No. 78.

[Cod82] E. F. Codd. Relational Database: A Practical Foundation of Productivity. *Communications of the ACM*, 25:109–117, 1982.

[Den96] G. Denker. *Verfeinerung in objektorientierten Spezifikationen: Von Aktionen zu Transaktionen*, volume 6 of *Reihe DISDBIS*. infix-Verlag, Sankt Augustin, 1996.

[DH97] G. Denker and P. Hartel. TROLL – An Object Oriented Formal Method for Distributed Information System Design: Syntax and Pragmatics. Informatik-Bericht 97–03, Technische Universität Braunschweig, 1997.

[Esp93] Espírito Santo Data Informática, Lisbon. *OBLOG CASE V1.0 - The User's Guide*. ESDI, Av. Alvares Cabral 41-5, 1200 Lisbon, Portugal, 1993.

[HDK+97] P. Hartel, G. Denker, M. Kowsari, M. Krone, and H.-D. Ehrich. Information systems modelling with TROLL formal methods at work. *Information Systems*, 22(2-3):79–99, 1997.

[JSHS96] R. Jungclaus, G. Saake, T. Hartmann, and C. Sernadas. TROLL – A Language for Object-Oriented Specification of Information Systems. *ACM Transactions on Information Systems*, 14(2):175–211, April 1996.

[LRT92] K. Lodaya, R. Ramanujam, and P.S. Thiagarajan. Temporal Logics for Communicating Sequential Agents. *Int. Journal of Foundations of Computer Science*, 3(2):117–159, 1992.

[MP92] Z. Manna and A. Pnueli. *The Temporal Logic of Reactive and Concurrent Systems – Specification*. Springer-Verlag, 1992.

[Saa91] G. Saake. Descriptive Specification of Database Object Behaviour. *Data & Knowledge Engineering*, 6(1):47–74, 1991. North-Holland.

[SSE87] A. Sernadas, C. Sernadas, and H.-D. Ehrich. Object-Oriented Specification of Databases: An Algebraic Approach. In P.M. Stoecker and W. Kent, editors, *Proc. 13th Int. Conf. on Very Large Databases VLDB'87*, pages 107–116. VLDB Endowment Press, Saratoga (CA), 1987.

Effiziente Einbettungen baumartiger Graphen in den Hyperwürfel

Volker Heun

Lehrstuhl für Effiziente Algorithmen
Institut für Informatik
Technische Universität München
D-80290 München
heun@informatik.tu-muenchen.de
http://www14.informatik.tu-muenchen.de/

Abbildungen von Kommunikationsstrukturen in Algorithmen auf Topologien von massiven Parallelrechnern lassen sich bekanntermaßen sehr gut durch Grapheinbettungen mathematisch modellieren. Da solche Abbildungen eine effiziente Ausführung paralleler Algorithmen erlauben, wird vielfach nach Einbettungen hoher Güte gesucht. Bislang waren Einbettungen hoher Güte fast nur für regulär strukturierte Gastgraphen bekannt. In dieser Arbeit wird ein flexibles, allgemeines zweistufiges Schema vorgestellt, das sich insbesondere für Einbettungen von irregulär strukturierten Graphen hervorragend eignet. Außerdem hat das Verfahren durch seine Zweistufigkeit ein großes Maß an Flexibilität gezeigt und erlaubt Einbettungen hoher Güte sowohl für zahlreiche Graphklassen als Gastgraphen als auch für viele verschiedene Klassen von hyperwürfelähnlichen Topologien als Wirtsgraphen. Darüber hinaus lassen sich die so gewonnen Einbettungen sehr effizient auf diesen Zieltopologien berechnen. Mit Hilfe dieses Schemas können außerdem dynamische Einbettungen realisiert werden, die naturgemäß von sehr großem Interesse in der Praxis sind.

1 Einleitung

1.1 Motivation und Überblick

Die Abbildung von Kommunikationsstrukturen paralleler Algorithmen auf Verbindungstopologien massiver Parallelrechner läßt sich mit Hilfe graphentheoretischer Einbettungen modellieren, wobei beide Strukturen als Graphen repräsentiert werden. Für eine Ausführung des parallelen Algorithmus mit möglichst geringem Overhead an Kommunikation ist man an Einbettungen hoher Qualität (d.h. geringer Dilation, Last, Expansion und Belastungen) interessiert. Auf die Beziehung zwischen Einbettungen und ihrer Bedeutung für die Ausführung paralleler Algorithmen wird im folgenden Abschnitt näher eingegangen.

Einbettungen hoher Qualität von Graphen mit einer regulären Struktur, wie z.B. Ringe, Gitter, mehrdimensionale Gitter, vollständige Bäume, Binomialbäume, Pyramiden u.s.w., wurden bereits vielfach konstruiert. In vielen Anwendungen tauchen jedoch Kommunikationsgraphen mit irregulären Strukturen auf. Bislang wurden Einbettungen solcher Graphen nur sehr selten untersucht.

In dieser Arbeit wird ein allgemeines zweistufiges Schema für Einbettungen irregulärer Graphen in Hyperwürfel vorgestellt. Die Güte der Einbettung hängt hierbei von der Größe der sogenannten erweiterten Kanten-Bisektoren der betrachteten Familie von einzubettenden Graphen ab. Mit Hilfe dieses allgemeinen Schemas können wir für viele Graphklassen gute Einbettungen angeben. So können insbesondere bessere Einbettungen für binäre Bäume [2] und erstmals Einbettungen für Graphen mit beschränkter Baumweite konstruiert werden.

Im allgemeinen ist es $\mathcal{NP}$-vollständig zu entscheiden, ob es eine injektive Einbettung mit Dilation 1 in einen Hyperwürfel gibt [6]. Selbst für sehr restriktive Klassen von Gastgraphen, wie etwa Bäumen, und Einbettungen mit Dilation 2 bleibt das Entscheidungsproblem, ob ein Graph in den Hyperwürfel einbettbar ist, $\mathcal{NP}$-vollständig [8,9]. Dennoch lassen sich die hier vorgestellten Einbettungen auf dem Hyperwürfel sehr effizient in poly-logarithmischer Zeit konstruieren.

Desweiteren werden speziell für Bäume dynamische Algorithmen zur Einbettung vorgestellt. Wie bereits bekannt ist, kann es keine guten deterministischen Einbettungen von Bäumen in Hyperwürfel geben [7]. Durch Verwendung von Knoten-Migration kann man jedoch Einbettungen hoher Güte in den Hyperwürfel deterministisch konstruieren. Außerdem ist der amortisierte Zeitbedarf für diese Einbettungen erstaunlich gering.

Weiterhin lassen sich Dank des zweistufigen Schemas die betrachteten Einbettungen auch leicht für die dem Hyperwürfel ähnlichen Graphen, wie z.B. twi-

sted cube, crossed cube, Möbius cube, Fibonacci cube, folded Petersen graph
u.s.w., als Rechnertopologie modifizieren.

1.2 Einbettungen und ihre Bedeutung

Eine Einbettung ist Abbildung eines *Gastgraphen* in einen *Wirtsgraphen*, wobei die Knoten des Gastgraphen auf Knoten des Wirtsgraphen und die Kanten
des Gastgraphen auf Pfade im Wirtsgraphen abgebildet werden. Dabei verbindet ein Pfad, der das Bild einer Kante des Gastgraphen ist, genau die beiden
Knoten im Wirtsgraphen, auf die die Endpunkte dieser Kante abgebildet wurden. Eine Einbettung heißt *injektiv*, wenn jeder Knoten des Wirtsgraphen
höchstens das Bild eines Knotens des Gastgraphen ist.
Sowohl die Kommunikationstruktur eines Algorithmus als auch die Topologie
eines Parallelrechners lassen sich als Graph modellieren. Für die Kommunikationsstruktur werden die einzelnen Prozesse als Knoten identifiziert. Zwei
Prozesse sind genau dann durch eine Kante verbunden, wenn diese beiden
Prozesse kommunizieren. Für die Topologie des Parallelrechners wird jeder
Prozessor durch einen Knoten repräsentiert. Zwei Prozessoren sind genau dann
miteinander verbunden, wenn sie durch einen Kommunikationskanal verbunden sind. Die Einbettung gibt dann an, welcher Prozeß auf welchen Prozessor
abgebildet wird und über welche Kommunikationskanäle die Kommunikation
zwischen den Prozessen ablaufen soll.
Die *Last* einer Einbettung ist die maximale Anzahl von Knoten des Gastgraphen, die auf einen Knoten des Wirtsgraphen abgebildet wird. Ist die Last
einer Einbettung 1, so sprechen wir auch von einer *injektiven* Einbettung. Um
einen möglichst schnellen Ablauf paralleler Prozesse zu erreichen, ist man an
Einbettungen mit geringer Last interessiert, da sonst mehrere Prozesse auf
einem Prozessor um die Rechenleistung des Prozessors konkurrieren.
Das Verhältnis der Anzahl der Knoten im Wirtsgraphen zu der Anzahl der
Knoten im Gastgraphen wird die *Expansion* der Einbettung genannt. Im allgemeinen ist man an Einbettungen interessiert, bei denen das Produkt aus
Expansion und Last möglichst nahe bei 1 ist. Offensichtlich ist dieses Produkt immer mindestens 1. Je größer dieses Produkt wird, desto mehr Prozessoren bleiben dann während der Ausführungszeit teilweise oder sogar ganz
unbeschäftigt.
Die Länge eines längsten Pfades, auf die eine Kante des Gastgraphen abgebildet wird, nennt man die *Dilation* der Einbettung. Auch hier ist man an
Einbettungen mit möglichst geringer Dilation interessiert, da die Kommunika-
tionszeit mit der Anzahl der übertragenden Kommunikationskanäle zunimmt.
Ein weiteres wichtiges Maß für die Ausführung eines parallelen Algorithmus,
ist die Kanten-Belastung. Die *Kanten-Belastung* einer Einbettung ist die ma-

ximale Anzahl von Pfaden, die eine Kante des Wirtsgraphen benutzen und die Bilder von Kanten des Gastgraphen sind. Da im allgemeinen nur eine begrenzte Zahl von Kommunikationen in einer Zeiteinheit über einen Kommunikationskanal ausgeführt werden kann, bildet die Kanten-Belastung ein Maß dafür, wie lange die Kommunikation zwischen zwei Prozessen über einen Kommunikationskanal verzögert wird.

Die *Knoten-Belastung* einer Einbettung ist die maximale Anzahl von Pfaden, die einen Knoten des Wirtsgraphen durchlaufen und die Bilder von Kanten des Gastgraphen sind. Dieses Maß ist insbesondere bei Wirtsgraphen mit nichtkonstantem Grad von Interesse, da die Knoten eines Verbindungsnetzwerkes in einer Zeiteinheit nur konstant viele Pakete durch einen Knoten weiterleiten können.

Wir werden im folgenden immer eine Familie von Wirtsgraphen zur Verfügung haben. Dabei handelt es sich meist um die Familie der Hyperwürfel. Wir nennen dann eines Wirtsgraphen aus einer solchen Familie *optimal*, wenn es sich um einen kleinsten Graphen der Familie der Wirtsgraphen handelt, in den man den Gastgraphen injektiv einbetten kann. Einbettungen in optimale Hyperwürfel haben daher immer eine Expansion kleiner als 2, da Hyperwürfel nur in Größen von Zweierpotenzen verfügbar sind.

2   Statische Einbettungen

In diesem Abschnitt präsentieren wir das allgemeine Schema zur Einbettung baumartiger Graphen in den Hyperwürfel. Die damit gewonnenen Einbettungen bilden eine Verbesserung und Verallgemeinerung der bekannten Ergebnisse (siehe unter anderem [2]). Weitere Verallgemeinerungen für die dem Hyperwürfel ähnlichen Topologien geben wir in Abschnitt 5 an.

2.1   Allgemeines Schema

Das allgemeine Einbettungsschema besteht aus zwei Phasen. In der ersten Phase wird der Gastgraph in eine Zwischenstruktur, den sogenannten (k, h, o, λ, τ)-Baum, eingebettet. In der zweiten Phase erweitern wir diese Einbettung zu einer Einbettung in den Hyperwürfel. Die Einbettung der ersten Phase wird im eigentlichen Sinne nicht injektiv sein. Erst in der zweiten Phase wird während der Erweiterung dafür Sorge getragen, daß die Einbettung in den Hyperwürfel letztendlich injektiv sein wird.

Nun müssen wir zunächst die Zwischenstruktur, in die der baumartige Graph eingebettet wird, etwas näher erläutern. Der (k, h, o, λ, τ)-*Baum* (gesprochen cold-tree, da anschaulich in ihm die Knoten des Gastgraphen eingefroren werden) ist ein 2^k-ärer vollständiger Baum der Höhe h, wobei jeder Knoten eine

Kapazität besitzt. Diese Kapazität hängt sowohl von den Parametern o, λ und τ als auch von dem Level des Knotens ab. Der Level eines Knoten in einem vollständigen Baum ist die Höhe des Teilbaumes, der an diesem Knoten gewurzelt ist. Der Level eines Knotens wächst also mit dem Abstand von den Blättern.

Die genaue Definition der Kapazitäten wollen wir in dieser Darstellung nicht angeben, sondern nur die wichtigsten, im folgenden benötigten Eigenschaften festhalten. Die Summe der Kapazitäten aller Knoten des (k, h, o, λ, τ)-Baum ist $2^{kh+o+\tau}$ und die Kapazitäten wachsen polynomiell im Level des zugehörigen Knotens, wobei der Grad des Polynoms durch λ gegeben ist. Insbesondere können wir damit festhalten, daß für einen (k, h, o, λ, τ)-Baum mit $\lambda = 1$ die Kapazitäten linear im Level wachsen und für $\lambda = 0$ im wesentlichen konstant sind.

In der ersten Phase wird nun eine Einbettung des Gastgraphen mit den folgenden Eigenschaften konstruiert:

1. Für jeden Knoten des (k, h, o, λ, τ)-Baum ist seine Last durch seine Kapazität beschränkt.
2. Adjazente Knoten des Graphen werden entweder auf denselben Knoten des (k, h, o, λ, τ)-Baumes oder auf zwei verschiedene Knoten des (k, h, o, λ, τ)-Baumes abgebildet, die entweder Geschwister sind oder in einer Elter-Kind Beziehung stehen.

2.2 Die zweite Phase der Einbettung

Wir werden später auf die Details der ersten Phase eingehen und nun zuerst die zweite Phase genauer beschreiben, da diese die einfachere ist. Für die zweite Phase weisen wir jedem Knoten des (k, h, o, λ, τ)-Baumes eine Menge von Knoten des Wirtsgraphen zu, so daß diese Aufteilung eine Partition der Knoten des Wirtsgraphen ist und die Kardinalität einer solchen Menge gerade der Kapazität des zugeordneten Knoten des (k, h, o, λ, τ)-Baumes entspricht.

Nun ist die Vorgehensweise in der zweiten Phase klar. Wir verteilen einfach die auf den Knoten des (k, h, o, λ, τ)-Baumes abgebildeten Knoten des Gastgraphen auf die sich in der korrespondierenden Menge befindlichen Knoten des Wirtsgraphen. Offensichtlich können wir diese Zuteilung so vornehmen, daß die Einbettung injektiv wird.

Da wir allerdings an einer Einbettung mit einer kleinen Dilation interessiert sind, muß man bei der Partitionierung der Knoten des Wirtsgraphen vorsichtig sein. Um eine möglichst kleine Dilation zu erreichen, fordern wir von der Partition die folgende Eigenschaft. Betrachten wir zwei Mengen, die zwei Knoten des (k, h, o, λ, τ)-Baumes zugewiesen werden, so daß die beiden (k, h, o, λ, τ)-Baum Knoten entweder Geschwister sind oder in einer Elter-Kind-Beziehung stehen. Dann sollen zwei Knoten aus diesen Mengen einen möglichst kleinen Abstand haben.

Da wir von der ersten Phase gefordert haben, daß adjazente Knoten des Gastgraphen nahe beieinander im (k, h, o, λ, τ)-Baum abgebildet werden, folgt daraus, daß die Dilation der Einbettung im wesentlichen durch den Abstand der Mengen von Knoten des Wirtsgraphen in der zweiten Phase bestimmt wird. Für Hyperwürfel und dem Hyperwürfel verwandte Topologien sind solche Partitionen leicht zu finden. Um die Dilation noch zu verbessern, können wir die Zuweisung der Knoten des Gastgraphen auf eine Menge der Partition, die zu einem Knoten des (k, h, o, λ, τ)-Baumes korrespondiert, geeignet wählen.

2.3   Die erste Phase der Einbettung

Damit bleibt also nur noch die Erläuterung der ersten Phase der Einbettung. Insbesondere ist zu berücksichtigen, daß die Eigenschaften 1 und 2 erfüllt werden.

Zuerst füllen wir die Wurzel des (k, h, o, λ, τ)-Baumes mit beliebigen Knoten des Gastgraphen. Unter Umständen müssen wir in dieser Phase etwas vorsichtiger sein und eine Menge von Knoten wählen, deren Nachbarschaft nicht zu groß wird. Dann partitionieren wir die restlichen Knoten des Gastgraphen in 2^k Teile, so daß die folgenden Eigenschaften erfüllt sind:

1. Die 2^k Teile sollen fast gleich groß sein.
2. Die Menge der Knoten, deren Nachbarn bereits eingebettet wurden, soll annähernd gleichmäßig auf die 2^k Teile verteilt sein.
3. Zwischen den 2^k Teilen sollen möglichst wenige Kanten verlaufen.

Nach dieser Partitionierung der Knoten des restlichen Gastgraphen weisen wir jedem Kind der Wurzel einen Teil der Partition zu. Von nun an läuft die Einbettungsprozedur parallel an den Kindern der Wurzel weiter. Betrachten wir nun ein Kind der Wurzel und dem im zugewiesenen Teil des Gastgraphen. Zuerst wird der betrachtete Knoten des (k, h, o, λ, τ)-Baumes mit den Knoten im zugewiesen Teil des Gastgraphen aufgefüllt, die einen bereits auf einen Knoten (genauer, dem Elter des betrachteten Knotens) abgebildeten Nachbarn haben. Anschließend werden all diejenigen Knoten des zugewiesenen Teils des Gastgraphen auf den betrachteten Knoten des (k, h, o, λ, τ)-Baumes abgebildet, die inzident zu einer Kante sind, die zwei Teile der letzten Partition verbindet. Damit sind nun die Eigenschaften 1 und 2 erfüllt, die nach der ersten Phase verlangt wurden.

Falls die Kapazität des Knotens noch nicht ausgeschöpft ist, wird der Knoten mit beliebigen Knoten des zugewiesenen Teils des Gastgraphen aufgefüllt. Dabei kann es unter Umständen günstig sein, wenn wir auch hier wieder eine

Menge von Knoten mit einer möglichst kleinen Nachbarschaft wählen. Dieses Auffüllen ist nötig, da es sonst zu einer Überfüllung der Knoten auf den niedrigen Leveln des (k, h, o, λ, τ)-Baumes kommen würde.

Nun wird der verbliebene Rest des zugewiesenen Teils des Gastgraphen wiederum partitioniert und die oben beschriebene Prozedur wiederholt sich bis wir die Blätter des (k, h, o, λ, τ)-Baumes erreichen. In diesem Fall werden dann die restlichen Knoten des Gastgraphen einfach auf das korrespondierende Blatt des (k, h, o, λ, τ)-Baumes abgebildet.

Nun wollen wir noch ein paar Beziehungen zwischen den Eigenschaften 1 bis 3 bei der Partitionierung des Gastgraphen und den Eigenschaften der Einbettung herstellen. Eigenschaft 1 wird benötigt, damit die Expansion möglichst gering gehalten werden kann. Je mehr Eigenschaft 1 abgeschwächt wird, desto größer wird die Expansion der Einbettung. Die Eigenschaften 2 und 3 werden uns die Einhaltung der Kapazität sichern. Daher wird eine Abschwächung der Eigenschaften 2 oder 3 die Last der Einbettung erhöhen. Um eine möglichst geringe Dilation zu erhalten, ist es außerdem wichtig, den Parameter k möglichst klein zu wählen. Allerdings folgt aus einer kleinen Wahl des Parameters k, daß es schwieriger wird, die Eigenschaften 2 und 3 zu erfüllen.

2.4   Erweiterte Kanten-Bisektoren und Separatoren

Nun müssen wir noch die Partitionierung der Teile des Gastgraphen beschreiben. Im folgenden wird immer davon ausgegangen, daß der Gastgraph einer Familie von Graphen angehört, die unter Teilgraphbildung abgeschlossen ist, d.h. das jeder Teilgraph eines Graphen der Familie wiederum zu dieser Familie gehört.

Wie wir sehen werden, können wir alle Familien von Graphen mit dieser Methode einbetten, die kleine sogenannte *erweiterten Kanten-Bisektoren* besitzen. Ein *Kanten-Bisektor* ist eine Menge von Kanten, die eine Partition der Knotenmenge des Graphen in zwei gleichgroße Mengen (plus/minus 1) erlaubt, so daß zwischen diesen Mengen nur Kanten aus dem Kanten-Bisektor verlaufen.

Ein *erweiterter Kanten-Bisektor* ist ein Kanten-Bisektor eines Graphen mit markierten Knoten, so daß die markierten Knoten in jeder der beiden Knotenmengen, die durch den Kanten-Bisektor induziert werden, einen konstanten Anteil aller markierter Knoten nicht übersteigt. Dieser Anteil muß offensichtlich zwischen 1/2 und 1 liegen. Je kleiner dieser Anteil ist, desto besser wird die Dilation der konstruierten Einbettung.

Ein erweiterter Kanten-Bisektor liefert uns für den Fall $k = 1$ genau die Partition der Knoten, die wir haben wollen. Hierbei entsprechen die markierten Knoten genau den Knoten, die einen Nachbarn besitzen, der auf einen Knoten des (k, h, o, λ, τ)-Baumes höheren Levels abgebildet worden ist. Natürlich erhalten wir durch mehrfache Anwendung eines Kanten-Bisektors Partitionen von Graphen in mehrere Teil. Dabei ist die Anzahl dieser Teil immer eine Zweierpotenz, was für unsere Belange völlig ausreichend ist.

Um genaue Ergebnisse zu erhalten, müssen wir uns konkrete Graphklassen anschauen, für die wir erweiterte Kanten-Bisektoren konstruieren können. Dies wollen wir in den beiden folgenden Abschnitten machen.

2.5 Einbettung binärer Bäume

Zuerst bemerken wir, daß die Klasse der binären Bäume eigentlich nicht unter Teilgraphbildung abgeschlossen ist. Wir betrachten stattdessen die Familie von Wäldern aus binären Bäumen, die unter Teilgraphbildung abgeschlossen ist. Nach dem vorigen Abschnitt, müssen wir nun nur noch einen guten erweiterten Kanten-Bisektor finden. Dazu überlegen wir uns zuerst, wie man für ein lineares Array einen erweiterten Kanten-Bisektor finden kann. Wir stellen uns dazu eine Kette mit n Perlen vor, die aus weißen und schwarzen Perlen besteht. Dabei entsprechen die schwarzen Perlen den markierten Knoten. Wir wollen nun diese Perlenkette an maximal zwei Stellen durchschneiden, so daß die beiden Endstücke zusammen genauso viele weiße wie schwarze Perlen besitzen wie das Mittelstück. Dazu gehen wir der Einfachheit halber davon aus, daß die Anzahl sowohl der weißen wie auch der schwarzen Perlen gerade ist. Wir betrachten nun ein Fenster aus genau $n/2$ Perlen. Wenn sich die Perlenkette so aufteilen läßt, wie wir es gerne hätten, dann entspricht gerade das Mittelstück diesem Fenster, daß wir an einer geeigneten Stelle über die Perlenkette gelegt haben. Ohne Einschränkung der Allgemeinheit sei die Anzahl der schwarzen Perlen in der linken Hälfte der Perlenkette kleiner als die Hälfte der Anzahl aller schwarzen Perlen in der Perlenkette. Dann muß offensichtlich die rechte Hälfte der Perlenkette mehr als die Hälfte der schwarzen Perlen enthalten. Lassen wir nun das Fenster von der linken zur rechten Hälfte über die Perlenkette gleiten, so muß es aus Gründen der Stetigkeit eine Position des Fensters geben, in der genau die Hälfte der schwarzen Perlen enthalten sind. Damit gibt es also erweiterte Kanten-Bisektoren der Mächtigkeit 2 für lineare Arrays. Wie können wir dieses Resultat für binäre Bäume ausnutzen? Wir stellen uns die Knoten eines binären Baumes mit Hilfe der Inorder-Numerierung als lineare Kette vor. Dann genügen zwei Schnitte durch diese Kette, um einen erweiterten Kanten-Bisektor zu erhalten. Leider können durch so einen Schnitt linear viele Kanten des Baumes durchtrennt werden. Wir müssen daher zuerst den binären Baum so umordnen, daß nur wenige Kanten durchschnitten werden.

Zuerst unterscheiden wir bei den Knoten zwischen linken und rechten Knoten. Ein Knoten heißt genau dann *links* bzw. *rechts*, wenn er das linke bzw. rechte

Kind seines Elters ist. Der Einfachheit halber sei die Wurzel ein linker Knoten. Eine Kante heißt *linke* bzw. *rechte Kante*, wenn sie eine Kante zu einem linken oder rechten Kind ist. Nun ordnen wir den Baum so um, daß folgendes gilt. Für jeden linken bzw. rechten Knoten ist der Teilbaum gewurzelt am linken bzw. rechten Kind größer als der Teilbaum seines Geschwisters. Einen so umgeordneten Baum nennen wir *entfalteten Baum*.

Wie man sich leicht überlegt, ist der am rechten Kind gewurzelte Teilbaum eines linken Knotens höchsten halb so groß wie der am Elter gewurzelte Teilbaum. Da nun ein Schnitt durch die lineare Anordnung gemäß der Inorder-Numerierung abwechselnd linke und rechte Kanten des Baumes schneidet, halbiert jede geschnittene Kante des Baumes die Größe des darunter hängenden Teilbaumes. Damit kann ein Schnitt durch die Inorder-Numerierung eines entfalteten binären Baumes nur logarithmisch viele Kanten des Baumes schneiden. Mit einer genauen und aufwendigen Analyse dieser Strategie läßt sich zeigen, daß man binäre Bäume mit Dilation 8 in den optimalen Hyperwürfel einbetten kann. Darüber hinaus kann man für diese Einbettung die Pfade im Hyperwürfel so konstruieren, daß die Kanten-Belastung konstant bleibt.

Theorem 1. *Ein binärer Baum kann injektiv in den optimalen Hyperwürfel mit Dilation 8 und konstanter Kanten- sowie Knoten-Belastung eingebettet werden.*

2.6 Einbettung von Graphen mit beschränkter Baumweite

In diesem Abschnitt betrachten wir Graphen mit beschränkter Baumweite, die mit der Klasse der partiellen k-Bäume zusammenfallen. Ein Graph hat eine *Baumzerlegung*, wenn es einen Baum gibt, so daß jedem Knoten des Baumes eine Teilmenge von Knoten des Graphen, im folgenden *Ballen* genannt, zugeordnet ist, und die folgenden Eigenschaften gelten:

1. Jeder Knoten des Graphen taucht in mindestens einem Ballen auf.
2. Zu jeder Kante gibt es einen Ballen, so daß die inzidenten Knoten in diesem Ballen enthalten sind.
3. Für jeden Knoten des Graphen gilt, daß die Ballen, die diesen Knoten des Graphen beinhalten, einen Teilbaum des Baumes bilden.

Die maximale Größe eines Ballen minus 1 wird die *Weite* der Baumzerlegung genannt. Die minimale Weite aller Baumzerlegungen eines Graphen wird als seine *Baumweite* bezeichnet. Bäume sind gerade die Graphen mit Baumweite 1. Wir können nun im wesentlichen dieselbe Strategie zur Einbettung von Graphen mit beschränkter Baumweite anwenden, wie für binäre Bäume. Wie man sich leicht überlegen kann, kann man eine Baumzerlegung so modifizieren, daß der zu Grunde liegende Baum binär ist. Das einzige worauf man hierbei, insbesondere bei der Entfaltung der binären Baumzerlegung, achten muß, ist, daß jeder Knoten des Graphen mehrfach repräsentiert ist. Die technische Details wollen wir an dieser Stelle nicht ausführen, sondern nur das folgende Theorem festhalten:

Theorem 2. *Ein Graph mit beschränkter Baumweite läßt sich injektiv in seinen optimalen Hyperwürfel einbetten, wobei die Dilation logarithmisch in der Baumweite und im maximale Grad des Gastgraphen ist.*

Es lassen sich für weite Bereiche des maximalen Grades und der Baumweite auch korrespondierende untere Schranken für die Dilation herleiten.

3 Hyperwürfel Algorithmen

In diesem Abschnitt wollen wir die Ergebnisse vorstellen, die zeigen, daß die Einbettungen aus dem vorigen Abschnitt auch effizient auf dem Hyperwürfel berechnet werden können.

3.1 Laufzeitbetrachtungen

Wie wir gesehen haben, läuft die Einbettung über einen (k, h, o, λ, τ)-Baum ab. Offensichtlich lassen sich die Einbettungschritte für die Knoten eines Levels des (k, h, o, λ, τ)-Baumes parallel ausführen. Damit besteht die Einbettung aus h Stufen. In jeder Stufe muß ein erweiterter Kanten-Separator konstruiert werden, der einen Graphen in 2^k Teile aufteilt. Dies läßt sich parallel in k Teilstufen ausführen. Wie wir noch sehen werden, läßt sich jede Teilstufe in $O(\log(n))$ Schritten ausführen, wobei n die Größe des Gastgraphen ist. Da $n \approx 2^{kh+o+\tau}$ ist, wobei o und τ im wesentlichen konstant sind, läßt sich somit die Einbettung in Zeit $O(kh \log(n)) = O(\log^2(n))$ konstruieren.

Wir müssen uns nur überlegen, wie man einen erweiterten Kanten-Bisektor in logarithmischer Zeit auf dem Hyperwürfel berechnen kann. Wendet man das Bisektionsverfahren an, wie wir es bei der Perlenkette geschildert haben, so sollte klar sein, daß sich dieses Verfahren leicht auf einer PRAM in logarithmischer Zeit implementieren läßt. Obwohl man beim Übergang von der PRAM zum Hyperwürfel im allgemeinen meist mehr als einen logarithmischen Faktor verliert, kann man diese Bisektion auch auf dem Hyperwürfel in logarithmischer Zeit ausführen, da die Implementierung hauptsächlich auf Parallel Prefix Operationen basiert.

Das Hauptproblem, das bei der Berechnung der Bisektion auftritt, ist die lineare Darstellung eines entfalteten binären Baumes, also insbesondere dessen Entfaltung, zu berechnen. Das wollen wir in den folgenden Abschnitten näher beschreiben.

3.2 List Ranking

Um die Entfaltung zu berechnen, benötigen wir die Größen aller Teilbäume des gegebenen Baumes (bzw. der Baumzerlegung des Graphen). Diese lassen sich leicht mit Hilfe des Euler-Kontur-Pfades und List Ranking berechnen.

Leider ist List Ranking auf dem Hyperwürfel ein nichttriviales Problem, ja sogar eines der großen offenen Probleme im Bereich der parallelen Algorithmen. Was ist List Ranking überhaupt? Für eine lineare Liste soll für jedes Element in der Liste die Anzahl seiner Nachfolger in der Liste bestimmt werden. Im sequentiellen Fall ist dies ein triviales Problem, und notabene wesentlich einfacher als Sortieren.

Nachdem ein erster PRAM-Algorithmus mit logarithmischen Zeitbedarf gefunden wurde [10], war es lange Zeit offen, ob es auch einen arbeitsoptimalen Algorithmus gibt, der das Problem in logarithmischer Zeit löst. Der arbeitsoptimale Algorithmus für List Ranking [1, 4] ist kaum leichter zu verstehen als ein arbeitsoptimaler paralleler Sortieralgorithmus. Überraschenderweise ist auf dem Hyperwürfel kein Algorithmus bekannt, der auch nur annähernd so schnell ist wie ein Sortieralgorithmus auf dem Hyperwürfel. Lange Zeit war der schnellste Algorithmus für List Ranking auf dem Hyperwürfel die simple Simulation des PRAM-Algorithmus (mit dem üblichen Slow-Down um den Faktor $O(\log(n)\,\mathrm{loglog}^2(n))$). In dieser Arbeit wurde nun für List Ranking ein Algorithmus mit einer Laufzeit von $O(\log^2(n)\,\mathrm{logloglog}(n)\,\log^*(n))$ gefunden, der damit der bislang schnellste bekannte Algorithmus für List Ranking ist.

Man kann sich außerdem leicht überlegen, daß aus einem Algorithmus, der die Größen aller Teilbäume eines Baumes bestimmt, ein Algorithmus für List Ranking mit derselben Laufzeit konstruiert werden kann. Damit hat die Entfaltung dieselbe Zeitkomplexität wie List Ranking, da alle anderen benötigen Operation für die Entfaltung schneller berechnet werden können.

3.3 Die Entfaltung von Bäumen

Wie wir soeben gesehen haben, können wir mit Hilfe von List Ranking die Größen aller Teilbäume eines Baumes bestimmen. Nun müssen wir noch die Entfaltung selbst vornehmen. Wenn man sich noch einmal die Beschreibung eines entfalteten Baumes ins Gedächtnis ruft, fällt einem zuerst nur ein inhärent sequentielles Verfahren zur Entfaltung ein. Glücklicherweise kann man auch diese Entfaltung auch recht einfach parallel berechnen.

Damit die folgende Konstruktion funktioniert, werden für einen Knoten nicht bloß seine Kinder vertauscht, sondern wir spiegeln auch die vertauschten Teilbäume. Zuerst bestimmt jeder Knoten unter Berücksichtigung seines momentanen Status als linker oder rechter Knoten, ob er seine Kinder vertauschen sollte oder nicht. Anschließend berechnen wir mit Hilfe des Euler-Kontur-Pfades, List Ranking und Parallel Prefix Operationen für jeden Knoten, wieviele Knoten sich noch auf dem Weg von diesem Knoten zur Wurzel für eine Vertauschung ihrer Kinder entschlossen haben. Ist diese Anzahl nun gerade, so bleibt er bei seiner Meinung, ansonsten revidiert er seine Meinung, da er in diesem Fall selbst von einem linken bzw. rechten Knoten zu einem rechten bzw. linken Knoten mutiert wurde.

Nun müssen wir noch für diesen neuen Baum die neue Inorder-Reihenfolge der Knoten herstellen. Anschließend kann man sehr einfach einen erweiterten Kanten-Bisektor bestimmen. Auf Grund der Spiegelungen läßt sich die nötige Permutation, die diese neue Reihenfolge der Baumknoten herstellt ist, recht einfach mit Hilfe von Reverse Concentration Routing in logarithmischer Zeit auf dem Hyperwürfel realisieren. Für beliebige Permutation ist es im allgemeinen nicht bekannt, ob diese on-line in logarithmischer Zeit auszuführen sind. Durch eine erweiterte Kanten-Bisektion wird der Baum in viele kleinere Bäume zerschnitten. Diese kleineren Bäume sind nun leider nicht mehr entfaltet. Da die folgenden Entfaltungen logarithmisch oft notwendig sind, käme uns eine erneute Anwendung von List Ranking teuer zu stehen. Glücklicherweise können wir mit geschickter Buchhaltung über Informationen von Größen von Teilbäumen und Inorder-Nummern eine erneute Entfaltung leicht in logarithmischer Zeit berechnen. Auf Details wollen wir an dieser Stelle verzichten und halten nur das Ergebnis fest:

Theorem 3. *Die Einbettung eines binären Baumes in den optimalen Hyperwürfel mit Dilation 8 kann auf dem Hyperwürfel selbst in Zeit*

$$O(\max\{T_{\mathrm{LR}}(n), \log^2(n)\}) = \tilde{O}(\log^2(n)$$

berechnet werden, wobei $T_{\mathrm{LR}}(n)$ die Zeitkomplexität von List Ranking auf dem Hyperwürfel ist.

Für Graphen mit beschränkter Baumweite erhält man ein ähnliches Resultat, wobei hier die Baumweite und der maximale Grad des Graphen in die Laufzeit mit eingehen. Außerdem muß für einen Graphen mit beschränkter Baumweite erst seine Baumzerlegung konstruiert werden. Wenn die Weite der Baumzerlegung a priori bekannt ist, kann diese sehr effizient parallel berechnet werden [3].

4   Dynamische Einbettungen

Bisher haben wir gesehen wie man Einbettungen effizient auf dem Hyperwürfel für einen gegebenen Graphen berechnen kann. Im allgemeinen wird jedoch der

Graph nicht von vornherein bekannt sein, sondern sich erst während der Einbettung entwickeln. In diesem Fall sprechen wir von dynamischer Einbettung. Wir wollen jetzt dynamische Einbettungen von binären Bäumen betrachten, bei der sich in jedem Schritt neue Blätter bilden können.

4.1   Untere Schranken

Es wurde bereits bewiesen, daß jede deterministische Einbettung von binären Bäumen in einen kleineren Hyperwürfel mit nahezu optimaler Last im schlimmsten Fall eine sehr große Dilation $(\Theta(\sqrt{\log(n)}))$ haben muß [7]. Dieses Resultat läßt sich auch für injektive Einbettungen modifizieren. Damit läßt sich zeigen, daß injektive Einbettungen mit kleiner Expansion ebenfalls im schlimmsten Fall eine große Dilation $(\Theta(\sqrt{\log(n)}))$ haben müssen.
Es gibt zwei Möglichkeiten, um die untere Schranke zu umgehen. Zum einen kann man randomisierte Einbettungen verwenden [7]. Diese Einbettung hat den großen Nachteil, daß sie an einer großen Knoten-Belastung leidet und die Einbettung sehr zeitaufwendig ist. Eine andere Alternative ist es, daß man bei der Einbettung Migration zuläßt, d.h. das Knoten nach ihrer Einbettung später eventuell umziehen müssen.

4.2   Schema der dynamischen Einbettung

Auch die dynamische Einbettung basiert auf einem (k, h, o, λ, τ)-Baum, nämlich einem $(2, h, o, 1, \tau)$-Baum. Diesen bezeichnen wir kurz als (h, o, τ)-Baum (gesprochen hot-tree, da hier die Knoten des Gastgraphen heiß und beweglich gehalten werden müssen). Diesmal müssen wir aus Gründen der Effizienz bei der Berechnung der Einbettung allerdings ein wenig mehr Expansion erlauben. Die Einbettung findet immer in den nächstgrößeren als den optimalen Hyperwürfel statt. Für eine Einbettung in den optimalen Hyperwürfel gerät man in Schwierigkeiten, wenn die Zahl der Baumknoten nahe der Zahl der Hyperwürfelknoten ist. In diesem Fall kann es für eine injektive Einbettung sehr teuer werden, ein neues Blatt mit kleiner Dilation einzubetten.
Wir beschreiben nur die Einbettung in den (h, o, τ)-Baum, da die Erweiterung offensichtlich ist. Eine wichtige Eigenschaft des (h, o, τ)-Baumes ist, daß die Kapazität der Blätter des (h, o, τ)-Baumes in etwa die Hälfte der Gesamtkapazität es (h, o, τ)-Baumes ist. Diese Eigenschaft werden wir im folgenden für unsere dynamische Einbettungsstrategie ausnutzen.
Für die dynamische Einbettung reservieren wir für jeden inneren Knoten in den Blättern dieselbe Kapazität, wie sie der Kapazität des inneren Knotens entspricht. Damit kann jeder Baumknoten, der auf einen inneren Knoten des

(h, o, τ)-Baumes abgebildet wurde, sein neues Blatt auf die zugehörige reservierte Stelle abbilden. Da wir in jedem Schritt jedem Knoten nur die Geburt eines neuen Kindes (Blattes) erlauben, ist die Einbettung der neuen Blätter von Knoten, die auf innere Konten abgebildet wurden, völlig problemlos. Darüber hinaus kann die Reservierung in den Blättern so gestaltet werden, daß das neue Blatt nur einen Abstand von höchstens 8 von seinem Elter bekommt.

Nun befinden sich allerdings auch Baumknoten in den Blättern des (h, o, τ)-Baumes, die ebenfalls neue Kinder bekommen können. Nach dieser *Entstehungsphase* von neuen Blätter kann also die Last in den Blättern im schlimmsten Fall auf das dreifache der Kapazität angewachsen sein. In der folgenden sogenannten *Migrationsphase* versuchen wir nun diese Last der Blätter des (h, o, τ)-Baumes wieder unter ihre Kapazität zu senken. Dazu wird in ausgewählten Teilbäumen des (h, o, τ)-Baumes die Einbettung mit Hilfe unserer statischen Einbettung neu berechnet. In dieser Neuberechnung werden alle Blätter, deren Last die Kapazität übersteigt, involviert sein. Die Zeitkomplexität hängt nun davon ab, wie groß wir diese Teilbäume wählen.

4.3   Effiziente Neuberechnungen von Einbettungen

Am einfachsten berechnet man für den ganzen (h, o, τ)-Baum eine neue Einbettung. Das ist aber für eine einzelne Entstehungsphase viel zu teuer. Kurzfristig wäre es am effizientesten, wenn wir immer die kleinsten Teilbäume wählen, so daß die Lasten der Teilbäume höchstens so groß ist wie ihre Kapazitäten. Dabei ist die Last eines Teilbaumes gerade die Summe der Lasten seiner Knoten. Leider ist eine solche Strategie zu kurzsichtig. Denn es kann vorkommen, daß man in einem Teil des (k, h, o, λ, τ)-Baum wenige frei Plätze immer wieder umschaufelt, während andere Teilbäume des (k, h, o, λ, τ)-Baumes fast leerstehen. Man kann zeigen, daß diese Variante der Neuberechnung der Einbettung im allgemeinen zu teuer ist.

Wir müssen also einen Mittelweg zwischen den beiden Varianten finden. Dazu führen wir den Begriff der Unausgeglichenheit ein. Man betrachte einen Knoten v des (h, o, τ)-Baumes und die an ihm hängenden vier Teilbäume. Dann heißt der Teilbaum mit der Wurzel v *unausgeglichen*, wenn die Last von zwei seiner Teilbäume um mehr als eine gewisse Potenz der Höhe des Teilbaums differiert. Wir berechnen für die Teilbäume kleinster Höhe des (h, o, τ)-Baumes die Einbettung neu , die die beiden folgenden Eigenschaften erfüllen:

1. Die Anzahl der abgebildeten Baumknoten ist höchsten so groß, wie die Gesamtkapazität des Teilbaumes des (h, o, τ)-Baumes.
2. Der Teilbaum ist unausgeglichen.

Die erste Eigenschaft sichert uns, daß am Schluß wieder für alle Knoten des (h, o, τ)-Baumes die Last kleiner als die Kapazität ist. Die zweite Eigenschaft garantiert uns, daß wir die Kosten einer Neuberechnung der Einbettung in einem Teilbaum des (h, o, τ)-Baumes so auf einen Teil der in diesem Teilbaum abgebildeten Baumknoten umlegen können, daß jeder Baumknoten nur sehr wenig zu zahlen hat. Daraus folgt, daß die amortisierten Kosten der Einbettung pro Entstehungsphase von neuen Blätter sehr gering ist.

Wenn kein Teilbaum des (h, o, τ)-Baumes beide Eigenschaften erfüllt, kann man zeigen, daß der (h, o, τ)-Baum mindestens zur Hälfte gefüllt ist. In diesem Fall dürfen wir also die Höhe des (h, o, τ)-Baumes um eins erhöhen und berechnen die gesamte Einbettung neu. Bei dieser Vorgehensweise muß noch auf viele Details geachtet werden, so z.B., daß bei einer Neuberechnung in einem Teilbaum auch im gesamten (h, o, τ)-Baum die Dilation von Kanten des Gastbaumes nicht zu groß wird. Wir gehen hier darauf nicht näher ein und halten nur das Hauptresultat fest.

Theorem 4. *Ein binärer Baum kann dynamisch in den nächstgrößeren als seinen optimalen Hyperwürfel injektiv mit Dilation 9 eingebettet werden. Die Einbettung kann auf dem Hyperwürfel selbst in amortisierter Zeit $O(\log^2(M))$ pro Entstehungsphase berechnet werden, wenn in jeder Entstehungsphase maximal M neue Blätter geboren werden.*

Für vollständige binäre Bäume wurden noch verschiedene ganz einfache und effektive dynamische Einbettungen mit sehr geringer Dilation in den Hyperwürfel gefunden. Wie wollen an dieser Stelle nur darauf hinweisen und auf die Einbettungen selbst nicht näher eingehen. Der interessierte Leser sei dazu auf [5] verwiesen.

5 Anwendungen und Erweiterungen

Die Methode der Einbettung mit Hilfe des (k, h, o, λ, τ)-Baum hat sich als so flexibel erwiesen, daß sie auf zahlreiche Familien von Gast- und Wirtsgraphen angewendet werden kann. In diesem Abschnitt wollen wir einen kurzen Überblick hierzu geben.

5.1 Verschiedene Gastgraphen

Es konnte gezeigt werden, daß diese Strategie auch gute Einbettungen für folgende Familie von Graphen liefert: Graphen mit beschränkter Pfadweite oder beschränkter Kreisweite, Intervall Graphen, Kreisbögen Graphen (circular arc graphs), Serien-Parallel Graphen, Außenplanare Graphen (outerplanar graphs) und Sehnengraphen (chordal graphs).

5.2 Verschiedene Wirtsgraphen

Mit geringen Modifikation in der zweiten Phase der Einbettung können auch die folgenden Familien als Wirtsgraphen verwendet werden: gefaltete Hyperwürfel (folded hypercubes), verdrillte Hyperwürfel (twisted hypercubes), verdrillte Würfel (twisted cubes), verallgemeinerte verdrillte Würfel, mehrfach verdrillte Würfel (multiply-twisted cubes) bzw. gekreuzte Würfel (crossed cubes) und Möbius Würfel. Bei all diesen Modifikationen ist die Anzahl der Knoten immer noch eine Zweierpotenz. Nur einige Kanten wurden im Hyperwürfel mit dem Ziel umdefiniert, den Durchmesser zu verkleinern.

Eine andere Art der Modifikation von Hyperwürfel hat zum Ziel, daß es für mehrere Größen modifizierte Hyperwürfel zur Verfügung stehen als nur für Zweierpotenzen. Dies sind im einzelnen der unvollständige Hyperwürfel und der Fibonacci Würfel. Hier muß die Einbettung auch in der ersten Phase modifiziert werden, da sich solche Würfel nicht mehr in zwei gleichgroße Teilwürfel aufteilen lassen. Dafür muß man die erweiterten Kanten-Bisektoren so definieren, daß die Kardinalitäten der Knotenmengen gerade der Größen der Teilwürfel entsprechen. Natürlich müssen in diesem Falle auch die Kapazitäten des (k, h, o, λ, τ)-Baumes angepaßt werden. Im Falle von Fibonacci Würfeln mutiert der (k, h, o, λ, τ)-Baum zu einem (k, h, o, λ, τ)-Fibonacci Baum.

Auch für dichtere und dünnere Varianten des Hyperwürfels, wie dem verallgemeinerten Hyperwürfel und dem gefalteten Petersen Graphen sowie Würfel, kann man das Einbettungsschema leicht anpassen. Für den Star Graphen kann diese Einbettungsstrategie ebenfalls angepaßt werden. Allerdings kann hier keine konstante Expansion erreicht werden, da noch keine geeignete Partitionierung der Knoten des Stargraphen gefunden wurde, die eine geeignete Definition des (k, h, o, λ, τ)-Baumes erlaubt.

Literatur

1. R. Anderson, G. Miller: Deterministic parallel list ranking. *Proc. of the 3rd Aegean Workshop on Computing*, LNCS 319, 81–90, Springer, 1988.
2. S. Bhatt, F. Chung, T. Leighton, A. Rosenberg: Efficient embeddings of trees in hypercubes. *SIAM J. Comput.*, 21(1):151–162, February 1992.
3. H. Bodlaender, T. Hagerup: Parallel algorithms with optimal speedup for bounded treewidth. Technical Report UU-CS-1995-25, Dept. of Computer Science, University of Utrecht, 1995.
4. R. Cole, U. Vishkin: Optimal parallel algorithms for expression tree evaluation and list ranking. *Proc. of the 3rd Aegean Workshop on Computing*, LNCS 319, 91–100, Springer, 1988.

5. V. Heun: Efficient embeddings of treelike graphs into hypercubes. *Ph.D. Thesis*, Fakultät für Informatik der TU München. Reihe Informatik, Shaker: Aachen, 1996.

6. D. Krumme, K. Venkataraman, G. Cybenko: Hypercube embedding is $\mathcal{NP}$-complete. *Proc. of the 1st Conf. on Hypercube Multiprocessors*, 148–157, SIAM, 1985.

7. T. Leighton, M. Newman, A. Ranade, E. Schwabe: Dynamic tree embeddings in butterflies and hypercubes. *SIAM J. Comput.*, 21(4):639–654, 1992.

8. A. Wagner, D. Corneil: Embedding trees in a hypercube is $\mathcal{NP}$-complete. *SIAM J. Comput.*, 19:570–590, 1990.

9. A. Wagner, D. Corneil: On the complexity of the embedding problem for hypercube related graphs. *Discrete Appl. Math.*, 43(1):75–95, 1993.

10. J. Wyllie: The complexity of parallel computation. Technical Report 79-387, Dept. of Computer Science, Cornell University, 1979. Ph.D. Thesis.

Projektionsbasierte Striktheitsanalyse

Ralf Hinze

Institut für Informatik III,
Universität Bonn,
Römerstraße 164,
53117 Bonn

Moderne funktionale Programmiersprachen wie Haskell [9] abstrahieren von der Berechnungsreihenfolge: Die Programmiererin kann sich auf die Beschreibung dessen, *was* berechnet werden soll, konzentrieren, ohne die genaue Reihenfolge der Berechnung spezifizieren zu müssen. Für den erhöhten Komfort bei der Programmierung muß natürlich ein Preis gezahlt werden. Soll dieser nicht in erhöhten Programmlaufzeiten bestehen, so muß ein Übersetzer aufwendige Programmanalysen und -optimierungen durchführen. Die Rekonstruktion der Berechnungsreihenfolge ist die ureigene Aufgabe der Striktheitsanalyse: Die in einem funktionalen Programm nur implizit durch die Datenabhängigkeiten gegebene Abarbeitungsreihenfolge wird explizit gemacht. Meine Dissertation [4] beschäftigt sich mit einer speziellen Instanz der Striktheitsanalyse, die insbesondere die Analyse von Funktionen auf Datenstrukturen wie Listen oder Bäumen ermöglicht. Dieser Artikel gibt einen Überblick über die Arbeit, beleuchtet ihren Hintergrund und benennt die wichtigsten Resultate.

1 Einleitung

Die Dissertation vereinigt zwei meiner wissenschaftlichen Leidenschaften: funktionale Programmierung und Übersetzerbau. Grundlegende Kenntnisse aus beiden Gebieten sind für das Verständnis der Arbeit wenn nicht notwendig, so zumindest doch sehr hilfreich. Aus diesem Grund geben wir in den nächsten vier Abschnitten zunächst eine kurze Einführung in die funktionale Programmierung und in die Übersetzung funktionaler Sprachen. Der Aufbau der Abschnitte 6 bis 9 entspricht im wesentlichen dem der Dissertation; ein Überblick wird am Ende von Abschnitt 5 gegeben.

Eine Vorbemerkung ist noch angebracht: Aufgrund des einführenden Charakters des Artikels werden andere Arbeiten und insbesondere Vorarbeiten nicht oder nicht ausreichend gewürdigt; die Leserin sei hierzu auf das einleitende Kapitel der Dissertation [4] verwiesen.

2 Funktionale Programmierung

Funktionalen Programmiersprachen liegt ein einfaches Rechenmodell zugrunde: Ein Problem wird durch einen Ausdruck beschrieben; um die Lösung des Problems zu ermitteln, wird der Ausdruck zu einem Wert ausgerechnet. Beim Wort „Rechnen" wird man in erster Linie an das Rechnen mit Zahlen denken; Rechnen ist aber keineswegs auf Arithmetik eingeschränkt. Auch mit Noten und Partituren [5], mit zweidimensionalen Graphiken [2] oder mit interaktiven, multimedialen Animationen [1] kann man rechnen. Wir schauen uns zur Illustration ein etwas weniger interessantes, dafür aber bekannteres Beispiel an: Es gilt, ein Programm zu schreiben, das eine Folge von ganzen Zahlen sortiert. Um das Sortierproblem zu lösen, müssen zwei Dinge in Angriff genommen werden: Wir müssen uns überlegen, wie wir Folgen repräsentieren und wir müssen Rechenregeln für das Sortieren aufstellen. Für die Notation der Programme verwenden wir im folgenden die Sprache Haskell [9].

Ein Datentyp für Folgen respektive Listen ist in den allermeisten funktionalen Sprachen vordefiniert, so auch in Haskell. Die Liste der ersten vier Primzahlen, zum Beispiel, wird durch den Ausdruck $2 : (3 : (5 : (7 : [])))$ beschrieben (die Klammern sind redundant). Eine Liste ist somit entweder leer, $[\,]$, oder von der Form $a : x$, wobei a das erste Listenelement ist und x die restliche Liste ohne das erste Element.

Verschiedene Sortiermethoden führen zu unterschiedlichen Rechenregeln. Eine einfache Methode stellt Sortieren durch Einfügen dar.

$$
\begin{aligned}
&isort && :: && [Integer] \rightarrow [Integer] \\
&isort\ [\,] && = && [\,] \\
&isort\ (a : x) && = && insert\ a\ (isort\ x) \\
&insert && :: && Integer \rightarrow [Integer] \rightarrow [Integer] \\
&insert\ a\ [\,] && = && a : [\,] \\
&insert\ a\ (b : x) && = && \textbf{if}\ a \leq b\ \textbf{then}\ a : b : x\ \textbf{else}\ b : insert\ a\ x
\end{aligned}
$$

Die Gleichungen, von links nach rechts gelesen, spezifizieren Rechenregeln. Sie müssen wiederholt angewendet werden, um zum Beispiel die Liste $2 : 3 : 1 : [\,]$ zu sortieren.

$$
\begin{aligned}
&\quad isort\ (2 : 3 : 1 : [\,]) \\
\Rightarrow\ &insert\ 2\ (isort\ (3 : 1 : [\,])) \\
\Rightarrow\ &insert\ 2\ (insert\ 3\ (isort\ (1 : [\,]))) \\
\Rightarrow\ &insert\ 2\ (insert\ 3\ (insert\ 1\ (isort\ [\,]))) \\
\Rightarrow\ &insert\ 2\ (insert\ 3\ (insert\ 1\ [\,])) \\
\Rightarrow\ &insert\ 2\ (insert\ 3\ (1 : [\,])) \\
\Rightarrow\ &insert\ 2\ (1 : insert\ 3\ [\,]) \\
\Rightarrow\ &1 : insert\ 2\ (insert\ 3\ [\,]) \\
\Rightarrow\ &1 : insert\ 2\ (3 : [\,]) \\
\Rightarrow\ &1 : 2 : 3 : [\,]
\end{aligned}
$$

Typisch für Rechnungen ist, daß es in deren Verlauf mehrere Möglichkeiten gibt fortzufahren. In der obigen Rechnung kann der Ausdruck $insert\ 2\ (1 : insert\ 3\ [\,])$ entweder zu $1 : insert\ 2\ (insert\ 3\ [\,])$ oder zu $insert\ 2\ (1 : 3 : [\,])$ vereinfacht werden. Führt man beide Rechnungen weiter, so gelangt man schließlich zum gleichen Ergebnis. Das ist stets der Fall: Eine fundamentale Eigenschaft rein funktionaler Sprachen besagt, daß das Ergebnis einer Rechnung unabhängig von der Wahl der jeweiligen Vereinfachung und somit eindeutig ist. Es bleibt die Frage, ob unterschiedliche Rechenwege auch stets gleich lang sind. Daß dies nicht der Fall ist, zeigt das folgende Beispiel (mit $(==)$ wird der Test auf Gleichheit bezeichnet).

$$
\begin{aligned}
&member && :: && Integer \rightarrow [Integer] \rightarrow Bool \\
&member\ a\ [\,] && = && False \\
&member\ a\ (b : x) && = && a == b \vee member\ a\ x \\
&(\vee) && :: && Bool \rightarrow Bool \rightarrow Bool \\
&False \vee b && = && b \\
&True \vee b && = && True
\end{aligned}
$$

Der Aufruf *member* a x überprüft, ob a in der Liste x enthalten ist. Wir erwarten natürlich, daß die Suche beendet wird, sobald a gefunden ist. Schauen wir uns eine Beispielrechnung an.

$$
\begin{aligned}
&\quad member\ 2\ (1:2:3:4:5:6:[\,]) \\
&\Rightarrow\ 1 == 2 \lor member\ 2\ (2:3:4:5:6:[\,]) \\
&\Rightarrow\ False \lor member\ 2\ (2:3:4:5:6:[\,]) \\
&\Rightarrow\ member\ 2\ (2:3:4:5:6:[\,]) \\
&\Rightarrow\ 2 == 2 \lor member\ 2\ (3:4:5:6:[\,]) \\
&\Rightarrow\ True \lor member\ 2\ (3:4:5:6:[\,]) \\
&\Rightarrow\ True
\end{aligned}
$$

Das ist die kürzeste Rechnung. Ungeschickt wäre es gewesen, im vorletzten Schritt den Teilausdruck *member* 2 $(3:4:5:6:[\,])$ zu vereinfachen. Warum? Nun, der Gesamtausdruck kann mit der zweiten Regel für $(\lor)$ zu *True* ausgewertet werden, *ohne* daß wir den Wert des Teilausdrucks bestimmen müssen.

Tatsächlich läßt sich eine *Strategie* angeben, die unnötige Rechenschritte vermeidet. Im Englischen wird diese Strategie „lazy evaluation" genannt, zu Deutsch faule Auswertung. Technisch gesehen erfolgt dabei die Auswertung von außen nach innen: In jedem Schritt wird der äußerste linke Teilausdruck, auf den eine Regel anwendbar ist, vereinfacht. Diese Vorgehensweise garantiert, daß nicht unnötig gerechnet wird, denn: Um einen Wert zu erhalten, muß der äußerste linke Funktionsaufruf auf jeden Fall ausgerechnet werden.

So natürlich „lazy evaluation" auch erscheint, gängiger ist die duale Strategie: die Auswertung von innen nach außen, im Englischen „eager evaluation". Warum dem so ist, werden wir im nächsten Abschnitt sehen.

Beide Strategien lassen sich auch semantisch charakterisieren: Ein „Semantiker" würde eine Sprache mit „lazy evaluation" als nicht-strikt bezeichnen, eine „eager" Sprache entsprechend als strikt. Aus den semantischen Begriffen leitet sich auch der Terminus Striktheitsanalyse ab.

Interessant ist, daß die Wahl einer bestimmten Auswertungsstrategie großen Einfluß auf die Programmierung hat. In einer strikten Sprache würde man die Funktion *member* anders formulieren: Die vorzeitige Beendung der Suche müßte explizit mit einer Kontrollstruktur programmiert werden. Leider können wir aus Platzgründen nicht auf die Vorteile von „lazy evaluation" eingehen. Diese werden aber von John Hughes sehr schön in dem Artikel „Why Functional Programming Matters" [7] dargestellt und mit vielen Beispielen illustriert.

3   Implementierung von „lazy evaluation"

Verglichen mit „eager evaluation" ist die Implementierung von „lazy evaluation" wesentlich aufwendiger und führt zu langsameren Programmen – zumindest auf konventionellen „von Neumann"-Architekturen. Warum dem so ist, läßt sich gut mit Hilfe des letzten Beispiels verdeutlichen.

In Sprachen wie Pascal oder C werden stets Werte als Parameter übergeben bzw. Objekte, die sich gut als Maschinenwert repräsentieren lassen; die Funktion ($\vee$) erhält im Gegensatz dazu einen *unausgewerteten* Ausdruck als zweiten Parameter. Die Übergabe eines Ausdruck ist hier zwingend: Werten wir den Parameter aus, so durchläuft *member* die Eingabeliste stets bis zum Ende.

Die Vorteile von „lazy evaluation" werden mit erhöhtem Aufwand bei der Übergabe von Parametern – es werden Ausdrücke nicht Werte übergeben – und beim Zugriff auf Parameter – die an die Parameter gebundenen Ausdrücke müssen ausgerechnet werden – erkauft. Eine „eager" Sprache läßt sich im Gegensatz dazu wesentlich leichter auf eine konventionelle Rechnerarchitektur abbilden.

Interessanterweise kann man eine für „eager evaluation" konzipierte Maschine für „lazy evaluation" aufrüsten, indem man einen Datentyp „Berechnungsvorschrift" einführt. Eine Berechnungsvorschrift (engl. recipe, laze, thunk oder closure) ist sozusagen die Maschinendarstellung eines unausgewerteten Ausdrucks; sie besteht typischerweise aus dem für den Ausdruck generierten Maschinencode und den Belegungen der in dem Ausdruck auftretenden freien Variablen.

Die Rückführung von „lazy" auf „eager evaluation" ist insbesondere von Bedeutung, weil sie den mit „lazy evaluation" verbundenen Aufwand plastisch vor Augen führt. Am einfachsten läßt sich diese Rückführung durch eine Programmtransformation bewerkstelligen. Die Konstruktion einer Berechnungsvorschrift machen wir mit *freeze* explizit, die Ausführung einer Berechnungsvorschrift mit *unfreeze* bzw. durch Angabe von *freeze* auf der linken Seite einer Gleichung. Wenden wir die Transformation auf die Definition von *member* und ($\vee$) an, erhalten wir das folgende Programm.

$$
\begin{aligned}
member\ a\ (freeze\ [\,]) &= False \\
member\ a\ (freeze\ (b:x)) &= freeze\ (a == b) \vee freeze\ (member\ a\ x) \\
(freeze\ False) \vee b &= unfreeze\ b \\
(freeze\ True) \vee b &= True
\end{aligned}
$$

Selbst für dieses vergleichsweise einfache Programm entsteht ein beträchtlicher Mehraufwand. Man beachte, daß neben den Parametern von Funktionen auch die Argumente des Listenkonstruktors „:" verzögert werden. Aus dem Ausdruck *member* 2 (1 : 2 : 3 : 4 : 5 : 6 : [ ]) wird

$$member\ (freeze\ 2)\ (freeze\ (freeze\ 1 : freeze\ (freeze\ 2 : freeze\ (freeze\ 3 :$$
$$freeze\ (freeze\ 4 : freeze\ (freeze\ 5 : freeze\ (freeze\ 6 : freeze\ [\,])))))))) \ .$$

4 Striktheitsanalyse

Die Aufgabe der Striktheitsanalyse ist es, Funktionsargumente zu identifizieren, die „eager" übergeben werden können, ohne die Bedeutung des Programms zu verändern. Im obigen Programm kann zum Beispiel der erste Parameter von ($\vee$) ausgewertet werden; entsprechendes gilt für das zweite Argument von *member*. Die Argumente werden jeweils benötigt, um entscheiden zu können, welche Gleichung zur Anwendung kommt. Basierend auf diesen einfachen Überlegungen läßt sich das transformierte Programm bereits optimieren.

$$
\begin{array}{lll}
member\ a\ [\,] & = & False \\
member\ a\ (b : x) & = & a == b \vee freeze\ (member\ a\ (unfreeze\ x)) \\
False \vee b & = & unfreeze\ b \\
True \vee b & = & True
\end{array}
$$

Wir erhalten ein Programm, in dem Argumente sowohl „lazy" als auch „eager" übergeben werden. Empirische Untersuchungen zeigen, daß Optimierungen dieser Art Laufzeitverbesserungen von durchschnittlich 10%–20% bewirken [10].

Aber es gibt noch weiteres Optimierungspotential: Bisher haben wir gefragt, ob ein Funktionsargument benötigt wird oder nicht. Wenn die Argumente Datenstrukturen wie Listen oder Bäume sind, kann man einen Schritt weitergehen und auch die Infrastruktur der Argumente untersuchen. Optimierungen sind bei rekursiven Datenstrukturen besonders lohnend, da der Gewinn unter Umständen proportional zur Größe der Datenstruktur ist.

Jetzt wird die Angelegenheit interessant. Kommen wir auf unser erstes Beispiel zurück, Sortieren durch Einfügen. Auf den ersten Blick würde man vermuten, daß alle Elemente der Eingabeliste benötigt werden, um eine sortierte Ausgabeliste zu erzeugen. Das ist fast richtig, aber eben nur fast. Betrachten wir die beiden Aufrufe *length* (*isort* x) und *head* (*isort* x), wobei *length* und *head* wie folgt definiert sind.

$$
\begin{array}{lll}
length & :: & [\alpha] \rightarrow Integer \\
length\ [\,] & = & 0 \\
length\ (a : x) & = & 1 + length\ x \\
head & :: & [\alpha] \rightarrow \alpha \\
head\ (a : x) & = & a
\end{array}
$$

Die Funktion *length* bestimmt die Länge einer Liste; *head* extrahiert das erste Element, das Kopfelement, einer Liste. Setzen wir in den obigen Ausdrücken für x jeweils die Liste *undefined* : [] ein, so wertet der erste Ausdruck zu 1 und der zweite zu *undefined* aus.[1] Erstaunlicherweise wird im ersten Fall nicht auf das Listenelement zugegriffen – sonst wäre das Ergebnis ebenfalls undefiniert. Die Erklärung fällt nicht schwer: Eine einelementige Liste kann sortiert werden, ohne das Listenelement zu kennen. Ärgerlich ist, daß dieser Sonderfall eine Optimierung verhindert. Würden wir die Listenelemente vor dem Aufruf von *isort* ausrechnen, würde sich im obigen Beispiel die Bedeutung des Programms ändern: statt 1 wäre das Ergebnis von *length* (*isort* x) dann *undefined*.

Die Beispiele illustrieren einen zweiten Punkt: Wollen wir das Verhalten von Funktionen adäquat charakterisieren, müssen wir den Kontext berücksichtigen, in dem ein Funktionsaufruf steht. Die Funktion *isort* benötigt die Elemente der Eingabeliste nur, wenn auch die Elemente der Ergebnisliste benötigt werden. Liegt dieser Fall vor, dann kann die oben beschriebene Optimierung durchgeführt werden.

5   Abstrakte Interpretation

Nachdem wir motiviert haben, welche Programmeigenschaften in Hinblick auf die ins Auge gefaßte Optimierung interessant und relevant sind, gilt es zu überlegen, wie diese Eigenschaften automatisch hergeleitet werden können. Leider stoßen wir unmittelbar an die Grenzen der Mechanisierbarkeit: Die Striktheit einer Funktion ist formal unentscheidbar; man kann kein Programm angeben, das feststellt, ob eine Funktion in einem gegebenen Argument strikt ist oder nicht.

Praktisch bedeutet dies, daß ein Analysewerkzeug stets nur Approximationen des tatsächlichen Striktheitsverhaltens ermitteln kann. Nun ist gegen Approximationen nichts einzuwenden, solange sie „von der richtigen Seite" approximieren: Ist eine Funktion strikt, so darf das Analyseergebnis „nicht strikt" lauten – in diesem Fall wird Optimierungspotential verschenkt. Der umgekehrte Fall, eine nicht-strikte Funktion wird als strikt klassifiziert, ist hingegen nicht zulässig – die auf Grundlage dieser Information erfolgende Optimierung würde die Bedeutung des Programms verändern.

Den formalen Rahmen für die approximative Programmanalyse bildet die „Abstrakte Interpretation". Der Name deute bereits die prinzipielle Idee an: Es wird nicht mit konkreten, sondern mit abstrakten Werten gerechnet, die gera-

---

[1]Der Ausdruck *undefined* steht für einen undefinierten Wert; die Auswertung von *undefined* führt zu einem unmittelbaren Fehlerabbruch.

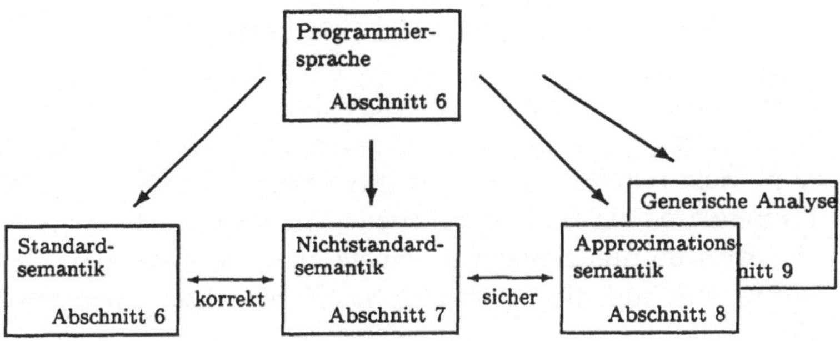

Abbildung 1: Abstrakte Interpretation

de die Eigenschaften modellieren, für die man sich interessiert.

Dem ersten Beispiel für abstrakte Interpretation begegnet man bereits in der Grundschule: Die sogenannte Vorzeichenregel für die Multiplikation erklärt, wie sich das Vorzeichen des Produkts aus den Vorzeichen der beiden Faktoren ergibt, z. B. Minus mal Minus ist Plus. Mit Hilfe der Vorzeichenregel können wir schnell das Vorzeichen des Produkts $-1791 * 65113$ bestimmen, ohne tatsächlich eine Multiplikation durchführen zu müssen. Das gleiche Ziel verfolgen wir auch bei der Striktheitsanalyse: Wir wollen Eigenschaften herleiten, ohne das zu analysierende Programm tatsächlich ausführen zu müssen.

Die „Zutaten" der Abstrakten Interpretation sind in Abb. 1 dargestellt. Vorgegeben ist die Syntax und die Semantik der Programmiersprache. An ihnen muß sich die Analyse und auch der Nachweis ihrer Korrektheit orientieren. Die Eigenschaften, an denen man interessiert ist, werden zunächst semantisch modelliert, das Ergebnis ist die sogenannte Nichtstandardsemantik. Bei der Modellierung kümmert man sich nicht um Fragen der Berechenbarkeit oder gar Effizienz. Diesen Aspekten wird erst in einem zweiten Schritt Rechnung getragen, bei der Aufstellung der Approximationssemantik. Diese stellt sozusagen die konstruktive, d.h. effektiv durchführbare Variante der Nichtstandardsemantik dar. Entsprechend gliedert sich auch der Korrektheitsbeweis in zwei Teile: dem Nachweis, daß die Modellierung korrekt ist, und dem Nachweis, daß die Approximationssemantik „von der richtigen Seite" approximiert.

Da sich die projektionsbasierte Striktheitsanalyse gut in den Rahmen der Abstrakten Interpretation einpaßt, stellt Abb. 1 gleichzeitig auch die Gliederung der Dissertation dar. Die nachfolgenden Abschnitte sind analog organisiert; sie geben jeweils einen kurzen Überblick über das bzw. über die entsprechenden Kapitel der Dissertation.

6 Syntax und Standardsemantik

Für die Notation der Beispielprogramme haben wir die Sprache Haskell verwendet. Als Ausgangspunkt für eine Analyse ist Haskell eher ungeeignet, da die Sprache zu viele redundante Konstrukte enthält: Die Funktion *isort* kann in Haskell mindestens auf fünf verschiedene Weisen programmiert werden. Typischerweise wird im funktionalen Übersetzerbau für die Programmanalyse und -optimierung eine auf die notwendigsten Konstrukte reduzierte Kernsprache verwendet.

Auf einer solchen Sprache basiert auch das entwickelte Analysewerkzeug. Interessanterweise läßt sich die Analyse am elegantesten formulieren, wenn eine *strikte* Sprache mit *freeze*- und *unfreeze*-Konstrukten zugrundegelegt wird. Auf diese Weise wird auch die Analyse hybrider Sprachen möglich, die sowohl „lazy" als auch „eager evaluation" unterstützen.

Die einzige Einschränkung gegenüber Haskell ist, daß Funktionen höherer Ordnung *nicht* unterstützt werden (siehe Abschnitt 10).

Sowie die Konstrukte der Kernsprache im wesentlichen vorgegeben sind, so ist auch deren Standardsemantik festgelegt. Die in der Arbeit aufgeführte denotationelle Semantik dient im wesentlichen als Bezugspunkt für die späteren Korrektheitsbeweise.

7 Projektionen und Nichtstandardsemantik

Halten wir uns noch einmal das Ziel der Optimierung vor Augen: Der aktuelle Parameter eines Funktionsaufrufs $f(e)$ soll soweit wie möglich *vor* dem Aufruf ausgerechnet werden. In Abschnitt 4 haben wir gesehen, daß ein Ausdruck wie $f(e)$ nicht losgelöst vom Kontext betrachten werden kann – die Auswertung eines Ausdrucks bzw. der Grad seiner Auswertung wird durch den Kontext bestimmt, in den der Ausdruck eingebettet ist. Das ist eine Konsequenz aus der Auswertungsstrategie „lazy evaluation", die die Auswertung von außen nach innen vorschreibt.

Nun müssen wir aufpassen, daß wir bei der Modellierung nicht über das Ziel hinausschießen: Wir wollen nicht alle Kontexte unterscheiden; uns interessiert nur die vom Kontext bewirkte Auswertung und nicht wie der Kontext den Ausdruck weiterverarbeitet. In diesem Sinne sind die Kontexte *head* $(\cdot)+1$ und *head* $(\cdot)*2$ gleichwertig, da beide die Auswertung des Listenkopfs bewirken. Aus diesem Grund schränken wir uns auf die Betrachtung von „Auswertern" ein. Zwei Eigenschaften sind charakteristisch für Auswerter:

1. Beim Rechnen wird Gleiches durch Gleiches ersetzt: Ein Auswerter ver-

ändert die Bedeutung eines Ausdrucks nicht. Aber: Die Auswertung eines Ausdrucks kann divergieren.

2. Ein Auswerter wertet „in einem Durchgang" aus; die zweifache Anwendung eines Auswerters bewirkt keine zusätzliche Auswertung.

Funktionen mit diesen Eigenschaften werden in der Bereichstheorie *Projektionen* genannt ($\pi: D \to D$ ist eine Projektion gdw. $\pi \sqsubseteq$ id und $\pi \circ \pi = \pi$). Projektionen sind keineswegs für die Striktheitsanalyse erfunden worden. Im Gegenteil: Es dauerte einige Zeit, bis man erkannte, daß sie in idealer Weise für die Modellierung von Auswertern geeignet sind.[2] Projektionen lassen sich gemäß ihres Grades an Auswertung anordnen; je mehr ausgewertet wird, desto kleiner ist die Projektion. Die größte Projektion ist die Identitätsfunktion; sie modelliert den „faulsten" Auswerter.

Das Auswertungsverhalten einer Funktion kann durch einen *Projektionstransformer* beschrieben werden: Ein Projektionstransformer bildet Projektionen, die die gewünschte Auswertung des Funktionsergebnisses beschreiben, auf Projektionen ab, die die dafür notwendige Auswertung der Funktionsargumente charakterisieren. Ist die vom Projektionstransformer spezifizierte Auswertung „auf der sicheren Seite", so nennen wir ihn kurz *Abstraktion* der Funktion.

Eine Funktion besitzt viele Abstraktionen; auch hier gilt: je kleiner die Abstraktion ist, desto informativer und besser ist sie. Jede Funktion hat eine größte Abstraktion; diese sagt „Auswertung ist nie erforderlich" ($\tau(\pi) =$ id) und macht Optimierungen unmöglich.

Das führt uns zu der nicht-trivialen Frage, ob es zu einer Funktion stets auch eine kleinste Abstraktion existiert. Diese Frage konnte in der Dissertation positiv beantwortet werden. Interessanterweise ist der Übergang von einer Funktion zu ihrer kleinsten Abstraktion nicht mit einem Informationsverlust verbunden: Die kleinste Abstraktion bestimmt eindeutig die Funktion. In anderen Worten: Aus dem „Analyseergebnis" läßt sich rekonstruieren, welche Funktion analysiert wurde.

Nun kann man sich in diesem Zusammenhang nicht mit Existenzaussagen zufrieden geben; mindestens so wichtig, wenn nicht wichtiger ist die Frage, ob sich die kleinste Abstraktion auch konstruktiv charakterisieren läßt. Genauer formuliert: Kann man für die funktionale Kernsprache eine kompositionale Semantik angeben, die jedem Sprachkonstrukt ihre kleinste Abstraktion zuordnet?

---

[2]Die Idee der kontextbasierten Striktheitsanalyse geht auf John Hughes zurück [6]; erst zwei Jahre später erkannte Philip Wadler die Eignung von Projektionen für die Formalisierung der Analyse [11].

Man kann zeigen, daß dies im allgemeinen nicht möglich ist. Probleme bereiten Funktionen, die inhärent parallel sind, d.h. für deren Abarbeitung Parallelität erforderlich ist. Prominentes Beispiel für eine solche Funktion ist das „parallele Oder". Im Gegensatz zum „sequentiellen Oder", das wir in Abschnitt 2 definiert haben, ist das Ergebnis *True*, wenn ein beliebiges Argument zu *True* auswertet. Parallele Funktionen verletzen das Prinzip der Kompositionalität: die kleinste Abstraktion der Komposition $\varphi \circ \psi$ kann *nicht* durch Komposition der kleinsten Abstraktionen von ψ und φ ermittelt werden.

Das Problem tritt nicht auf, wenn man sich bei der Analyse auf sequentielle Funktionen beschränkt. Für diese Funktionsklasse läßt sich systematisch eine kompositionale Nichtstandardsemantik entwickeln. Die Nichtstandardsemantik wird ähnlich wie die Semantik durch eine Menge von Gleichungen angegeben; jede Gleichung spezifiziert, wie zu einem Konstrukt der Kernsprache die kleinste Abstraktion ermittelt wird. Kompositional meint dabei, daß die Bedeutung eines Ausdrucks sich jeweils aus der Bedeutung der Teilausdrücke ableitet: Die Bedeutung von **if** e_1 **then** e_2 **else** e_3 ergibt sich durch Kombination der Bedeutungen von e_1, e_2 und e_3. Die Nichtstandardsemantik repräsentiert das *optimale* Analyseverfahren; sie ist Orientierung und Meßlatte für die zu entwickelnde Approximationssemantik.

Eine Bemerkung noch zu der Fokussierung auf sequentielle Funktionen: Für die Praxis bedeutet dies keine allzu große Einschränkung. In Haskell können lediglich sequentielle Funktionen definiert werden; Parallelität ist nur möglich, wenn zusätzlich parallele Primitive vordefiniert werden. Darüber hinaus bedeutet der Ausschluß paralleler Funktionen nicht, daß diese sich einer Analyse entziehen. Die für den sequentiellen Fall entwickelten Regeln können auch für eine parallele Sprache verwendet werden; nur ist das Analyseergebnis eben nicht mehr optimal.

8   Kontexte und Approximationssemantik

Auswerter sprich Projektionen können beliebig kompliziert sein: Zum Beispiel gibt es für jede natürliche Zahl n eine Projektion, die eine Liste genau bis zum n-ten Element auswertet. In Hinblick auf eine praktische Umsetzung der Striktheitsanalyse ist diese Vielfalt unerwünscht. Soll die getrennte Übersetzung von Modulen unterstützt werden, so muß sich die hergeleitete Striktheitsinformation kompakt repräsentieren lassen. Aus diesem Grund ist man gezwungen, sich bei der Analyse auf eine kleine Zahl relevanter Projektionen einzuschränken. Die Projektionen müssen sich darüber hinaus endlich darstellen lassen; die syntaktische Repräsentation einer Projektion nennen wir *Kontext*.
Auf Listen sind vier Kontexte gebräuchlich: HT, H, T und L, die zu den vier

Möglichkeiten korrespondieren den Ausdruck $h : t$ auszuwerten. Der Kontext T, zum Beispiel, wertet den Listenrest nicht aber den Listenkopf aus. Allen Kontexten ist gemeinsam, daß der Listenrest jeweils genauso ausgerechnet wird, wie die gesamte Liste. Kontexte mit dieser Eigenschaft heißen *uniform*. Der Kontext T wertet die Struktur einer Liste, nicht aber deren Elemente aus; er modelliert damit die von der Funktion *length* vorgenommene Auswertung. Nachfolgend ist der Kontexttransformer für die Funktion *isort* aufgeführt.

$$\begin{aligned}
\text{isort}^{\flat}(\text{HT}) &= \text{HT!} \\
\text{isort}^{\flat}(\text{H}) &= \text{HT!} \\
\text{isort}^{\flat}(\text{T}) &= \text{T!} \\
\text{isort}^{\flat}(\text{L}) &= \text{T!}
\end{aligned}$$

Das Ausrufungszeichen besagt, daß das Argument so weit ausgerechnet werden muß, bis ein Ausdruck der Form $[\,]$ oder $h : t$ vorliegt; der vorangestellte Kontext gibt an, wie mit $h : t$ weiterverfahren wird. Neben dem Ausrufungszeichen gibt es auch ein Fragezeichen (siehe unten); dieses zeigt an, daß nicht bekannt ist, ob das Argument ausgewertet werden muß oder nicht; hier beschreibt der vorangestellte Kontext die weitere Auswertung für den Fall, daß das Argument tatsächlich benötigt wird.

Sind die Kontexte festgelegt, so ergibt sich die Approximationssemantik fast automatisch. Im wesentlichen müssen alle Operationen auf Projektionen, die in der Nichtstandardsemantik verwendet werden, in entsprechende Operationen auf Kontexten übersetzt werden.

Die einzige Schwierigkeit bereitet die Analyse *polymorpher* Funktionen. Der Prototyp einer polymorphen Funktion ist die Konkatenation von Listen.

$$\begin{aligned}
&append & :: \ &[\alpha] \to [\alpha] \to [\alpha] \\
&append\ [\,]\ y & = \ &y \\
&append\ (a : x)\ y & = \ &a : append\ x\ y
\end{aligned}$$

Zwei Listen können aneinandergehängt werden, ohne daß die Elemente der Listen inspiziert werden müssen. Somit ist *append* auf Listen beliebigen Grundtyps anwendbar. Im Hinblick auf die Analyse stellt sich folgendes Problem: Da der Grundtyp, α, nicht bekannt ist, wissen wir auch nicht, bezüglich welcher Kontexte die Analyse durchgeführt werden muß.

Die Lösung des Problems besteht darin, neben konkreten Kontexten auch Kontextvariablen einzuführen, die als Platzhalter für unbekannte Kontexte dienen. Zusätzlich müssen die Kontextoperationen erweitert werden, um auch Kontexte mit Platzhaltern verarbeiten zu können. Für *append* wird der folgende

Kontexttransformer hergeleitet.

$$
\begin{aligned}
append^{\flat}(\mathsf{HT}\,\gamma) &= \mathsf{HT}\,\gamma!\ \mathsf{HT}\,\gamma! \\
append^{\flat}(\mathsf{H}\,\gamma) &= \mathsf{H}\,\gamma!\ \ \mathsf{H}\,\gamma? \\
append^{\flat}(\mathsf{T}\,\gamma) &= \mathsf{T}\,\gamma!\ \ \mathsf{T}\,\gamma! \\
append^{\flat}(\mathsf{L}\,\gamma) &= \mathsf{L}\,\gamma!\ \ \mathsf{L}\,\gamma?
\end{aligned}
$$

Da *append* die Listenelemente von den Eingabelisten in die Ausgabeliste kopiert, propagieren sich die Anforderungen an die Listenelemente, bezeichnet durch die Kontextvariable γ, jeweils vom Ergebnis zu den Argumenten.

9   Generische Striktheitsanalyse

Trotz der Einschränkung auf uniforme Kontexte bereitet die Analyse von „real world"-Programmen Probleme: Die Laufzeit der Analyse hängt im wesentlichen von der Anzahl der zu untersuchenden Kontexte ab und diese wächst exponentiell zur Größe des jeweiligen Ergebnistyps. Für Datenstrukturen, die etwa in einem in Haskell geschriebenen Übersetzer für Haskell vorkommen, liegt die Anzahl sehr schnell im Bereich von Billionen (oder mehr).
Eine Möglichkeit, der kombinatorischen Explosion zu entkommen, besteht darin, den Kontexttransformer nicht vollständig, sondern bedarfsgetrieben auszurechnen [8]. Den Bedarf geben die in einem Programm tatsächlich auftretenden Aufrufkontexte an. Dieses Vorgehen verträgt sich aber nicht mit der getrennten Übersetzung von Modulen. Zudem wird – wie bereits angesprochen – als Ergebnis der Übersetzung eine kompakte Repräsentation des vollständigen Kontexttransformers gewünscht.
Schauen wir uns zunächst an, wie sich das letztgenannte Problem lösen läßt. Die grundlegende Idee ist einfach: Die Striktheitsinformationen – oben symbolisiert durch „!" und „?" – werden durch Boole'sche Werte codiert; die Kontexttransformer entsprechend durch Boole'sche Funktionen. Die vier Listenkontexte können durch ein Paar Boole'scher Werte (a, b) repräsentiert werden: a gibt an, ob der Listenkopf ausgerechnet wird, b codiert entsprechend die Auswertung des Listenrests. Im Fall von *isort*$^{\flat}$ erhalten wir somit eine Boole'sche Funktion des Typs $\mathbf{B}^2 \to \mathbf{B}^3$, für *append*$^{\flat}$ ergibt sich eine Funktion des Typs $\mathbf{B}^2 \to \mathbf{B}^6$.[3]

$$
\begin{aligned}
isort^{\flat}(a, b) &= (a, 0)0 \\
append^{\flat}(a, b) &= (a, b)0\ (a, b)b
\end{aligned}
$$

---

[3]Der Kontexttransformer für *append* ist tatsächlich etwas komplizierter, da *append* polymorph ist.

Da die Boole'schen Ausdrücke in der Regel sehr klein sind – in den beiden
Beispielen treten nur Projektionen und konstante Funktionen auf – ist die resultierende Darstellung tatsächlich sehr kompakt. Die Repräsentation nutzt
aus – und das ist der wesentliche Punkt –, daß „reale" Programme kein chaoti-
sches, sondern im Gegenteil ein sehr uniformes Striktheitsverhalten aufweisen.

Die grundlegende Idee der generischen Striktheitsanalyse ist es nun, auch
die Herleitung von Striktheitsinformationen auf Grundlage dieser Darstellung
durchzuführen. Dazu müssen die Kontextoperationen durch Operationen auf
Boole'schen Ausdrücken simuliert werden; besondere Schwierigkeiten bereiten dabei polymorphe Funktionen. In der Dissertation wird gezeigt, daß dies
tatsächlich ohne Informationsverlust möglich ist. Auf diese Weise erhält man
eine Reduktion des Analyseproblems auf das Problem der Lösung monoto-
ner Boole'scher Gleichungssysteme. Praktische Erfahrungen zeigen, daß diese
Reduktion die Laufzeit des Analyseverfahrens um mehrere Größenordnungen
verbessert.

10 Resümee und Ausblick

Gefragt nach den wesentlichen Beiträgen der Dissertation würde ich zwei Ergebnisse nennen: Die Erarbeitung einer soliden theoretischen Basis für die
projektionsbasierte Striktheitsanalyse und die Entwicklung eines praktikablen
Werkzeugs für die Durchführung der Analyse.

Zwei wichtige Punkte sind noch ungelöst: Die Analyse von Funktionen höherer
Ordnung und die Verwendung der Analyseergebnisse für die Codeerzeugung.
Der erste Punkt ist von Bedeutung, weil Funktionen höherer Ordnung gerne und oft bei der Programmierung verwendet werden. Funktionen höherer
Ordnung werden zudem bei der Übersetzung von Haskell in die Kernsprache
eingeführt: Eine überladene Haskell Funktion wird zu einer Funktion höherer
Ordnung in der Kernsprache [3]. Beispiele für überladene Funktionen haben
wir bereits kennengelernt: Wenn wir den Typ nicht wie in Abschnitt 2 gesche-
hen auf *Integer* einschränken, sind *isort*, *insert* und *member* überladen.

Es gibt nur wenige Arbeiten, die sich mit der Verwendung der Analyseergebnisse bei der Codeerzeugung beschäftigen. Verschiedene Rahmenbedingungen
müssen beachtet werden: Die Platzkomplexität der Programme darf sich nicht
verschlechtern. Die Größe des erzeugten Codes muß in einem akzeptablen Rahmen bleiben und die Codeerzeugung sollte sich für die getrennte Übersetzung
von Modulen eignen. Darüber hinaus gilt es natürlich, der Qualität der herge-
leiteten Striktheitsinformationen gerecht zu werden.

Danksagung

Besonderer Dank gilt meinem Doktorvater, Prof. Armin B. Cremers, für seine fortwährende Unterstützung und Ermutigung.

Literatur

[1] ELLIOTT, C. . P. HUDAK: *Functional Reactive Animation. Proceedings of the 1997 ACM SIGPLAN International Conference on Functional Programming.*

[2] FINNE, S. . S. PEYTON JONES: *Pictures: A simple structured graphics model.* . TURNER, D. (.): *Proceedings of the 1995 Glasgow Workshop on Functional Programming, Ullapool, Scotland*, Workshops in Computing, Springer-Verlag, Juli 1995.

[3] HALL, C. V., K. HAMMOND, S. L. PEYTON JONES . P. L. WADLER: *Type classes in Haskell.* ACM Transactions on Programming Languages and Systems, 18(2):109–138, März 1996.

[4] HINZE, R.: *Projection-based Strictness Analysis — Theoretical and Practical Aspects.* Inauguraldissertation, Universität Bonn, November 1995.

[5] HUDAK, P., T. MAKUCEVICH, S. GADDE . B. WHONG: *Haskore music notation — An algebra of music.* Journal of Functional Programming, 6(3):465–483, Mai 1996.

[6] HUGHES, J.: *Strictness detection in non-flat domains.* . GANZINGER, H. . N. D. JONES (.): *Proceedings of the Workshop on Programs as Data Objects, Copenhagen, Denmark, . 217 . Lecture Notes in Computer Science,* . 112–135, Berlin, Oktober 1985. Springer-Verlag.

[7] HUGHES, J.: *Why Functional Programming Matters.* . TURNER, D. A. (.): *Research Topics in Functional Programming, . 2, . 17–42.* Addison-Wesley Publishing Company, Reading, Massachusetts, 1990.

[8] KUBIAK, R., J. HUGHES . J. LAUNCHBURY: *Implementing Projection-based Strictness Analysis.* . HELDAL, R., C. KEHLER HOLST . P. WADLER (.): *Functional Programming, Glasgow 1991: Proceedings of the 1991 Workshop, Portree, Isle of Skye*, Workshops in Computing, London, August 1992. Springer-Verlag.

[9] PETERSON, J. . K. HAMMOND: *Report on the Programming Language Haskell 1.4, A Non-strict, Purely Functional Language*. Research Report 1106, Yale University, Department of Computer Science, März 1997.

[10] PEYTON JONES, S. . W. PARTAIN: *Measuring the effectiveness of a simple strictness analyser*. . O'DONNELL, J. T. . K. HAMMOND (.): *Functional Programming, Glasgow 1993: Proceedings of the 1993 Workshop, Ayr, Scotland*, Workshops in Computing, . 201–221, London, Juli 1994. Springer-Verlag.

[11] WADLER, P. . R. HUGHES: *Projections for Strictness Analysis*. . KAHN, G. (.): *Functional Programming Languages and Computer Architecture, Portland, Oregon, USA*, . 274 . *Lecture Notes in Computer Science*, . 385–407, Berlin, September 1987. Springer-Verlag.

HAMVIS:
Generierung von Visualisierungen in einem Rahmensystem zur systematischen Entwicklung von Benutzungsschnittstellen

Ralf Möller

Universität Hamburg, Fachbereich Informatik,
Vogt-Kölln-Str. 30, 22527 Hamburg
`http://kogs-www.informatik.uni-hamburg.de/~moeller/`

1   Einleitung

Im Bereich der Geschäftsweltmodellierung hat sich die explizite Modellierung von innerbetrieblichen Vorgängen und auch von Handlungen der an Arbeitsprozessen beteiligten Personen als notwendige Maßnahme zur Gewährleistung einer systematischen und kosteneffektiven Unterstützung der Arbeitsprozesse durch Computersysteme erwiesen (Stichwort „Workflow"). Auch im Bereich der ingenieurorientierten Konstruktionssysteme wird m.E. in naher Zukunft ein solches integriertes Vorgehen wichtig werden. Anstatt einzelne Konstrukteure mit speziellen CAD-Programmen arbeiten zu lassen, wird sich auch hier eine integrierte Produktdaten- und Aktivitätenmodellierung durchsetzen. Im Rahmen der Einbettung einer speziellen Konstruktionsaufgabe in einen Gesamtkontext bietet es sich an, einem Konstrukteur in einem CAD-System nicht eine leere „Werkbank" zu präsentieren, sondern eine für die jeweilige Arbeitsaufgabe passende Interaktionsumgebung bereitzustellen, mit der eine bestimmte Teilaufgabe adäquat gelöst werden kann. Eine wichtige Rolle spielen in diesem Zusammenhang interaktive Visualisierungen, d.h. Graphiken oder Skizzen, mit denen durch graphische Interaktion eine bestimmte Aufgabe bearbeitet werden kann. Insbesondere die systematische Herleitung von bezüglich einer bestimmten Aufgabenstellung angemessenen Visualisierungsbestandteilen aus dem Objektmodell einer Anwendung ist in diesem Kontext ein wichtiger Gesichtspunkt.

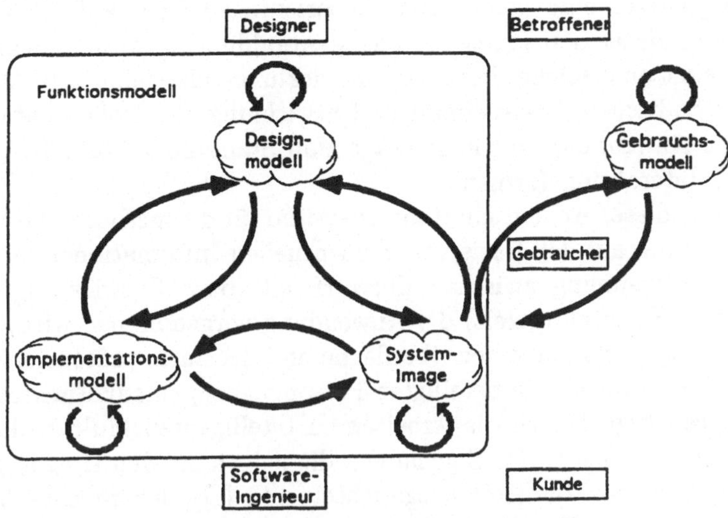

Abbildung1. Konzeptuelle Modelle für Teilaspekte des Design und der Nutzung einer Anwendung (nach Holz [5], S. 85).

Diese Arbeit definiert mit HAMVIS (HAMburger VISualisierungssystem) die Konzeption eines Rahmensystems zur methodischen Entwicklung von aufgabenorientierten, interaktiven Visualisierungen für Benutzungsoberflächen für Endanwender (und nicht zur Anwendungsmodellierung selbst [4]). Das Problem bei der Definition eines Rahmensystems dieser Art besteht darin, geeignete Teilprobleme zu definieren und so zu lösen, daß am Ende die Teillösungen und die jeweils zur Problemlösung verwendeten Verfahren mit ihren jeweiligen Begriffsbildungen nahtlos ineinandergreifen, so daß bei der Entwicklung einer Anwendung mit einer interaktiven Oberfläche vielfältige Entwurfsentscheidungen koordiniert werden können.

Entwurfsentscheidungen bei der Gestaltung einer Anwendung betreffen sowohl Implementierungs- als auch Präsentationsaspekte (vgl. die konzeptuellen Teilmodelle für das Design und die Nutzung von Artefakten aus Abbildung 1). In modernen graphischen Benutzungsschnittstellen sind meist direktmanipulative Interaktionsformen angemessen. Durch direktmanipulative, d.h. exekutive Interaktionstechniken tritt die Sicht einer „Kommunikation" mit einem Rechnersystem in den Hintergrund (im Gegensatz zu deskriptiven Interaktionsformen). Besonders im Hinblick auf eine automatisierte Inhaltszusammenstellung ist jedoch m.E. auch bei exekutiven Interaktionsformen eine kommunikationsorientierte Designperspektive zur Entwicklungszeit vorteilhaft. Obwohl einem

Anwendungsnutzer eine kommunikationsorientierte Sicht auf die Designentscheidungen „hinter den Kulissen" (siehe Abbildung 1) nicht bewußt zu sein braucht, bietet eine solche Sicht zur Entwicklungszeit vielfältigte Möglichkeiten zur methodischen, kosteneffektiven Entwicklung und Dokumentation einer graphischen Anwendung mit heutzutage zum Standard gehörenden direktmanipulativen Interaktionsformen.

Es ist das Ziel dieser Arbeit, ein Rahmensystem für die methodische Visualisierungsgenerierung auf der Basis von konzeptuellen Informationen zu erstellen, bei dem eine Trennung zwischen Entwurfszeit (bzw. Entwicklungszeit) und Laufzeit (oder Benutzungszeit) der Anwendung vorgenommen wird. Wesentliche Gestaltungsmerkmale einer Oberfläche und der darin präsentierten Visualisierungen sollen durch die beteiligten Personengruppen zur Entwicklungszeit bewertbar sein (vgl. hierzu die Arbeiten zu Intelligenten Multimedia-Präsentationssystemen (auch IMMPS genannt), die jedoch auf den Umgang mit konkreten Objekten zur Laufzeit ausgerichtet sind [1]). Ich möchte mit dieser Arbeit eine Basis schaffen für die Definition von wiederverwendbaren formalen „Grundbausteinen", die der Design- bzw. Entwurfsebene zuzuordnen sind und nicht nur auf der Ebene der oberflächennahen Interaktionselemente anzusiedeln sind. Die in dieser Arbeit entwickelten Modellierungsmethoden und Repräsentationstechniken zur modellbasierten, aufgabenorientierten Konstruktion von Visualisierungen werden anhand des interaktiven Rahmensystems HAMVIS demonstriert, das prototypisch implementiert wurde.

2 Prinzipien der Unterstützung des Visualisierungsentwurfs

Die Basisidee dieser Arbeit besteht darin, daß der Entwickler die gewünschten „Interaktionsdienste" während der Entwicklungsphase einer Anwendung zunächst grob beschreibt. Die Beschreibungsperspektive bzw. das Beschreibungsvokabular liefert hierzu die aus der Mensch-Computer-Interaktion bekannte tiefe Modellierung von Benutzeraktionen. Allerdings muß die Beschreibung der Endbenutzeraktionen auf der Ebene des Umgangs mit Domänenobjekten erfolgen und nicht auf der Ebene der Manipulation von Graphikobjekten (mit graphischen Gesten). Bei der Aktionenmodellierung ist zu unterscheiden zwischen der konzeptuellen Beschreibung einer Aktion (mit entsprechenden Kasusrollen für die manipulierten Objekte oder die erzeugten Objekte) und der Beschreibung der Zerlegung einer Aktion bzw. deren Einbettung in einen größeren Kontext. Konzeptuelle Beschreibungen werden durch HAMVIS für eine Anwendungsklasse in einer „Bibliothek" bereitgestellt. Eine Aktionenzerlegung hingegen wird anwendungsspezifisch durch den oder die Entwickler definiert. Die Anwendungsentwickler wählen jedoch zur Beschreibung der Einzelaktionen die konzeptuellen Beschreibungen aus der Aktionenbibliothek. Durch eine konzeptuelle Beschreibung der mit den Einzelaktionen in Zusammenhang stehenden Domänenobjekte lassen sich durch formale Schlußfolgerungen auch die zu den Vorgaben „passenden spezialisierten Aktionenkonzepte" aus den vorgegebenen Bibliotheksmodellen bestimmen. Durch die im HAMVIS-Rahmensystem vordefinierten „generischen" Aktionenkonzepte ist also der mögliche Raum der Beschreibungen strukturiert. Aktionenzerlegungen werden durch den Entwickler immer feiner beschrieben, so daß auf unterer Ebene eine automatische Zuordnung von Diensten des UIMS[1] bzw. der anwendungsklassenspezifischen UIMS-Bibliothek erfolgen kann.

Eine Aktionenzerlegung definiert die grobe Dialogstruktur einer Anwendung. Über die Aktionenmodellierung wird dabei auch der „Basisinhalt" von Visualisierungen festgelegt. Durch die Konzepte der Aktionen werden Einschränkungen für die konkrete Ausgestaltung der Visualisierungen festgelegt. Die konzeptuelle Beschreibung von Interaktionsdiensten auf tiefer semantischer Ebene ermöglicht es, den Basisinhalt adäquat zu „vervollständigen" (siehe die Komponenten zur Inhaltsplanung in IMMPS). Die Vervollständigung des Basisinhalts und die weiteren Schritte zur Strukturierung der Gesamtanwendung bis hin zur konkreten Präsentationsstruktur, in der alle Visualisierungskomponenten mit ihren Darstellungsfenstern, Zeichenattributen usw. festlegt sind, müssen auf der Basis von konzeptuellen Informationen erfolgen, da konkrete Anwendungsobjekte zur Entwicklungszeit nicht notwendigerweise bekannt sind. Auch hier ist also eine besondere Modellbildung und eine entsprechende Formalisierung notwendig, die sich von Ansätzen, die im Rahmen von IMMP-Systemen entwickelt wurden, unterscheidet (vgl. z.B. [6]).

2.1 Ein Leitbespiel aus der Anwendungsklasse der Layoutprobleme

Eine Klasse von Anwendungen, bei denen Visualisierungen zur Realisierung von Benutzerhandlungen benötigt werden, sind interaktive Layoutsysteme für Einrichtungsgegenstände. Beispiele für Benutzerhandlungen in diesen Anwendungen sind „Auswählen zur weiteren Bearbeitung", „Plazieren", „Verschieben" usw. In dieser Arbeit wird als Anwendungs- und Leitdomäne die Konzeption eines Programms zur interaktiven Gestaltung der Inneneinrichtung einer Flugzeugkabine betrachtet (genannt XKL). Die Inneneinrichtung einer Flugzeugkabine besteht für diese Anwendung aus räumlichen Objekten wie Passagiersitzen, Flugbegleitersitzen (cabin attendant seats), Küchen (galleys), Waschräumen (lavatories) etc. Abbildung 2 zeigt eine von HAMVIS erzeugte

---

[1] UIMS steht für „User Interface Management System".

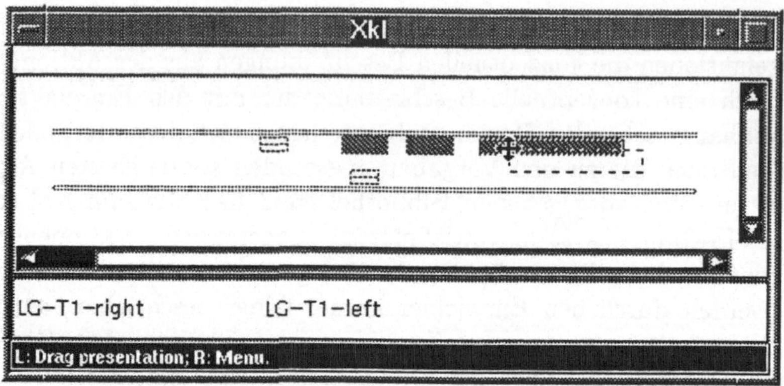

Abbildung2. Schnappschuß aus einer fertige Anwendung, deren Oberfläche mit HAMVIS erzeugt wurde. Ein Einrichtungsgegenstand aus einer Palette (unten) wird auf einen automatisch berechneten Plazierungsbereich geschoben. In dem Beispiel wurden in vorhergehenden Konstruktionsschritten schon Objekte in der Kabine plaziert.

Oberfläche der XKL-Anwendung zur Plazierung von Einrichtungsgegenständen in einer Flugzeugkabine.

In den folgenden Abschnitten möchte ich einen Überblick über die HAMVIS-Architektur geben (siehe Abbildung 3) und die Teilmodelle und Begrifflichkeiten zur Anwendungs- und Visualisierungsmodellierung motivieren.

2.2 Grundmodell und Domänenmodelle

Für die Anwendungsklasse der Layoutprobleme stellt HAMVIS ein Grundmodell bereit, mit dem die Konzepte von relevanten Benutzerhandlungen aus der Bibliothek formal beschrieben sind. Sowohl das Grundmodell als auch die Aktionenmodelle sind durch beschreibungslogische Repräsentationsstrukturen repräsentiert [3, 2]. Im HAMVIS-Ansatz werden anwendungsspezifische Domänenmodelle als Erweiterung des HAMVIS-Grundmodells ebenfalls durch beschreibungslogische Repräsentationsformen definiert (siehe den mittleren Teil der Abbildung 3). Domänenmodelle werden durch das Systementwicklungsteam der Anwendung erstellt.

Im Grundmodell ist z.B. ein Konzept „implizit definierter räumlicher Bereich" enthalten. Dieses Konzept sieht eine Relation „definiert durch" zu einem „physikalischen Objekt" vor, das die Ausdehnung des räumlichen Bereichs bestimmt. Der Bereich ist also in gewisser Weise nur vorhanden, wenn auch das definierende Objekt vorhanden ist. Wenn ein solcher Bereich zu präsentieren ist, so sollte das definierende Objekt ebenfalls dargestellt werden. Ein

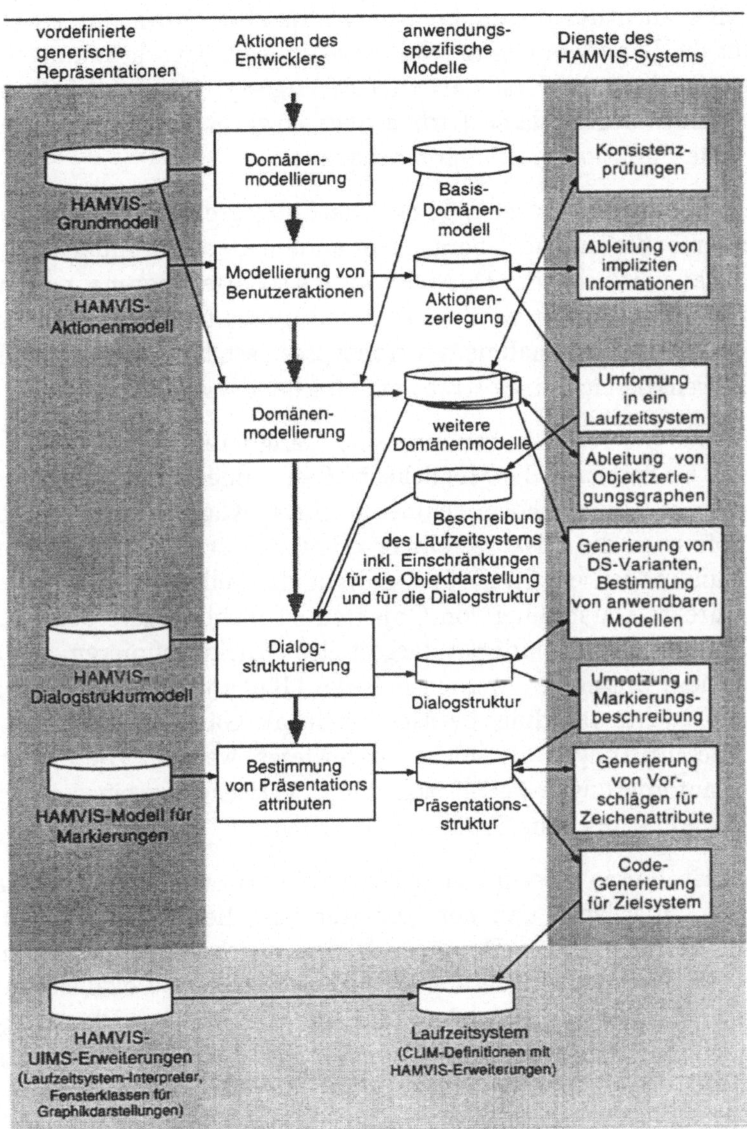

Abbildung 3. Überblick über das Gesamtsystem. Vordefinierte Bausteine sind in dunklem Grau dargestellt. Das Ergebnis ist ein Laufzeitsystem für ein UIMS (unten in hellerem Grau).

solcher Bereich könnte in einem Domänenmodell z.B. der Schwenkbereich eines Krans sein. Wenn ein Kranschwenkbereich in einer Visualisierung benötigt wird, so sollte auch der diesen Bereich definierende Kran mit eingezeichnet werden. Für die Krandarstellung selbst ergeben sich Einschränkungen aus der rhetorischen Stellung des Krans als „Rechtfertigung" für den Schwenkbereich. Der Kran könnte durch blasse Farben abgeschwächt dargestellt werden, um die rhetorische Funktion graphisch umzusetzen.

Weiterhin kann ein räumlicher Bereich scharf abgegrenzt sein oder als räumlicher Bereich mit fließendem Übergang in andere Bereiche modelliert werden. Im ersteren Fall würde bei der Darstellung eine scharfe Abgrenzung etwa durch ein schwarze Linie gewählt werden, während dieses im zweiten Fall nicht erfolgen sollte. Durch Hinzunahme des Konzeptes „scharf abgegrenzter Bereich" wird ein Schwenkbereich eines Krans entsprechend visualisiert.

Ein Beispiel aus der XKL-Anwendung sind Gangbereiche innerhalb des Flugzeugrumpfes. Es bestünde die Möglichkeit, Freiräume wie z.B. Gänge indirekt durch die Objekte, die die Form definieren (Sitze, Küchen, Waschräume), darzustellen, sofern es die Diskursstellung erlaubt. Für diese Darstellungsform wird im Grundmodell ein Konzept „indirekt darstellbarer Bereich" vorgesehen. Die indirekte Darstellung von Objekten ist insbesondere dann attraktiv, wenn die Objekte, die das indirekt dargestellte Objekt definieren, aus anderen Gründen sowieso präsentiert werden müssen. Gänge werden ohne die formbestimmenden Objekte allerdings eventuell nicht als Gänge erkannt und müssen ggf. durch Beschriftungen als solche ausgewiesen werden. Diese und andere Darstellungsanforderungen lassen sich durch Verwendung eines entsprechenden Oberkonzeptes aus dem Grundmodell erben.

Zu beachten ist, daß in diesem Entwicklungsszenario wesentliche Gestaltungsmerkmale der Oberfläche und der gezeigten visuellen Darstellungen festgelegt werden, bevor konkrete Domänenobjekte durch Berechnungsfunktionen erzeugt werden. Für die Realisierung der hier betrachteten Lokalisierungshandlung (Abbildung 2) ist es z.B. wichtig, daß die präsentierten Plazierungsbereiche nicht übereinander liegen, da sie in diesem Fall nur sehr schwer ausgewählt werden können. Wenn nun die Planung der Perspektive der Darstellung erst zur Laufzeit durchgeführt wird, so liegt vielleicht zunächst eine Menge von Bereichen vor, die sich auch in der Seitenansicht nicht überlappen. Falls keine anderen Einschränkungen die Seitenansicht ausschließen, so könnte sie gewählt werden. Wenn sich später doch eine Menge von Plazierungsbereichen ergibt, die sich in der Seitenansicht überlagern, müßte die Darstellungsperspektive geändert werden. Ein Perspektivenwechsel ist jedoch eine entscheidende Änderung der Darstellung und sollte vermieden werden. Es muß zur Entwicklungs-

zeit eine Sicht festgelegt werden, die auch für den ungünstigsten Fall geeignet
ist.

HAMVIS erweitert das beschreibungslogische Repräsentationssystem um die
Möglichkeit, verschiedene „Sichten" auf die Objekte der Anwendungswelt zu
deklarieren. Eine „Sicht" umfaßt sowohl eine geometrische Perspektive auf
die dreidimensionale Raummodellierung im Grundmodell als auch eine logische Sicht. Mit logischen Repräsentationskonstrukten können in einer Sicht
bestimmte Objekte explizit gemacht werden, die in einer anderen Sicht auf
die Welt als nicht vorhanden gelten. Eine solche Sicht wird als „Modell" bezeichnet. Jedem Ausgabefenster der fertigen Anwendung wird ein bestimmtes
Modell und damit eine bestimmte „Sicht" zugeordnet. Mögliche Modelle sind
durch die mit einer Darstellung zu unterstützenden Benutzerhandlungen und
die jeweils involvierten Domänenobjekte eingeschänkt.

HAMVIS führt explizite Schlußfolgerungen über die zu verwendenden Modelle
durch. Durch diese Schlüsse kann dem Entwickler einer Anwendung vermittelt
werden, daß die Domänenmodellierung im Laufe der Anwendungsentwicklung
aus Gründen der Darstellungsgenerierung noch erweitert werden muß. Dieses
kann die Einführung eines neuen Domänenmodells oder die Anpassung eines
bestehenden Modells bedeuten. Im Gegensatz zu IMMP-Systemen ([1, 6]) wird
also im HAMVIS-Kontext nicht von einem fertigen Domänenmodell ausgegangen.

Im Entwicklungsteam wird die Modellierung der Domäne und die Strukturierung der Anwendung festgelegt. Aktionen, die durch den Benutzer durchgeführt werden sollen, müssen durch automatische Berechnungs- und Speicherfunktionen unterstützt werden, die parallel zur Oberflächenentwicklung
durch den HAMVIS-Benutzer von einem Anwendungsentwickler auf der Basis
der Vorgaben aus dem Aktionenmodell implementiert werden. In der XKL-
Anwendung sollen beispielsweise mögliche Plazierungsbereiche durch Berechnungsfunktionen automatisch bestimmt werden. Für die Definition dieser Funktionen und für die Gestaltung der Oberfläche werden Datenmodelle entworfen
und Daten bereitgestellt (z.B. CAD-Daten für die Geometrie des Flugzeugs
und der Einrichtungsgegenstände). Für die Implementation von Berechnungs-
und Speicherfunktionen können komplexe Werkzeuge eingesetzt werden. Für
HAMVIS sind jedoch nur die Typen der Parameter und Werte von Anwendungs-
und Berechnungsfunktionen relevant, ansonsten werden sie in dieser Arbeit
als Blackbox betrachtet. Das Endprodukt (Laufzeitsystem) wird auf der Basis der anwendungsspezifischen Modelle und einiger anwendungsübergreifender
UIMS-Erweiterungen (Bibliothek von Interaktionswerkzeugen für eine Anwendungsklasse) automatisch generiert.

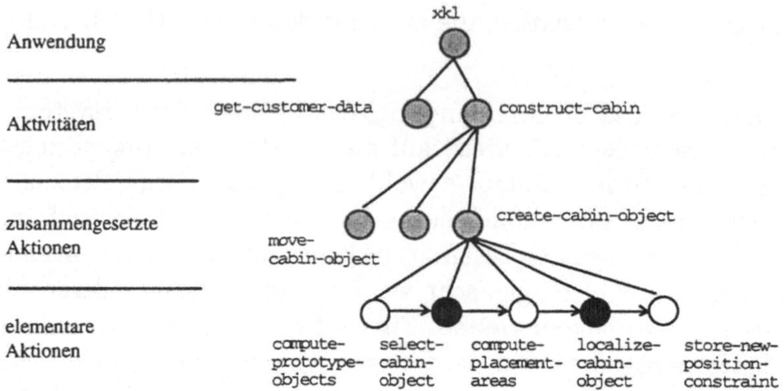

Abbildung4. Skizze der Aktionenzerlegung zur Modellierung der Struktur der XKL-Anwendung. Benutzeraktionen sind mit schwarzen Kreisen gekennzeichnet. Weiße Kreise markieren automatische Berechnungsfunktionen. Die Abhängigkeiten zwischen Benutzeraktionen und Berechnungsfunktionen sind symbolisch mit Pfeilen angedeutet.

2.3 Modellierung der Aktionenzerlegung für eine Anwendung

Die Aufgabe des Entwicklungsteams besteht insbesondere darin, zur Entwicklungszeit der Anwendung durch Komposition von elementaren Benutzeraktionen und Berechnungs- und Speicherfunktionen Schemata für zusammengesetzte Handlungen zu modellieren. Genauer gesagt, es werden die zur Laufzeit möglichen Aktionen des Benutzers modelliert. Wenn also im HAMVIS-Kontext zur Entwicklungszeit von einer Benutzeraktion gesprochen wird, ist immer eine Handlungsmöglichkeit bzw. ein Aktionenschema gemeint. Damit Ableitungen über den Inhalt von Visualisierungen möglich werden, sind die durch HAMVIS im Grundmodell bereitgestellten Aktionenkonzepte auf einer „tiefen" Ebene modelliert, z.B.: „Auswahl zur weiteren Bearbeitung", „Lokalisierung eines räumlichen Objekts" usw. Die Aktionenkonzepte von HAMVIS modellieren in der Aktionenzerlegung sog. elementare Benutzeraktionen. Abbildung 4 vermittelt ein Beispiel für eine Aktionenzerlegung der hier als Leitbeispiel betrachteten XKL-Anwendung.

Der XKL-Benutzer wählt ein Prototypobjekt aus. Die möglichen Plazierungsbereiche für ein Prototypobjekt werden daraufhin automatisch berechnet. Der Benutzer wiederum lokalisiert anschließend das neue Kabinenobjekt durch Plazierung in einem der möglichen Plazierungsbereiche. Die Plazierungsinformationen müssen dann im Datenmodell abgespeichert werden. Die Typen der Parameter und Werte der Berechnungs- und Speicherfunktionen werden durch die vorgesehenen elementaren Benutzeraktionen eingeschränkt. HAMVIS führt hierzu Typableitungen durch.

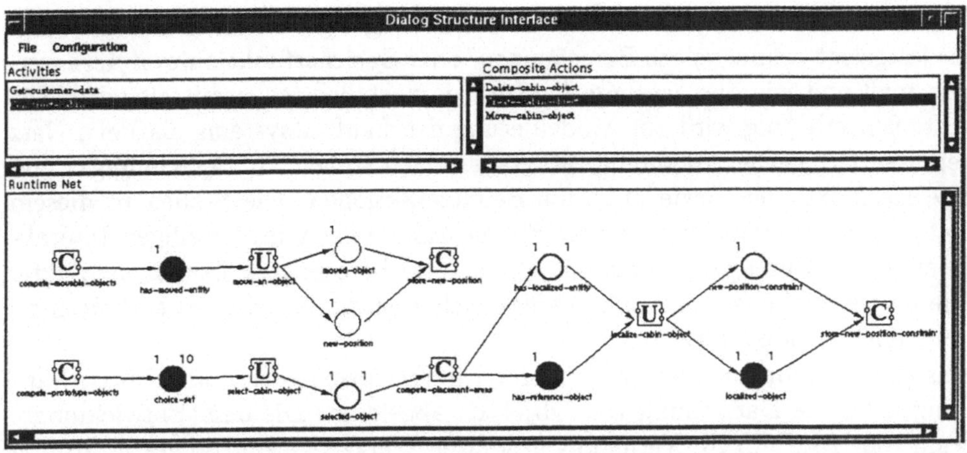

Abbildung5. Darstellung der Abhängigkeiten zwischen Benutzeraktionen (U-Transitionen) und assoziierten Berechnungs- und Speicherfunktionen (C-Transitionen), die jedoch aus Sicht des Benutzers der endgültigen Anwendung transparent sind.

Für zusammengesetzte Handlungen versucht HAMVIS, aufgrund der Konzepte der Benutzerhandlungen eine oberflächennahe Realisierung zu bestimmen. In dem Beispiel aus Abbildung 4 ist eine Ziehen-und-Fallenlassen-Geste adäquat (siehe Abbildung 2). Durch eine solche Realisierung einer zusammengesetzten Handlung mit einer einzigen Mausgeste sind für den Benutzer die Berechnungsfunktionen transparent. Man kann also auf höherer Ebene auch bei einer zusammengesetzten Handlung von einer Benutzeraktion sprechen. In dem Beispiel aus Abbildung 2 wird die zur Laufzeit verwendete Oberfläche für eine zusammengesetzte Handlung zur Erzeugung eines neuen Einrichtungsgegenstandes gezeigt.

Zusammengesetzte Handlungen stellen Handlungsalternativen dar. Im XKL-Beispiel könnte z.B. eine andere zusammengesetzte Handlung die Möglichkeit zur Verschiebung eines Kabinenobjekts durch den XKL-Benutzer modellieren. Mehrere Handlungsalternativen können durch das Entwicklungsteam zu einer sogenannten Aktivität zusammengefaßt werden, wobei für jede Aktivität durch HAMVIS ein separates Interaktionsfenster vorgesehen wird. Mehrere Aktivitäten bilden eine Applikation. Durch Definition einer Aktionenzerlegung legt das Entwicklungsteam die Struktur der Anwendung fest. HAMVIS stellt eine graphische Oberfläche bereit, mit der eine Aktionenmodellierung und - zerlegung durchgeführt werden kann (siehe Abbildung 5). Wichtig ist, daß die Zerlegung nicht willkürlich vorgenommen wird. Die Bedeutung jeder der vier Ebenen in Hinblick auf die Gestaltung der Anwendung bleibt klar.

Durch eine anwendungsspezifische Aktionenzerlegung wird durch den Entwickler festgelegt, wann welche Berechnungs- oder Speicherfunktion evaluiert werden muß und wie das, was zur Laufzeit darzustellen ist, ermittelt wird. Die Aktionenzerlegung wird zur Modellierung des Laufzeitsystems als Petri-Netz repräsentiert (siehe Abbildung 5). Transitionen stehen für Berechnungs- und Speicherfunktionen sowie auch für Benutzeraktionen. Die Stellen in diesem Netz repräsentieren „Platzhalter" für die zur Laufzeit im jeweiligen Interaktionszyklus (Durchgang durch das Petri-Netz) berechneten Domänenobjekte. Die im Beispiel aus Abbildung 5 eingezeichneten grauen Stellen enthalten zu kommunizierende Objekte.

Aus einer Aktionenmodellierung werden durch formale Verfahren Einschränkungen für die Darstellung von Objekten abgeleitet. Die dem Entwicklungsteam von HAMVIS zur Verfügung gestellten Werkzeuge sind so gestaltet, daß durch HAMVIS aus einer Aktionendekomposition unter Zuhilfenahme eines UIMS automatisch ein Laufzeitsystem erstellt werden kann, wobei jedoch die Modellierung von Aktionen auf einem hohen Abstraktionsniveau erfolgen kann. Durch das Laufzeitsystem wird zur Benutzungszeit der Anwendung die Verwaltung und Darstellung der Daten übernommen. Das Wissen zur Abbildung auf UIMS-Dienste, so daß Benutzeraktionen zur Laufzeit durchführbar sind, wird durch die Konzepte der elementaren Benutzeraktionen repräsentiert. Mögliche Interaktionsformen zur Umsetzung einer Aktion legen weitere Einschränkungen für die Gestaltung der hierfür benötigten Visualisierungen fest.

2.4 Dialogstrukturierung

Aktionen und deren Konzepte definieren, was für die Ausführung der Aktionen in einer Visualisierung mindestens dargestellt werden muß. Es muß noch bestimmt werden, in welchem Teilfenster einer Anwendung und in welchem Kontext die (zur Laufzeit in den Stellen auftretenden) Objekte gezeichnet werden sollen. Damit für den Anwendungsbenutzer zur Laufzeit eine adäquate Interaktionsform erzielt werden kann, müssen ggf. noch weitere Objekte kommuniziert werden. HAMVIS stellt Modelle für die in der Anwendungsklasse benötigten „Kommunikationsschemata" und Dialogstrukturen bereit. In dem betrachteten Beispiel aus Abbildung 2 wird z.B. für die Lokalisierungshandlung als räumliches Referenzsystem der Flugzeugrumpf mit Landmarken wie Türen, Cockpitfenster usw. benötigt. Die Aufgabe von HAMVIS besteht auch darin, zur Entwicklungszeit durch formale Schlußfolgerungsprozesse sicherzustellen, daß die erforderlichen Informationen zur Laufzeit aus den Domänenmodellen, die durch das Systementwicklungsteam bereitgestellt werden, abgeleitet werden können.

HAMVIS gestattet dem Entwickler, die Oberflächengestaltung schon zur Entwicklungszeit aus der Kommunikationsperspektive zu betrachten. Damit der Anwendungsbenutzer zur Laufzeit agieren kann, werden ihm die hierzu notwendigen Informationen präsentiert. Wissen über kohärente Kommunikationsformen in der hier betrachteten Anwendungsklasse wird durch HAMVIS repräsentiert, so daß eine adäquate Dialogstruktur aufgebaut werden kann. In einer Dialogstruktur werden die Komponenten der Oberfläche, die Beziehungen zwischen Komponenten sowie die für die Erstellung eines Laufzeitsystems notwendigen Informationen repräsentiert und verwaltet.

Zum Aufbau eines Dialogmodells stellt HAMVIS für den Designer eine weitere interaktive Oberfläche bereit. Mit dieser Oberfläche werden dem Oberflächenentwickler die zur Laufzeit darzustellenden „Informationseinheiten" (Mengen von Objekten in den Stellen des Petri-Netzes) der Anwendung präsentiert, die aus der vorher erstellten Aktionendekomposition abgeleitet wurden. Nach und nach kann er die Einheiten in das Dialogmodell integrieren (siehe die Stelle „has-reference-object" bei der Transition „localize-cabin-object" in Abbildung 5). Ein Beispiel für eine solche Einheit ist die Menge der Plazierungsbereiche, die zur Lokalisierung eines Kabinenobjektes möglich sind. Bei der Integration einer Informationseinheit bestimmt HAMVIS, welche Zusatzinformationen (Referenzsysteme, Landmarken) für die Darstellung benötigt werden bzw. wünschenswert sind und welche Präsentationseinschränkungen hierfür „in Kauf genommen" werden müssen. In unserem XKL-Beispiel werden die für die Plazierung notwendigen Bestandteile in Abbildung 6 verdeutlicht.

Jeder Bestandteil der Dialogstruktur erfüllt innerhalb des Interaktionszyklus' einen bestimmten Zweck in der Gesamtdarstellung (Diskurszweck). HAMVIS modelliert diese Diskurszwecke explizit durch entsprechende Konzepte und leitet aus diesen Angaben später Darstellungsformen und -attribute ab. Je nach Diskurszweck werden Hauptobjekte (Nuklei) von zusätzlichen Objekten (Satelliten) unterschieden. Zur Sicherstellung einer kohärenten Darstellung wird jeder Dialogstruktureinheit noch eine sog. Diskursposition zugeordnet. Durch die Diskursposition wird repräsentiert, ob durch das Laufzeitsystem ein Objekt vor der Ausführung von Aktionen gezeichnet werden muß (z.B. das Referenzsystem) oder ob ein Objekt, nachdem es einmal gezeichnet wurde, sofort nach der Aktion wieder gelöscht werden muß (z.B. die Plazierungsbereiche bei der Lokalisierungsaktion) oder permanent gezeichnet werden muß (z.B. das lokalisierte Objekt).

Für jede Dialogstruktureinheit ist bekannt, für welche Aktion sie benötigt wird. Wenn für die eine Aktion eine Seitenansicht angemessen ist und für eine andere Aktion eine Sicht von oben benötigt wird, so werden hierfür zur Entwicklungszeit zwei verschiedene Teilvisualisierungen im Dialogmodell „eingeplant". Zur

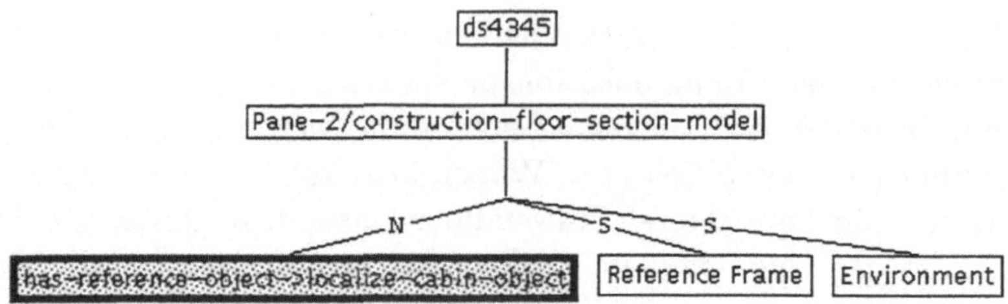

Abbildung6. Schnappschuß der Dialogstruktur für die XKL-Anwendung. Für die Darstellung von Referenzobjekten – in diesem Beispiel handelt es sich um die Plazierungbereiche – wird sowohl eine Darstellung des Referenzsystems als auch eine Darstellung der Objekte in der Umgebung der Referenzobjekte benötigt.

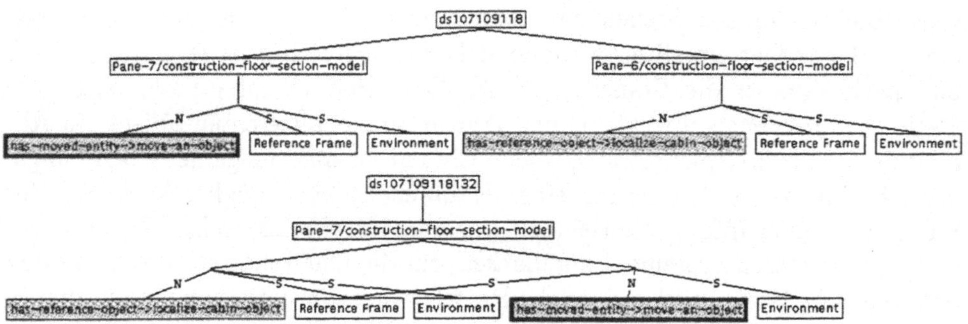

Abbildung7. Darstellung von Varianten in der Dialogstruktur. In der unteren Variante wird in einem Fenster (Pane-7) sowohl eine Plazierungs- als auch eine Verschiebeaktion durchgeführt. Für die Oberfläche aus Abbildung 2 wurde diese Variante gewählt.

Laufzeit werden in getrennten Unterfenstern jeweils Darstellungen mit verschiedener Perspektive gezeigt. Es kann allerdings auch der Fall sein, daß eine einzige Visualisierung geeignet ist, mehrere Aktionen zu unterstützen (z.B. die Lokalisierung von Kabinenobjekten und auch deren Verschiebung). Es ergeben sich eventuell mehrere Varianten zur Dialogstrukturierung, die von HAMVIS bestimmt und verwaltet werden (siehe Abbildung 7 für ein Beispiel aus der XKL-Anwendung). Die von HAMVIS bereitgestellte Entwicklungsoberfläche für die Organisation der Dialogstruktur dient dem Oberflächenentwickler dazu, mögliche Varianten zu bewerten und ggf. zu verwerfen. Es wird durch das Dialogmodell weiterhin festgelegt, welches Domänenwissen zu Darstellungszwecken vom Entwicklungsteam zu repräsentieren ist und wie Domänenobjekte strukturiert werden müssen, damit die für die Durchführung der Aktionen benötigten Visualisierungen generiert werden können.

2.5 Präsentationsstrukturierung und Codegenerierung

Die in der Dialogstruktur vermerkten Einheiten haben jeweils eine bestimmte kommunikative Funktion (Diskurszweck) und stehen in bestimmten Beziehungen zueinander (Hauptobjekte, Zusatzobjekte, manipulierbare Objekte). Durch diese Charakterisierungen ergeben sich (weitere) Einschränkungen für die Darstellungsform und die zur Darstellung verwendeten Zeichenattribute wie z.B. Farbe, Strichdicke usw. Verschiedene Informationseinheiten in der Dialogstruktur, die durch gleiche Darstellungscharakterisierungen ausgezeichnet sind, sollten mit gleichen Zeichenattributen dargestellt werden. HAMVIS überträgt hier die Idee der Markierungen (markups), die im Bereich der Textsatzsysteme für die Beschreibung bzw. die Charakterisierung von Textteilen entwickelt wurde, auf den Graphikbereich. Ähnlich wie in Textverarbeitungssystemen eine Markierung z.B. „Section" vergeben wird, sieht HAMVIS eine Markierung „Referenzrahmen" für bestimmte Objekte vor. Zu beachten ist, daß der Markierungstyp für eine Informationseinheit nicht vom Konzept der beschriebenen Objekte abhängt, sondern sich aus der kommunikativen Stellung in der Dialogstruktur ergibt.

Für jeden Markierungstyp müssen geeignete Zeichenattribute bestimmt werden. Die Zeichenattribute für verschiedene Markierungen sind jedoch nicht voneinander unabhängig. Wenn der Hintergrund weiß ist, so können zur Darstellung von wichtigen Objekten dunkle Farben, von Zusatzobjekten hellere Farben gewählt werden. Ist der Hintergrund jedoch schwarz, lassen sich dunkle Farben kaum noch verwenden usw. Aus den im Dialogmodell eingetragenen Informationen über Darstellungseinschränkungen und kommunikative Funktionen von Dialogstruktureinheiten berechnet HAMVIS geeignete Standard-Zeichenattribute (Defaults). Die Standardwerte können durch den HAMVIS-Benutzer aber noch nach seinen Wünschen angepaßt werden. Durch den Mechanismus der Markierung braucht aber die Änderung nur an einer Stelle vorgenommen zu werden. Über das Konzept der Markierung wird also – ähnlich wie bei Textsatzsystemen – auch in Graphiken eine konsistente Verwendung von Zeichenattributen in der gesamten Anwendung gefördert.

Zusammen mit den auf der Basis der Spezifikation in der Aktionenzerlegung implementierten Berechnungs- und Speicherfunktionen und einem UIMS kann aus der Präsentation ein Laufzeitsystem generiert werden, so daß sich der Oberflächenentwickler nicht mit den Details der Programmierung von Fensterschnittstellen beschäftigen muß.

3 Zusammenfassung

Die wissenschaftlichen Ergebnisse möchte ich wie folgt zusammenfassen. Die wesentlichen Teilprobleme bei der Entwicklung eines Unterstützungssystems zur Visualisierungsgenerierung für die im Rahmen von HAMVIS Lösungsmöglichkeiten erarbeitet wurden, sind:

- Repräsentation von Wissen über grundlegende Konzepte und Relationen für eine Anwendungsklasse in einer Form, die es erlaubt, die Erzeugung und Ausgestaltung von Visualisierungen als formale Inferenzschritte deklarativ zu beschreiben,
- Bereitstellung von Möglichkeiten zur Strukturierung einer Applikation in Teilphasen oder „Aktivitäten", die jeweils zur Ausführung von mehreren zusammengehörenden Benutzeraktionen gedacht sind und an der Benutzungsoberfläche des Rechners jeweils durch ein Fenster repräsentiert werden.
- Schaffung von Repräsentationsformen zur Definition von Beziehungen und Abhängigkeiten zwischen Benutzeraktionen und automatischen Berechnungs- und Speicherfunktionen („Aktionenzerlegung"), so daß an der Oberfläche als Kombination von exekutiven und impliziten deskriptiven Interaktionsformen die Illusion einer direkten Manipulation entstehen kann,
- Formalisierung von Schlußfolgerungsprozessen, so daß zur Entwicklungszeit einer Anwendung Visualisierungen hergeleitet und Visualisierungskombinationen vorgeschlagen werden können, mit denen Benutzeraktionen interaktiv zur Laufzeit durchführbar sind (notwendige Perspektive, adäquater Detailreichtum, usw.),
- Bereitstellung von Repräsentationsformen zur Bestimmung von Zeichenattributen und Darstellungsformen für graphische Objekte (z.B. Techniken zur Hervorhebung),
- Analyse der Möglichkeiten zur Komposition von Visualisierungen mit Standardinteraktionsbausteinen zur Einbettung in ein Fenster der Benutzungsschnittstelle und automatische Codegenerierung für ein Wirtssystem.

HAMVIS verbindet bzw. erweitert Arbeiten aus den Bereichen Wissensrepräsentation/KI, KI-Softwaretechnik, Mensch-Computer-Interaktion, Intelligente Multimedia-Präsentationssysteme sowie Entwicklungsumgebungen für Benutzungsschnittstellen und zeigt die Querbezüge auf. Mit dieser Arbeit wird zum ersten Male deutlich herausgearbeitet, daß wesentliche Gestaltungsmerkmale der Anwendung schon zur Entwicklungszeit einer Anwendung unter Einbeziehung der verschiedenen Einschränkungen (Abbildung 1) systematisch festgelegt werden können, so daß ein effizientes Laufzeitsystem generiert werden kann. Da zur Entwicklungszeit konkrete Objekte nicht in jedem Fall verfügbar sind, werden konzeptuelle Informationen verwaltet und im Rahmen von Inferenzverfahren verarbeitet. Die Arbeit zeigt, daß mit Hilfe von Beschreibungslogiken und einiger Erweiterungen die notwendigen Ableitungen zur Visualisierungsgestaltung formalisiert werden können.

Die praktische Bedeutung dieser eher theoretischen Perspektive der Modellierung mit Beschreibungslogiken sollte nicht unterschätzt werden. Auch im Bereich der Produktmodellierung ist in den nächsten Jahren eine Formalisierung der Repräsentationstrukturen zu erwarten (z.B. bei STEP). Wenn also wie beim wissensbasierten Ansatz bei entsprechender ontologischer Modellbildung wesentliche Teilprobleme durch automatische, und damit getestete und theoretisch abgesicherte Inferenzverfahren durchgeführt werden, lassen sich sicherere Softwaresysteme mit weniger Kosten erstellen. Obwohl also die beschreibungslogische Modellierung zur Zeit noch wenig Verbreitung findet, sind doch die Erkenntnisse des HAMVIS-Systems auf zukünftige Modellierungssysteme mit formaler Semantik übertragbar. Insbesondere in großen Anwendungssystemen wird durch HAMVIS die Entwicklung von kohärenten Visualisierungen für Benutzungsoberflächen unterstützt. Die Gestaltung der Oberflächen kann aus der Design- und Nutzungsperspektive zur Entwicklungszeit bewertet werden. Eine Evaluierung des Ansatzes erfolgte durch eine Prototypimplementation, die sich schon in vielen Demonstrationen bewährt hat.

Die Flexibilität, die adaptive Systeme wie z.B. IMMPS bereitstellen, wird für interaktive Oberflächen nicht in jedem Fall benötigt. Die für Anwendungen wie z.B. XKL zu entwerfenden Oberflächen und Visualisierungen sind für ganz bestimmte Aufgaben vorgesehen. Die zu unterstützenden Benutzeraktionen sind durch die Aktionenzerlegung a priori bekannt. Daher ist es sinnvoll, die in der Oberfläche zu präsentierenden Visualisierungen in einer vorangehenden Planungsphase genau auf die Erfordernisse der Anwendung abzustimmen. Hierdurch kann auch der Berechnungsaufwand zur Benutzungszeit der Oberfläche minimal gehalten werden. Eine A-priori-Bewertung einer Oberfläche wird dadurch ebenfalls ermöglicht. So scheint es z.B. für Leitstände in Kraftwerken oder Kontrolleinrichtungen für technische Prozesse günstig zu sein, bei Störfällen die Informationen möglichst gut auf den jeweiligen Systemzustand abzustimmen (Redundanzvermeidung) und weiterhin möglichst schnell Informationen auch unvollständig zu präsentieren (Reaktivität). Andererseits ist die situative Informationsdarstellung vielleicht für den Operateur ungewohnt, und in einer Gefahrensituation können Darstellungen von Teilinformationen zu vorschnellen Entscheidungen führen. Für sicherheitsrelevante Anwendungen scheinen mir IMMPS-Ansätze nicht unproblematisch. Eine Überprüfungsmöglichkeit der Gesamtapplikation für einen menschlichen Systemdesigner ist hier notwendig. In diesem Kontext ist die von HAMVIS vorgenommene Trennung von Entwicklungszeit und Laufzeit sehr vorteilhaft.

Literatur

1. E. André. Ein planbasierter Ansatz zur Generierung multimodaler Präsentationen. Dissertation, Universität Saarbrücken, Infix-Verlag, 1995.
2. A. Borgida, P.F. Patel-Schneider. A Semantics and Complete Algorithm for Subsumption in the CLASSIC Description Logic. Journal of Artificial Intelligence Research, No. 1, Morgan-Kaufmann Publ., 1994, pp. 277–308.
3. R.J. Brachman, D.L. MacGuiness, P.F. Patel-Schneider, L.A. Resnick, A. Borgida. Living with CLASSIC: When and How to Use a KL-ONE-Like Language. In: Principles of Semantic Networks, J. Sowa (ed)., Morgan-Kaufmann Publ., pp. 401–456.
4. U. Gappa. Graphische Wissensakquisitionssysteme und ihre Generierung. Dissertation, Universität Karlsruhe, Infix-Verlag, 1995.
5. D. Holz. Über das Entwerfen von Gebrauchssoftware. Dissertation, Universität Basel, 1995.
6. Th. Rist. Wissensbasierte Verfahren für den automatischen Entwurf von Gebrauchsgraphiken in der technischen Dokumentation. Dissertation, Universität Saarbrücken, Infix-Verlag, 1996.

A Multiresolution Framework
for
Volume Rendering

Rüdiger Westermann

Universität Dortmund,
Forschungszentrum Informationstechnologie
Institut für Medienkommunikation
St. Augustin

In dieser Arbeit wurde ein genereller hierarchischer Ansatz zur Visualisierung skalarer Volumendaten entwickelt. Dieser ermöglicht die direkte Visualisierung komprimierter Daten, die Beschleunigung des Darstellungsvorgangs und die Extraktion und Hervorhebung der wesentlichen Strukturen. Grundlegende Konzepte der Multiskalenanalyse mittels hierarchischer Basisfunktionen wurden hierzu verwendet und entsprechend den Anforderungen erweitert. Insbesondere resultierte die Arbeit in speziellen Verfahren zur Vorverarbeitung und Darstellung zeitvarianter Datensequenzen. Sowohl für die Datenanalyse als auch für die Bildsynthese wurden Parallelisierungskonzepte entworfen und implementiert. Die integrierte Analyse und Darstellung komplexer skalarer Volumendaten wurde durch diese Entwicklungen ermöglicht.

1 Einleitung

In den letzten Jahren wurden die Methoden zur Darstellung dreidimensionaler Volumendaten eingehend untersucht, und die zugrundeliegenden physikalischen Gesetzmäßigkeiten konnten erklärt und formal beschrieben werden. Eine Vielzahl verschiedener Visualisierungstechniken wurden entwickelt, deren Einsatz von der zugrundeliegenden Anwendung und vor allem vom gewünschten Resultat abhängig ist. Aus der Vielzahl von Methoden sollen hier nur zwei besonders erwähnt werden: die Rekonstruktion von polygonalen Oberflächenmodellen [12] und die direkte Darstellung halbdurchlässiger räumlicher Strukturen [11] (Abbildung 1).

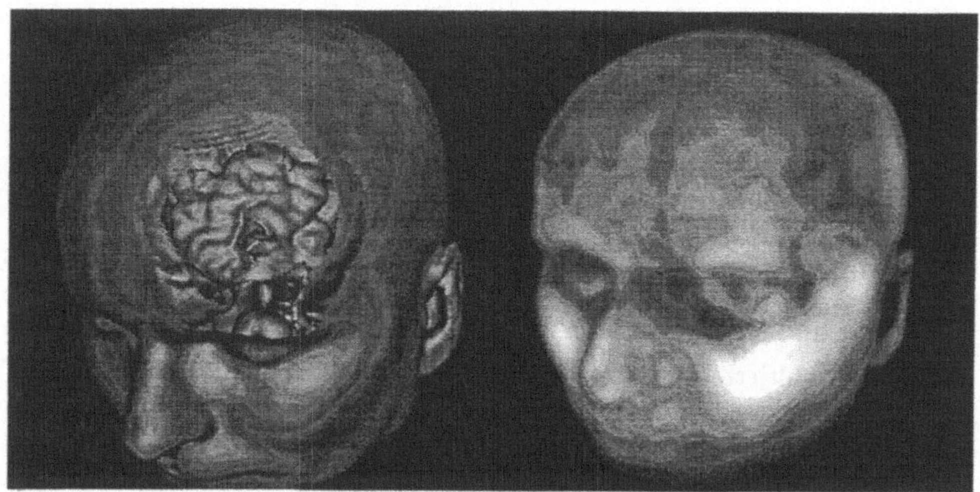

Abbildung1. Visualisierungstechniken

Während die Extraktion von Konturflächen und deren Repräsentation durch polygonale Datenstrukturen vor allem den Vorteil hat, daß die anfallenden Daten auf die darin enthaltenen Grenzflächen reduziert werden und somit mit Hilfe spezieller Graphik-Hardware interaktiv dargestellt werden können, erlauben direkte Visualisierungsmethoden die realistische Darstellung beliebiger räumlicher Strukturen unter Einbeziehung physikalischer Phänomene, wie z.B. Streuung oder Absorption. Diese Verfahren können jedoch in der Regel nur unter Inkaufnahme erheblicher Effizienzeinbußen angewendet werden.
Unabhängig von der verwendeten Visualisierungsmethode macht es jedoch oftmals die Auflösung der verfügbaren Datensätze unmöglich, sie in ihrer Gesamtheit auf heutigen Einprozessor-Architekturen zu bearbeiten. Sowohl der Bedarf

an Speicher als auch an numerischer Rechenleistung übersteigt bei weitem die gängigen Kapazitäten. Beispielsweise zeigt Abbildung 2 die Visualisierung eines Datensatzes aus der konfokalen Mikroskopie, der Speicher in der Größenordnung von ca. 0.5 GigaByte benötigt.

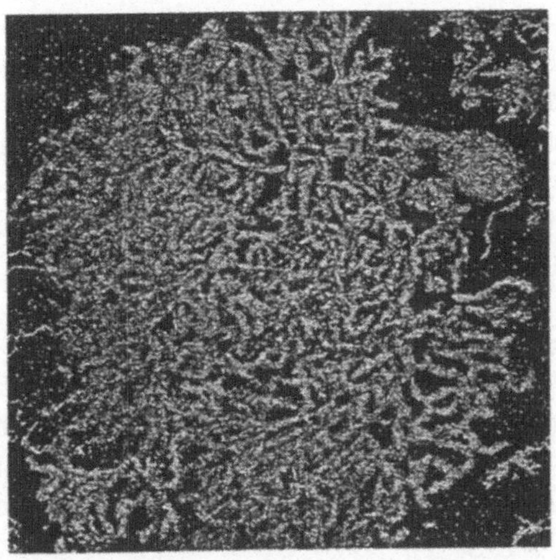

Abbildung2. Zellstruktur mit ca. 0.5 GigaByte.

Vor allem die Handhabung zeitvarianter Sequenzen stellt hierbei ein kaum zu überwindendes Problem dar. Die Analyse einzelner Zeitschritte, für die in der Regel mehrere benachbarte Zeitschritte einbezogen werden müssen, resultiert in einer erheblichen Komplexitätssteigerung sämtlicher auszuführender Bearbeitungsschritte.

Desweiteren existieren nur wenige Ansätze, welche eine Merkmal-basierte Vorverarbeitung komplexer Volumendaten erlauben, durch die erst eine Extraktion der wesentlichen Inhalte möglich ist. Demzufolge muß sich in den meisten Fällen die Datenanalyse an den generierten zweidimensionalen Bildern orientieren, und das zugrundeliegende dreidimensionale Problem wird unter Zuhilfenahme geeigneter Projektionstechniken auf ein zweidimensionales Problem reduziert. Der Prozeß der 3D-Datenanalyse degeneriert somit zu einer ständig wiederholten 2D-Bildanalyse, wobei versucht wird, durch geeignete Wahl spezifischer Parameter das Ergebnis selektiv zu verändern. Im Bereich der medizinischen und technischen Anwendungen ist jedoch gerade die Klassifikation bzw. Segmentierung der Daten von dominierendem Interesse.

In dieser Arbeit wurde ein genereller hierarchischer Ansatz zur Lösung der genannten Probleme entwickelt. Dieser erlaubt zum einen die direkte Visualisierung hochaufgelöster skalarer und evtl. zeitvarianter Volumendaten auf komprimierten Repräsentationen, zum anderen die Extraktion der wesentlichen Strukturen. Hierbei kamen vor allem grundlegende Konzepte der Multiskalenanalyse mittels hierarchischer Basisfunktionen zum Einsatz, die entsprechend den Anforderungen erweitert wurden. Dies resultierte in einem grundlegenden Konzept, welches unter anderem eine Formalisierung der meisten bekannten Beschleunigungstechniken erlaubt. Um die zum Teil numerisch intensiven Aufgaben effizient bearbeiten zu können, wurden spezielle Parallelisierungskonzepte entwickelt und implementiert. Die Parallelisierung der Verfahren erlaubt die integrierte Bearbeitung der anfallenden Teilaufgaben und ermöglicht somit die gleichzeitige Datenanalyse und Bildsynthese.

2 Volumenvisualisierung

In den letzten Jahren wurden verschiedene Methoden entwickelt, die eine computerunterstützte Darstellung dreidimensionaler skalarer Volumendaten ermöglichen. Grundsätzlich besteht die Aufgabe darin, die durch das dreidimensionale Objekt gegebene Information zu extrahieren, jedoch existieren wesentliche Unterschiede in der Art und Weise, in der diese Information dargestellt wird.

Die allgemeinste und sicherlich flexibelste Möglichkeit ist die direkte Visualisierung der Daten unter Berücksichtigung der physikalischen Gesetzmäßigkeiten der Lichtausbreitung [8]. Hierbei wird angenommen, daß das Objekt mit einem inhomogenen Material gefüllt ist, welches durch die Werte in den gegebenen, evtl aus Messungen oder numerischen Simulationen resultierenden, diskreten Volumenelementen (Voxel) spezifiziert wird.

Eine analytische Formulierung des Problems wurde von Krüger [9] aufgestellt, der zeigte, daß alle Visualisierungstechniken für Volumendaten als Spezialisierungen eines Transportmodells

$$\frac{\partial I}{\partial s} = -(\sigma_a + \sigma_s)I + I_e + \int \sigma_s k I d\omega$$

angesehen werden können, das die Ausbreitung von Licht in einem semitransparenten, streuenden (σ_s, k), absorbierenden (σ_a) und emittierenden (I_e) Medium beschreibt, für das Lösungsmethoden wohl definiert sind. Die wesentliche Größe ist hierbei die spezifische Intensität I $[\frac{W}{m^2 sr}]$, die entlang eines Pfades durch das Volumen abgeschwächt oder erhöht wird, bevor sie das Auge des Betrachters trifft und dort als der wahrzunehmende Helligkeitswert dargestellt werden kann.

Werden explizite und implizite Grenzbedingungen angenommen und gleichzeitig Streueffekte völlig vernachlässigt, dann kann eine Lösung für die spezifische Intensität in einem beliebigen Punkt des Volumens hergeleitet werden. Daraus resultierend hat sich im Bereich der wissenschaftlichen Visualisierung, wo es mehr auf die Extraktion des Informationsgehalts als auf die physikalische Realität der generierten Bilder ankommt, die Lösung des *Volume-Rendering* Integrals

$$I_{aug} = \int_{t_{start}}^{t_{end}} I_e(t) \cdot e^{-\int_{t_{start}}^{t} \sigma(s)ds} dt$$

als gängiges Verfahren zur Darstellung von Volumendaten etabliert. Dieses wird entlang der vom Betrachter ausgehenden Sehstrahlen ausgewertet. In den meisten Anwendungen liefert ein Euler-Verfahren mit frei wählbarer, konstanter Schrittweite akzeptable Ergebnisse. Es erfolgt eine Aufteilung des Strahls in gleichlange Segmente, für welche eine konstante Emission und Absorption angenommen wird.

Die bei diesem Lösungsverfahren auftretenden Probleme sind klar ersichtlich. Zum einen ist es aufgrund des immensen Speicherbedarfs der verfügbaren Datensätze oftmals nicht möglich, sie im Ganzen auf heutigen Einprozessor-Architekturen zu bearbeiten, und zum anderen kann durch die numerische Komplexität der verwendeten Integrationsverfahren eine interaktive Darstellung nicht erreicht werden.

Eine weitere Einschränkung der skizzierten Lösungsmethode besteht darin, daß bisher kaum Wissen über die zu bearbeitenden Daten in den Lösungsvorgang integriert wird. Es wird über alle Regionen, unabhängig davon, welchen Verlauf das Originalsignal in diesen Regionen hat, die gleiche Integrationsschrittweite angewendet. Zwar wurden Beschleunigungmethoden entwickelt, die versuchen, anhand von Octrees das Verhalten des Originalsignals in bestimmten Regionen zu bestimmen und glatte Regionen mit wenigen Stützstellen abzutasten [10, 2], jedoch führen diese Verfahren immer zu einer Erhöhung des Speicherbedarfs.

Wenn es jedoch möglich ist, durch eine gezielte Analyse, die durchaus der Visualisierung voranschreiten kann, die Daten zu klassifizieren und die relevanten Strukturen zu detektieren, so kann die gewonnene Information sowohl zur Kompression der Daten, zur Beschleunigung des Darstellungsvorgangs als auch zur Hervorhebung der extrahierten Merkmale genutzt werden.

Eine effiziente und auf einer durchgängigen mathematischen Theorie basierende Methode, die es ermöglicht, die beschriebenen Probleme in den Griff zu bekommen, besteht in der Anwendung von hierarchischen Basisfunktionen. Da diese die Extraktion lokaler Eigenschaften diskreter Signale erlauben, finden sie oftmals Anwendung in der Datenanalyse und, da eine Rekonstruktion der Daten aus der hierarchischen Repräsentation möglich ist, ebenfalls in der Bildsynthese.

3 Hierarchische Basisfunktionen

Der Einsatz von hierarchischer Verfahren zur Datenanalyse, Dateninterpretation und Darstellung hat sich für zweidimensionale Bilddaten als äußerst nützlich erwiesen. Mathematische Methoden der Multiskalenanalyse mittels Wavelettransformationen stellen sich als sehr effizientes Werkzeug zur Beschreibung und Interpretation mehrdimensionaler Daten heraus [1, 3, 13, 7]. Insbesondere aufgrund der Vielfalt an Problemen, die damit behandelt werden können, finden sie mehr und mehr Anwendung in unterschiedlichen Bereichen der Computergraphik [4, 5, 15].

Der Grundgedanke der Multiskalenanalyse besteht darin, Funktionen durch hiearchisch angeordnete Basisfunktionen zu repräsentieren, die einen initialen Funktionenraum aufspannen. Auf jeder Stufe der Hierarchie wird das Signal in einen *glatten* oder niederfrequenten Anteil und in einen *detailreichen* oder hochfrequenten Anteil zerlegt (siehe Abbildung 3). Dies geschieht, indem man

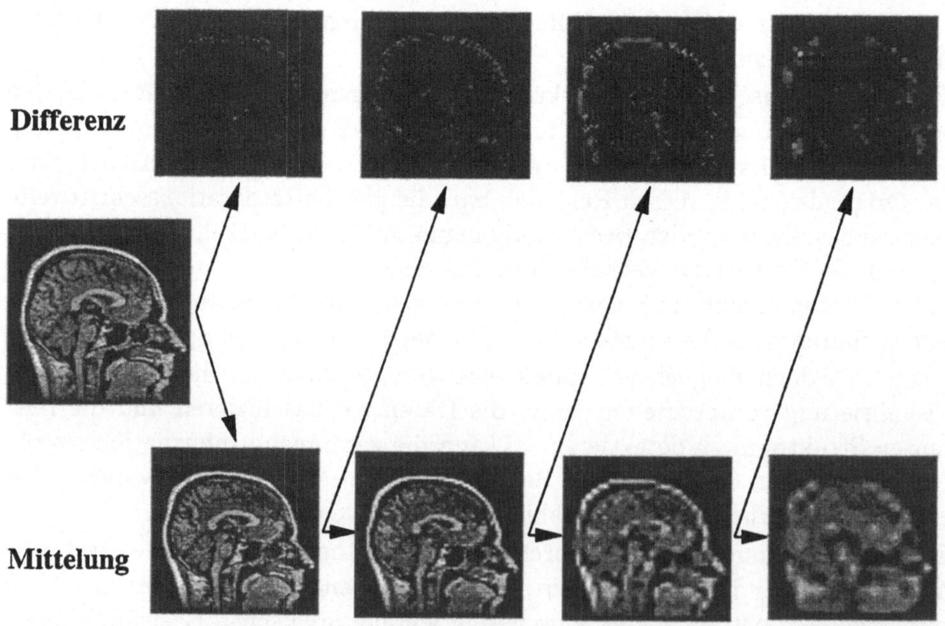

Abbildung 3. Schematische Darstellung der Auflösungshierarchie im zweidimensionalen Fall.

zwei Familien von Basisfunktionen benutzt, welche auf jeder Stufe zueinander orthogonale Vektorräume aufspannen. Im Vektorraum V_j wird der niederfrequente Anteil repräsentiert, während im Vektorraum W_j die Differenzinformation zwischen V_j und dem nächst feiner aufgelösten Vektorraum V_{j+1} kodiert ist. Die Basisfunktionen $\Phi_k^j(x)$ und $\Psi_k^j(x)$ der Räume V_j bzw. W_j sind rekursiv aus den entsprechenden generischen Basisfunktionen Φ und Ψ durch Verschiebung und Skalierung definiert:

$$\Phi_k^j(x) = \frac{1}{\sqrt{2^j}}\Phi(2^j x - k) \qquad \text{und} \qquad \Psi_k^j(x) = \frac{1}{\sqrt{2^j}}\Psi(2^j x - k)$$

Die orthogonale Projektion eines Signals f in die komplementären Vektorräume V_j und W_j kann nun durch

$$P^j f(x) = \sum_k p_k^j \Phi_k^j(x) \qquad \text{und} \qquad Q^j f(x) = \sum_k q_k^j \dot{\Psi}_k^j(x)$$

mit $p_k^j = \ <f, \Phi_k^j>\ $ und $q_k^j = \ <f, \Psi_k^j>\ $ berechnet werden. Effiziente Algorithmen existieren [13], um die benötigten Koeffizienten p_k und q_k (Waveletkoeffizienten) zu berechnen. Diese Verfahren beruhen grundsätzlich auf der Selbstähnlichkeit der Funktionen. Die Berechnung der Koeffizienten reduziert sich wegen des kompakten Trägers der Basisfunktionen zu einfachen Faltungsoperationen mit wohl definierten Filtermasken.

Die Zerlegung von Funktionen in dieser Art und Weise hat entscheidende Vorteile. Da die zu erwartenden Differenzen in glatten bzw. homogenen Teilregionen von verschwindend geringer Größe sind, während sie in der Nähe scharfer Kanten oder klarer Strukturen deutliche Ausprägungen haben, können gerade diese dünn besetzten Repräsentation dazu genutzt werden, den Darstellungsprozess zu beschleunigen und das benötigte Speichervolumen zu reduzieren.

Da die Rekonstruktion des Signals aus seiner Multiskalendarstellung für beliebige Regionen lokal durchgeführt werden kann, liegen weitere Vorteile klar auf der Hand. Man kann z.B. nur die wichtigen Regionen detailliert rekonstruieren, während in allen anderen Bereichen eine grobe Approximation durchgeführt wird. Besonders sinnvoll wird dies bei der progressiven Darstellung genutzt, indem zuerst nur die interessanten Regionen übertragen werden.

Die Theorie der Wavelettransformationen kann einfach auf höhere Dimensionen erweitert werden, wenn sich der initiale n-dimensionale Raum durch ein Tensor-Produkt von n 1-dimensionalen Räumen darstellen läßt. Die zugrundeliegenden Basisfunktionen werden dann durch Tensor-Produkte der entsprechenden Skalierungsfunktion Φ und des dazu gehörenden Wavelets Ψ gebildet.

4 Visualisierung auf Wavelet-transformierten Daten

Anstatt das Volume-Rendering Integral auf den Originaldaten auszuwerten, kann es nach der Projektion des Signals in eine hierarchische Waveletbasis auf den resultierenden Waveletkoeffizienten ausgewertet werden. Der wesentliche Vorteil soll anhand eines Beispiels veranschaulicht werden. Gegeben sei ein Signal $f(x)$, das in eine Waveletbasis auf der Stufe j projiziert wurde, und sich nun aus den Waveletkoeffizienten über $f(x) = \sum_k q_k^j \Psi_k^j(x)$ rekonstruieren läßt. Die Integration über $f(x)$ kann jetzt über die projizierte Darstellung von $f(x)$ durchgeführt werden:

$$\int f(x)dx = \int \sum_k q_k^j \Psi_k^j(x)dx = \sum_k q_k^j \int \Psi_k^j(x)dx$$

Diese Vorgehensweise kann prinzipiell folgendermaßen charakterisiert werden:

- Aufgrund der lokalen Ausdehnung der Basisfunktionen tragen nur wenige Koeffizienten zur Rekonstruktion eines Datenpunktes bei.
- In Regionen, in denen das Signal einen glatten Verlauf hat, haben viele der Koeffizienten sehr kleine Beträge oder verschwinden gänzlich.
- Durch die räumliche Lokalisierbarkeit der Waveletkoeffizienten und Kenntnis der Basisfunktionen kann der maximale punktweise Fehler, welcher durch die Vernachlässigung bestimmer Koeffizienten ensteht, genau abgeschätzt werden. Somit können obere Schranken für den maximalen, während der Integration entstehenden Fehler bestimmt werden.
- Da der Integrand im wesentlichen nur noch durch die Basisfunktionen definiert ist, kann die Integrationsschrittweite an die Skalierung der Funktion adaptiert werden. Glatte Bereiche, in denen nur Koeffizienten auf den gröberen Skalen vorhanden sind, werden somit mit wenigen Abtastwerten approximiert.

Werden diese Überlegungen auf die Lösung des Volume-Rendering Integrals übertragen, so resultiert hieraus ein allgemeiner hierarchischer Ansatz, der sowohl die Kompression der Daten als auch deren direkte Visualisierung erlaubt, den Darstellungsprozess beschleunigt und gleichzeitig eine Abschätzung des maximalen Fehlers im resultierenden Pixel-Bild ermöglicht. Abbildung 4 zeigt exemplarisch die erzielten Ergebnisse anhand der CT-Aufnahme eines menschlichen Kopfes.

5 Merkmalextraktion

Um effiziente Kompressionsraten zu erhalten, werden in der Regel alle Koeffizienten, deren Beträge unter einem vorgegebenen Schwellwert liegen, ver-

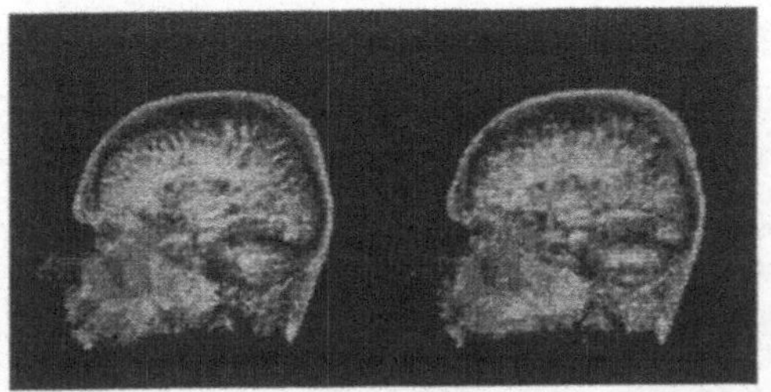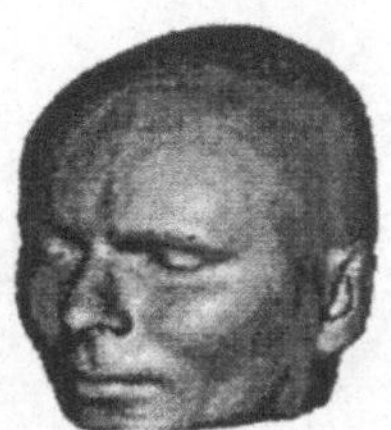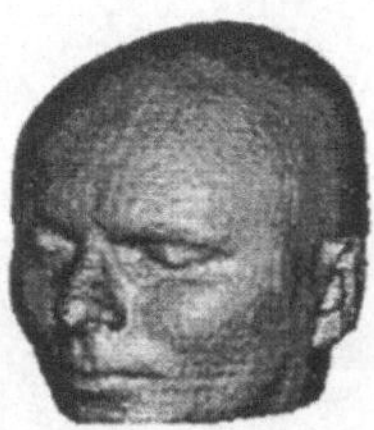

Abbildung4. Volumenvisualisierung einer CT-Aufnahme. Links: die Darstellung des Originaldatensatz mit 32 MB und die Darstellung des reduzierten Datensatzes mit 0.58 MB, rekonstruiert mit ca. 10% der Abtastwerte. Rechts: die Rekonstruktion einer Grenzfläche aus den Originaldaten und aus den reduzierten Daten.

nachlässigt. Regionen hoher Ortsfrequenz, wie z.B. Kanten oder scharfe Grauwertübergänge, bleiben somit unberührt. Dies kann prinzipiell schon als eine Art der Klassifizierung angesehen werden, da bei sukzessiver Erhöhung des zulässigen Toleranzbereichs nur noch die wesentlichen Strukturen erhalten bleiben. Glatte Strukturen hingegen werden durch die zunehmende Unterdrückung der Detailinformation mehr und mehr verschmiert.

Die Frage ist jedoch, ob mittels einer konkreten Analyse der Waveletkoeffizienten auf verschiedenen Skalen Aussagen über das lokale Verhalten des Signals gemacht werden können. Die eindeutige Charakterisierung beliebiger Strukturen könnte dahingehend genutzt werden, spezifische Merkmale vorab zu detektieren und selektiv darzustellen.

Tatsächlich ermöglicht der Einsatz spezieller Wavelets die lokale Glattheit des Signals anhand des Verhaltens der Waveletkoeffizienten über verschiedene Hierarchiestufen zu bestimmen. Die intuitive Vermutung, daß hochfrequente Strukturen, wie z.B. Kanten, auf allen Skalen erhalten bleiben, läßt sich formal beweisen, und es ist weiterhin möglich, diese Strukturen näher zu spezifizieren [14]. Prinzipiell werden hierzu die lokalen Maxima der Waveletkoeffizienten auf allen Skalen detektiert, und ausgehend von der feinsten Skala versucht man geschlossene Maximazüge zu finden, welche sich über alle Hierarchiestufen hinziehen. Abbildung 5 soll diese Methodik näher erklären. Neben dem Originalsignal sind von links nach rechts die lokalen Maxima der Waveletkoeffizienten auf den ersten drei Stufen dargestellt. Entlang der Kanten sind die Maxima auf allen Skalen vorhanden. Außerdem wachsen ihre Beträge zu den gröberen Skalen hin an. In [14] wurde formal bewiesen, daß anhand des Verhaltens der Koeffizienten die lokale Glattheit des Signals bestimmt werden kann. Hierzu müssen alle Positionen im Originalsignal detektiert werden, an denen ein über alle Skalen geschlossener Maximazug endet. Das heißt, daß es einen Weg über alle Skalen hinweg zur entsprechenden Position im Originalsignal geben muß,

Abbildung5. Beträge der lokalen Maxima auf verschiedenen Stufen der Wavelethierarchie.

entlang welchem nur Maxima liegen. Beim Übergang von einer Skala auf die nächste dürfen sich die Positionen entlang des Weges nur in einem kleinen Bereich bewegen.

Zum Auffinden der Maximazüge in den dreidimensionalen Daten wurden effiziente Algorithmen entwickelt, welche vor allem die Vervielfachung des Datenvolumens vermeiden und prinzipiell mit einer zusätzlichen Kopie auskommen. Abbildung 6 zeigt die Extraktion der wesentlichen Merkmale aus einer MR-Angiographie eines menschlichen Kopfes. Auf der rechten Seite wurden die nach der beschriebenen Methode detektierten Strukturen durch adaptive Erhöhung der Opazitätswerte hervorgehoben, während die umgekehrte Vorgehensweise zur Unterdrückung niederfrequenter (glatter) Regionen führte.

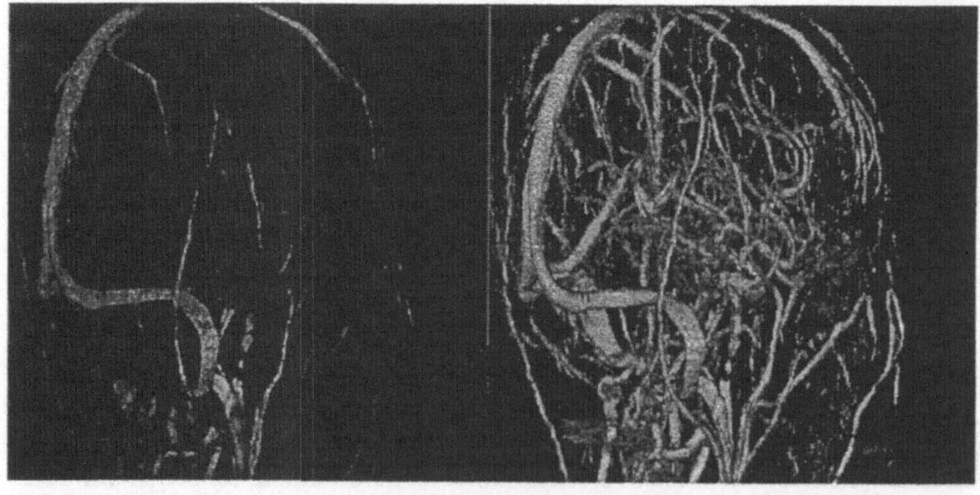

Abbildung6. Merkmalsextraktion durch Detektion der geschlossenen Maximazüge.

6 Zeitvariante Sequenzen

Hinsichtlich der Analyse zeitlich aufgelöster Datensequenzen ergibt sich prinzipiell folgende Schwierigkeit. Primär ist man daran interessiert, das zeitliche Verhalten bestimmter Strukturen zu analysieren, die hierzu notwendige gleichzeitige Untersuchung verschiedener Zeitschritte ist jedoch numerisch intensiv und erfordert in der Regel einen hohen Bedarf an zusätzlichem Speicher. Ähnlich zur 2D- bzw. 3D-Kantendetektion ist es jedoch oftmals ausreichend, kritische Punkte zu selektieren, in denen eine abrupte Zustandsänderung von einem Zeitschritt zum nächsten stattfindet. Zusätzlich bleibt die Forderung nach adäquaten Darstellungsmethoden. Die separate Darstellung jedes Zeitschritts und die Analyse anhand vorberechneter Videosequenzen ist zum einen sehr zeitaufwendig und erlaubt zum anderen nicht die direkte Interpretation der Resultate.

Auch in diesem Fall läßt sich die Multiskalenanalyse als effiziente Methode zur Merkmalsextraktion und zur finalen Darstellung einzelner Zeitschritte nutzen. Der naheliegende Ansatz wäre die Erweiterung der Wavelettransformation und der darauf aufbauenden Multiskalenanalyse auf vier Dimensionen. Hierdurch wird jedoch zum einen eine Gleichbehandlung von Raum und Zeit impliziert, zum anderen müßte die gesamte vierdimensionale Sequenz zur Bearbeitung im Speicher gehalten werden.

In der vorliegenden Arbeit wurde eine andere Methode vorgeschlagen. Für jeden Zeitschritt wird die Transformation in die Wavelethierarchie separat berechnet, und die Datenreduktion wird aufgrund lokaler oder globaler Fehlerschranken durchgeführt. Dieses Vorgehen hat zur Folge, daß der zusätzlich benötigte Speicher jederzeit minimal ist. Die Wavelettransformation entlang der Zeitachse generiert zusätzlich eine eindimensionale hierarchische Repräsentation der berechneten dreidimensionalen Waveletkoeffizienten. Das heißt, daß das zeitliche Verhalten verschiedener Frequenzbereiche voneinander separiert wird, und somit eine detaillierte Analyse nieder- und hochfrequenter Strukturen oder Bereiche möglich ist.

Die Merkmal-basierte Analyse der zeitlichen Entwicklungen kann wie beschrieben durchgeführt werden. Hierzu müssen nunmehr die lokalen Maxima auf verschiedenen Stufen der entlang der Zeitachse transformierten Koeffizienten detektiert werden, die es dann ermöglichen, abrupte Änderungen im zeitlichen Verhalten zu selektiert.

Zur Darstellung eines Zeitschritts wird dieser aus der (3+1)-D Repräsentation rekonstruiert. Die dreidimensionale Wavelethierarchie wird mit den skizzierten Verfahren visualisiert. Dieses Verfahren erlaubt insbesondere die Rekonstruktion beliebiger Interpolanten zwischen den diskreten Zeitschritten.

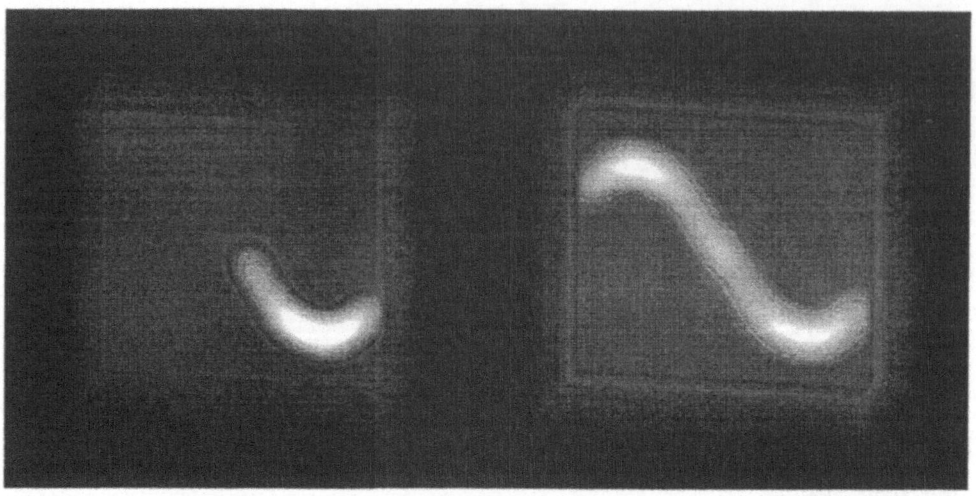

Abbildung7. Visualisierung der Bewegungskurve eines einzelnen Objekts.

Abbildung 7 zeigt den Ausschnitt aus einer Testsequenz zur Demonstration
der entwickelten Methode. Die Sequenz besteht aus 64 Volumendatensätzen,
welche mit Ausnahme eines kleinen, mit hohen Intensitätswerten gefülltem
Objekts, völlig homogen sind. Das Objekt bewegt sich vom ersten Zeitschritt
bis zum letzten entlang einer Sinuskurve durch die Daten. Zur Rekonstruktion eines Zeitschritts wurden in der zeitlichen Dimension nur die gröbsten vier
(links) bzw. drei (rechts) Skalen einbezogen. Dadurch wird mehr und mehr Information von anderen Zeitschritten in diesen einen projiziert, was dazu führt,
daß der gesamte Bewegungspfad, den das Objekt durchläuft, in einem Zeitschritt sichtbar wird. Obwohl also in jedem Datensatz der Sequenz das Objekt
nur an einer ganz bestimmten Stelle sichtbar wäre, erlaubt die Methode, den
gesamten Bewegungsablauf in einer Darstellung festzuhalten.

7 Parallelisierung

Hinsichtlich der Parallelisierung der verwendeten Algorithmen stand ein wesentliches Ziel im Vordergrund. Die Entwicklung eines anwendungsorientierten
Ansatzes zur Analyse und Darstellung, der zum einen unabhängig von einer
speziellen Zielarchitektur ist und zum anderen die Integration beliebiger Da-
tenanalyseverfahren in den Darstellungsprozeß erlaubt. Aus dieser Forderung
heraus resultierte die Entscheidung, einen block-basierten Ansatz zu verfolgen, welcher auf der Aufteilung des Datenvolumen in Teilblöcke und deren
Zuordnung zu verschiedenen Prozessoren basiert.

Für die Darstellung wurde zusätzlich eine Verteilung des zu berechnenden Bild-
bereichs vorgenommen. Hierdurch können räumliche Koherenzen während der
Strahlverfolgung optimal ausgenutzt werden, was zusätzlich in der Minimierung der Kommunikationslast resultiert. Die wesentliche Grundidee besteht
darin, durch einen diskreten Traversierungsalgorithmus für jeden Bildbereich
die Teilblöcke zu bestimmen, die überhaupt bearbeitet werden müssen. Diese
werden in der richtigen Reihenfolge von denjenigen Prozessoren angefordert,
auf denen der jeweilige Block gespeichert ist. Ist der aktuell angeforderte Block
übertragen, so kann anschließend die Traversierung für alle Strahlen des Bild-
bereichs, die einen Schnittpunkt mit diesem Block haben, durchgeführt werden.
Zur Vermeidung von Wartezeiten während der Anforderung eines Blocks wurde eine Cache-Datenstruktur implementiert, die es erlaubt, Blöcke vorab von
anderen Prozessoren zu holen, um sie bei Bedarf aus dem Cache zu laden und
zu bearbeiten. Die grundlegende Methodik ist in Abbildung 8 dargestellt.

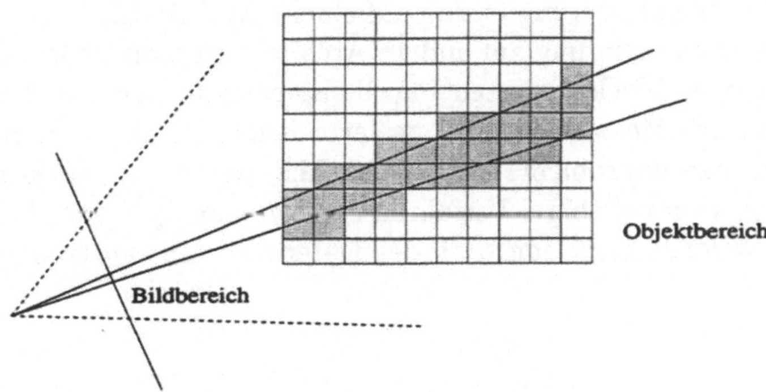

Abbildung 8. Unterteilungsstrategie für die parallele Volumenvisualisierung.

Zur optimalen Integration der parallelen Wavelettransformation in den Darstellungsprozeß wurde auch hier ein block-basierter Ansatz entwickelt. Um
für jeden Teilblock die Transformation lokal durchführen zu können, werden
zusätzliche Schichten um jeden Block herum gespeichert. Dies geschieht, um
auch an den Blockgrenzen korrekte Ergebnisse zu erhalten. Nur für sehr lange
Filtermasken ist dies jedoch problematisch, für die meisten in der Praxis zur
Anwendung kommenden Wavelets sind hierdurch nur geringe Effizienzeinbußen
in Kauf zu nehmen. Die Wavelettransformation wird nun für jeden Teilblock
lokal berechnet. Anschließend wird die skizzierte Merkmalsextraktion auf den
generierten Waveletkoeffizienten durchgeführt.

Ein weiterer Vorteil dieses Ansatzes besteht hinsichtlich der Übertragung der Teilblöcke von einem Prozessor zu einem anderen. Zwei Möglichkeiten kommen hierbei in Betracht. Zum einen ist es denkbar, die komprimierte hierarchische Darstellung zu übertragen, und sie erst nach Beendigung des Übertragungsvorgangs auf dem empfangenden Prozessor zu dekodieren. Zum anderen kann die Dekodierung jedoch auch schon auf dem sendenden Prozessor durchgeführt werden, was bei mehreren Anfragen nach demselben Block Effizienzvorteile mit sich bringt. Je nach gewählter Strategie wird das Volume-Rendering Integral auf den transformierten Daten oder auf dem dekodierten Originalsignal ausgeführt.

Zeitlich aufgelöste Datensequenzen können optimal in das block-basierte Konzept integriert werden. Korrespondierende Teilblöcke aus verschiedenen Zeitschritten werden sämtlich auf ein und demselben Prozessor gehalten. Somit kann der gesamte Prozess der Datenanalyse und der Datenrekonstruktion lokal und ohne Kommunikation mit anderen Prozessoren durchgeführt werden.

Die gesamte Implementierung wurde auf einer CM-5 Architektur mit 64 Knoten realisiert. Die Portierung auf andere Architekturtypen ist jedoch aufgrund des durchgängigen block-basierten Parallelisierungskonzepts und der strikten Beschränkung auf Message-Passing basierte Knoten-zu-Knoten Kommunikationsmechanismen unproblematisch. Weiterhin erlaubt der block-basierte Ansatz die Integration beliebiger Verfahren der Datenanalyse oder Modellierung, welche mit lokaler Information bzgl. des Datenvolumens auskommen.

8   Bewertung

In der vorliegenden Arbeit wurde ein grundlegendes Konzept zur Analyse und Darstellung evtl. zeitlich aufgelöster skalarer Volumendaten entwickelt. Eine optimale Reduktion der Daten kann mit diesem Verfahren erzielt werden. Die reduzierte Repräsentation der Daten kann zusätzlich zur Beschleunigung des Darstellungsprozeß genutzt werden. Grundlegende Verfahren der Multiskalenanalyse wurden auf höhere Dimensionen erweitert und zur Extraktion der wesentlichen Merkmale verwendet. Die Implementierung eines einheitlichen block-basierten Parallelisierungskonzepts erlaubt die Integration beliebiger Analyseverfahren in den Darstellungsprozeß. Die entwickelten Konzepte sind weitestgehend unabhängig von einer speziellen Architektur und können problemlos auf andere Zielarchitekturen portiert werden.

9 Danksagung

Besonderer Dank gilt Prof. Dr. H. Müller, der es mir ermöglichte, während meiner Anstellung am Forschungszentrum für Medienkommunikation, die Promotion zu beginnen und erfolgreich abzuschließen.

Literatur

1. C. K. Chui. An Introduction to Wavelets. In *Wavelet Analysis and its Application*, Vol.1, Academic Press, 1992.
2. J. Danskin and P. Hanrahan. Fast Algorithms for Volume Rendering. In *ACM Workshop on Volume Visualization 1992, Conference Proceedings*, pages 91-98, 1992.
3. I. Daubechies. Ten Lectures on Wavelets. In *CBMS-NSF Series in Applied Mathematics*, Vol. 61, SIAM 1992.
4. M. Eck, T. DeRose, T. Duchamp, H. Hoppe, M. Lounsbery and W. Stuetzle. Multiresolution Analysis of Arbitrary Meshes. In *Computer Graphics (SIGGRAPH'95)*, pp. 173-182, 1995.
5. S. Gortler, P. Schröder, M. Cohen and P. Hanrahan. Wavelet Radiosity. In *Computer Graphics*, 27(4), pp. 35-44, 1993.
6. S. Jaffarth. Wavelets and nonlinear analysis. In *Wavelets: Mathematics and Applications*, edited by J. Benedetto and M. Frazier, pp. 467-505, 1993.
7. B. Jawerth and W. Sweldens. An Overview of Wavelet Based Multiresolution Analysis. In *SIAM Review*, Vol.36, No.3, 1994.
8. J. Kajiya. The Rendering Equation. In *Computer Graphics*, Vol.20, No.4, 1986.
9. W. Krueger. The Application of Transport Theory To Visualization of 3D Scalar Data Fields. In *IEEE Visualization'90, Conference Proceedings*, pp. 12-15, 1990.
10. M. Levoy. Efficient Ray Tracing of Volume Data. In *ACM Transactions on Graphics*, Vol.9, No.3, pp. 245-261, 1989.
11. M. Levoy. Display of Surface from Volume Data. In *IEEE Computer Graphics and Applications*, Vol.8, No.3, pages 29-37, 1990.
12. W.E. Lorensen and H.E. Cline. Marching Cubes: A High Resolution 3D Surface Construction Algorithm. In *Computer Graphics*, Vol.21, No.4, pp. 163-169, 1987.
13. S. Mallat. A Theory for Multiresolution Signal Decomposition: The Wavelet Representation. In *IEEE Transactions on Pattern Analysis and Machine Intelligence*, Vol.11, No.6, pp. 674-693, 1989.

14. S. Mallat and W. Hwang. Singularity Detection and Processing with Wavelets. In *IEEE Transactions on Information Theory*, Vol.38, No.2, pp. 617-643, 1992.

15. D. Staadt, M. Gross and R. Gatti. Fast Multiresolution Surface Meshing. In *IEEE Visualization'95, Conference Proceedings*, pp. 135-153, 1995.

Phänomene der Knuth-Bendix Vervollständigung

Andrea Sattler-Klein

Fachbereich Informatik
Universität Kaiserslautern
D-67653 Kaiserslautern
email: sattler@informatik.uni-kl.de

1 Einleitung

Termersetzungssysteme haben in vielen Bereichen der Informatik und der Mathematik Anwendung gefunden, beispielsweise bei der Behandlung abstrakter Datentypen, bei der Programmtransformation und -synthese, beim automatischen Beweisen, sowie im Bereich der Computeralgebra. Für viele dieser Anwendungen ist das Knuth-Bendix Vervollständigungsverfahren von zentraler Bedeutung. Bei Eingabe einer Menge $\mathcal{E}$ von Termgleichungen und einer Reduktionsordnung $>$ versucht das Verfahren ein vollständiges (konfluentes und terminierendes) Termersetzungssystem $\mathcal{R}$, welches dieselbe Gleichheitstheorie wie $\mathcal{E}$ repräsentiert, zu erzeugen. Dabei können drei mögliche Situationen eintreten: Entweder stoppt das Vervollständigungsverfahren mit Erfolg und liefert ein endliches, zu $\mathcal{E}$ äquivalentes, vollständiges Termersetzungssystem $\mathcal{R}$, oder es stoppt mit einem Fehlerabbruch aufgrund der Tatsache, daß eine erzeugte Gleichung nicht bezüglich der Ordnung $>$ orientiert werden kann, oder aber es divergiert, d.h., es terminiert nicht und erzeugt ein unendliches, zu $\mathcal{E}$ äquivalentes, vollständiges Termersetzungssystem. Falls das Verfahren mit Erfolg terminiert, kann das erzeugte vollständige Termersetzungssystem $\mathcal{R}$ zur Lösung des Wortproblems für $\mathcal{E}$ benutzt werden, da dann zwei Terme genau dann gleich sind modulo $\mathcal{E}$, wenn ihre Normalformen bezüglich $\mathcal{R}$ identisch sind.

Ein wesentliches Problem des vervollständigungsbasierten Ansatzes zur Lösung des Wortproblems für eine Menge von Gleichungen besteht darin, daß in vielen Fällen das Knuth-Bendix Vervollständigungsverfahren divergiert und ein unendliches vollständiges Regelsystem erzeugt. In der Praxis hat sich gezeigt, daß sich solche unendlichen Systeme häufig in ein oder mehrere Sequenzen von Regeln, die gewisse Regelmäßigkeiten in ihrer Struktur aufweisen, zerlegen lassen. Diese Beobachtung hat dazu geführt, daß eine Vielzahl von Methoden entwickelt wurden, die es erlauben, unendliche Mengen von Regeln, die bestimmte strukturelle Ähnlichkeiten aufweisen, endlich zu beschreiben. Diese Methoden lassen sich grob in drei Klassen einteilen: Methoden, die auf der Verwendung von Constraints basieren [Gr88, Ki89, KH90, Co92, CD94], Methoden, die auf Rekurrenzschemata basieren [CHK89, CH91, He92, Sa92, He94, Co95], sowie Methoden, die auf Einbettungstechniken basieren [Av89, La89, LJ89, TJ89, Av91, TW93].

Von zentraler Bedeutung ist in diesem Zusammenhang die Frage, welche Arten von Regelmäßigkeiten zwischen den Regeln einer Divergenzsequenz bestehen können, bzw. welche Arten von vollständigen Systemen durch Knuth-Bendix Vervollständigung erzeugt werden können. Diese Frage war der Ausgangspunkt für die in [Sa96] durchgeführten Untersuchungen. In der Arbeit werden verschiedene Klassen von kanonischen (vollständigen und interreduzierten), durch Vervollständigung erzeugten Termersetzungssystemen charakterisiert und Eigenschaften dieser Systeme, sowie damit verwandte Fragestellungen untersucht. Der Schwerpunkt der Untersuchungen liegt auf der Analyse von kanonischen Wortersetzungssystemen. Wortersetzungssysteme können als spezielle Termersetzungssysteme interpretiert werden, nämlich als solche, die nur einstellige Funktionssymbole enthalten. Die Untersuchung des Knuth-Bendix Vervollständigungsverfahrens für Wortersetzungssysteme ist allerdings nicht nur von Interesse, um mehr über den allgemeinen Fall zu lernen, sondern auch unter folgendem algebraischen Gesichtspunkt: Wortersetzungssysteme lassen sich auch als Darstellungen von Monoiden betrachten. Da eine Vielzahl von Problemen aus der Theorie der Monoide sich als Kombination von ein oder mehreren Wortproblemen beschreiben läßt, lassen sich diese leicht lösen, wenn das betrachtete Monoid durch ein endliches kanonisches Wortersetzungssystem dargestellt ist.

In der Praxis werden zur Vervollständigung von Wortersetzungssystemen üblicherweise totale Reduktionsordnungen verwendet. Die Situation, daß das Knuth-Bendix Verfahren erfolglos abbricht, kann dann nicht eintreten. Das Vervollständigungsverfahren erzeugt in diesen Fällen stets ein zum Eingabesystem äquivalentes, vollständiges Wortersetzungssystem. Dieses ist allerdings selbst dann, wenn das Eingabesystem ein entscheidbares Wortproblem hat, häufig unendlich. Ob das Knuth-Bendix Verfahren für ein gegebenes Wortersetzungssystem ein endliches, äquivalentes, vollständiges System oder aber ein unendliches, äquivalentes, vollständiges System erzeugt, kann dabei entscheidend von der verwendeten Ordnung abhängen. Es gibt allerdings auch endliche Wortersetzungssysteme mit entscheidbarem Wortproblem, die zu keinem endlichen, vollständigen Wortersetzungssystem äquivalent sind. Die Vervollständigung divergiert also in diesen Fällen stets, ganz gleich welche Reduktionsordnung verwendet wird. Ein Beispiel, das dieses Phänomen illustriert, ist das Wortersetzungssystem $\mathcal{R} = \{\, bab \rightarrow aba \,\}$ aus [KN85]. In manchen Fällen reichen jedoch auch unendliche vollständige Wortersetzungssysteme aus, um das Wortproblem zu lösen. Vervollständigt man bespielsweise das System $\mathcal{R}$ bezüglich der längen-lexikographischen Ordnung, die von der Präzedenz $b \succ a$ induziert wird, dann wird folgendes unendliches kanonisches System erzeugt:

$$\mathcal{R}^{\infty} = \{\, bab \rightarrow aba \,\} \cup \{\, ba^{n+1}ba \rightarrow abaab^{n} \mid n \in \mathbb{N} \,\}.$$

Das System $\mathcal{R}^{\infty}$ hat eine sehr einfache Gestalt: Die Menge der linken Regelseiten bildet eine reguläre Menge und die induzierte Reduktionsrelation ist effektiv berechenbar. Das Wortproblem für $\mathcal{R}$ kann daher gelöst werden, indem Normalformen bezüglich des unendlichen Systems $\mathcal{R}^{\infty}$ bestimmt werden.

Im folgenden werden einige der wesentlichen Resultate aus [Sa96] vorgestellt. Zunächst werden die dazu benötigten Definitionen und Notationen eingeführt.

2 Grundlegende Definitionen und Notationen

Sei Σ ein *Alphabet*. Dann bezeichnet Σ^{*} die Menge aller Worte über Σ inklusive dem *leeren Wort* ε. Für $\mathrm{w} \in \Sigma^{*}$ und $n \in \mathbb{N}_0$ ist w^n wie folgt definiert: $\mathrm{w}^0 = \varepsilon$ und $\mathrm{w}^{n+1} = \mathrm{w}\mathrm{w}^n$. Dabei bezeichnet $\mathbb{N}_0$ die Menge der natürlichen Zahlen. Die Menge $\mathbb{N}_0 - \{\, 0 \,\}$ wird im folgenden auch mit $\mathbb{N}$ bezeichnet. Ein *Wortersetzungssystem* (WES) $\mathcal{R}$ über Σ ist eine Teilmenge von $\Sigma^{*} \times \Sigma^{*}$. Die Paare $(l, r) \in \mathcal{R}$ heißen *Regeln*. Statt (l, r) schreibt man häufig auch $l \rightarrow r$. Im folgenden wird mit $\Sigma_{\mathcal{R}}$ die Menge der in $\mathcal{R}$ vorkommenden Buchstaben bezeichnet. Die von $\mathcal{R}$ induzierte *Einschritt-Ableitungsrelation* $\rightarrow_{\mathcal{R}}$ ist wie folgt definiert: Für $\mathrm{u}, \mathrm{v} \in \Sigma^{*}$ gilt $\mathrm{u} \rightarrow_{\mathcal{R}} \mathrm{v}$ genau dann wenn es zwei Worte $\mathrm{x}, \mathrm{y} \in \Sigma^{*}$ und eine Regel $(l, r) \in \mathcal{R}$ gibt, so daß $\mathrm{u} = \mathrm{x}l\mathrm{y}$ und $\mathrm{v} = \mathrm{x}r\mathrm{y}$. Die reflexive transitive Hülle von $\rightarrow_{\mathcal{R}}$ wird mit $\rightarrow_{\mathcal{R}}^{*}$ bezeichnet und die von $\mathcal{R}$ induzierte *Ableitungsrelation (Reduktionsrelation)* genannt. Ein Wort u heißt *(R-) reduzibel* falls es ein Wort v gibt mit $\mathrm{u} \rightarrow_{\mathcal{R}} \mathrm{v}$, andernfalls heißt u *(R-) irreduzibel*. Läßt sich ein Wort u auf ein Wort v *reduzieren*, d.h., gilt $\mathrm{u} \rightarrow_{\mathcal{R}}^{*} \mathrm{v}$, dann nennt man v einen *Nachfolger* von u. Ist v ein irreduzibler Nachfolger von u so spricht man auch von einer *Normalform* von u.

Analog zu $\rightarrow_{\mathcal{R}}^{*}$, bezeichnet $\longleftrightarrow_{\mathcal{R}}^{*}$ die reflexive, symmetrische und transitive Hülle von $\rightarrow_{\mathcal{R}}$. Diese Relation wird auch die von $\mathcal{R}$ induzierte *Thue-Kongruenz* genannt. Zwei WESe heißen *äquivalent* falls sie dieselben Thue-Kongruenzen induzieren. Für $w \in \Sigma^*$ ist $[w]_{\mathcal{R}} = \{\, u \in \Sigma^* \mid u \longleftrightarrow^*_{\mathcal{R}} w \,\}$ die *Kongruenzklasse* von w (*modulo* $\mathcal{R}$). Die Menge $\{\, [w]_{\mathcal{R}} \mid w \in \Sigma^* \,\}$ der Kongruenzklassen modulo $\mathcal{R}$ ist unter der Operation $[u]_{\mathcal{R}} \circ [v]_{\mathcal{R}} = [uv]_{\mathcal{R}}$ ein *Monoid*, wobei $[\varepsilon]_{\mathcal{R}}$ das neutrale Element ist. Dieses Monoid wird im folgenden mit $\mathcal{M}_{\mathcal{R}}$ bezeichnet. Das *Wortproblem* für $\mathcal{R}$ (für $\mathcal{M}_{\mathcal{R}}$) ist das Problem zu entscheiden, ob zwei gegebene Worte u, v über Σ *kongruent* sind (*modulo* $\mathcal{R}$), d.h., ob $u \longleftrightarrow^*_{\mathcal{R}} v$ gilt.

Ein WES $\mathcal{R}$ heißt *Noethersch* (oder *terminierend*) falls es keine unendliche Ableitungskette $u_0 \to_{\mathcal{R}} u_1 \to_{\mathcal{R}} u_2 \to_{\mathcal{R}} \dots$ gibt. $\mathcal{R}$ heißt *konfluent* falls für alle $u, v, w \in \Sigma^*$ folgendes gilt: sind v und w Nachfolger von u dann lassen sich v und w *zusammenführen*, d.h., v und w haben einen gemeinsamen Nachfolger. WESe, die sowohl Noethersch als auch konfluent sind, heißen *vollständig*. Ist ein WES $\mathcal{R}$ vollständig, so besitzt jedes Wort eine eindeutige Normalform und es gilt dann, daß zwei Worte u und v über Σ genau dann kongruent sind (modulo $\mathcal{R}$), wenn ihre Normalformen (modulo $\mathcal{R}$) identisch sind. Das Wortproblem für $\mathcal{R}$ ist also entscheidbar, falls $\mathcal{R}$ vollständig und endlich ist.

Es stellt sich daher die Frage, wie man ein endliches WES $\mathcal{R}$ in ein äquivalentes vollständiges WES transformieren kann. Knuth und Bendix haben zu diesem Zweck in [KB70] ein sogenanntes *Vervollständigungsverfahren* entwickelt. Eingabe dieses Verfahrens ist neben dem zu vervollständigenden System $\mathcal{R}$ über Σ eine totale *Reduktionsordnung* auf Σ^*. Dies ist eine totale Ordnung, die erstens *wohlfundiert* ist (d.h., es gibt keine unendliche absteigende Kette $u_0 > u_1 > u_2 > \dots$) und zweitens *zulässig* ist (d.h., $u > v$ impliziert $xuy > xvy$ für alle $u, v, x, y \in \Sigma^*$). Das Knuth-Bendix Vervollständigungsverfahren basiert auf folgenden Grundideen: Orientiert man die Regeln aus $\mathcal{R}$ derart, daß jede linke Seite bzgl. der Ordnung $>$ größer ist als die entsprechende rechte Seite, so erhält man ein zu $\mathcal{R}$ äquivalentes Noethersches WES $\mathcal{R}'$. Für ein Noethersches WES gilt nun, daß es genau dann konfluent ist, wenn die sogenannten *kritischen Paare* von $\mathcal{R}$ zusammenführbar sind [KB70]. Dabei heißt ein Paar von Worten (c_1, c_2) ein kritisches Paar von $\mathcal{R}$, falls es zwei Regeln $l_1 \to r_1$ und $l_2 \to r_2$ in $\mathcal{R}$ gibt, so daß eine der beiden folgenden Bedingungen erfüllt ist: 1. $l_1 = u l_2 v$ für ein $u, v \in \Sigma^*$ und $r_1 \neq r_2$ falls $l_1 = l_2$, und $c_1 = r_1$ und $c_2 = u r_2 v$, 2. $l_1 u = v l_2$ für ein $u, v \in \Sigma^*$ mit $|\,u\,| < |\,l_2\,|$, und $c_1 = r_1 u$ und $c_2 = v r_2$, wobei $|\,u\,|$ die Länge des Wortes $u \in \Sigma^*$ bezeichnet. Ist $\mathcal{R}'$ also nicht konfluent, so existiert ein kritisches Paar (c_1, c_2) und zugehörige Normalformen n_1, n_2, die nicht identisch sind. Durch Hinzunahme der Regel $n_1 \to n_2$ falls $n_1 > n_2$, bzw. der Regel $n_2 \to n_1$, falls $n_2 > n_1$ entsteht ein zu $\mathcal{R}'$ äquivalentes Noethersches WES $\mathcal{R}''$, in dem das kritische Paar (c_1, c_2) zusammenführbar ist. Ist $\mathcal{R}''$ konfluent, so stoppt der Vervollständigungsprozeß. Andernfalls werden die für

$\mathcal{R}'$ beschriebenen Schritte für $\mathcal{R}''$ wiederholt. Auf diese Weise erhält man ein zu $\mathcal{R}$ äquivalentes (möglicherweise unendliches) vollständiges WES.

Bereits in ihrer ursprünglichen Arbeit [KB70] haben Knuth und Bendix vorgeschlagen *Interreduktion* während der Ausführung ihres Verfahrens zu verwenden, um so die Regeln möglichst klein zu halten und ein interreduziertes vollständiges WES zu erzeugen. Ein WES $\mathcal{R}$ heißt *interreduziert* falls für jede Regel $l \to r$ aus $\mathcal{R}$ folgendes gilt: r ist irreduzibel bzgl. $\mathcal{R}$ und l ist irreduzibel bzgl. $\mathcal{R} - \{\, l \to r \,\}$. WESe, die sowohl vollständig als auch interreduziert sind, nennt man auch *kanonische* Systeme. Zu einem endlichen WES $\mathcal{R}$ und einer totalen Reduktionsordnung $>$ gibt es genau ein kanonisches System $\mathcal{R}^\infty$, das mit der Ordnung $>$ *kompatibel* ist (d.h., für alle $(l, r) \in \mathcal{R}^\infty$ gilt $l > r$) und das zu $\mathcal{R}$ äquivalent ist. Im folgenden wird vorausgesetzt, daß in dem betrachteten Knuth-Bendix Vervollständigungsverfahren Interreduktion derart integriert ist, daß bei Eingabe von $(\mathcal{R}, >)$ stets das zugehörige kanonische System erzeugt wird.

Zwei Klassen von totalen Reduktionsordnungen, die in der Praxis häufig zur Vervollständigung von WESen verwendet werden sind die Klasse der *längen-lexikographischen Ordnungen* und die Klasse der *Silbenordnungen*:
Sei $\succ$ eine totale Ordnung auf Σ. Dann ist die von dieser sogenannten *Präzedenz* $\succ$ induzierte *längen-lexikographische Ordnung* $>_{len} (\succ)$ auf Σ^* wie folgt definiert:

$$u >_{len} (\succ) \; v$$

genau dann wenn

$$|\, u \,| > |\, v \,| \quad \text{oder} \quad (|\, u \,| = |\, v \,| \;\text{und}\; u >_{lex} v)$$

wobei $>_{lex}$ die von $\succ$ induzierte lexikographische Ordnung auf Σ^* und $|\, u \,|$ die Länge des Wortes $u \in \Sigma^*$ bezeichnet.
Sei ferner τ eine totale Funktion von Σ auf $\{\mathrm{l}, \mathrm{r}\}$. Dann ist die von der Präzedenz $\succ$ und dieser sogenannten *Statusfunktion* τ induzierte *Silbenordnung* $>_{syl} (\succ, \tau)$ auf Σ^* wie folgt definiert:

$$u >_{syl} (\succ, \tau) \; v$$

genau dann wenn

$$|\, u \,|_{max(uv)} > |\, v \,|_{max(uv)}$$

oder

$$(max(uv) = a, \; |\, u \,|_a = |\, v \,|_a = n, \; u = u_1 a \ldots u_n a u_{n+1}, \; v = v_1 a \ldots v_n a v_{n+1},$$
$$\tau(a) = \mathrm{r},$$
$$\text{und } \exists i \in \{1, \ldots, n+1\} : u_i >_{syl} (\succ, \tau) v_i \text{ und } u_j = v_j \text{ für alle } j \in$$
$$\{i+1, \ldots, n+1\})$$

oder

$$(max(\mathrm{uv}) = a, \ |\ \mathrm{u}\ |_a = |\ \mathrm{v}\ |_a = n, \ \mathrm{u} = \mathrm{u}_1 a \ldots \mathrm{u}_n a \mathrm{u}_{n+1}, \ \mathrm{v} = \mathrm{v}_1 a \ldots \mathrm{v}_n a \mathrm{v}_{n+1},$$
$$\tau(a) = 1,$$

und

$$\exists i \in \{1, \ldots, n+1\} : \mathrm{u}_i >_{syl} (\succ, \tau)\, \mathrm{v}_i \ \text{und}\ \mathrm{u}_j = \mathrm{v}_j \ \text{für alle}\ j \in \{1, \ldots, i-1\})$$

wobei für ein Wort $\mathrm{u} \in \Sigma^*$ und einen Buchstaben $a \in \Sigma$, $|\ \mathrm{u}\ |_a$ die Anzahl der Vorkommen von a in u und $max(\mathrm{u})$ den bzgl. der Präzedenz $\succ$ maximalen Buchstaben in u bezeichnet.

Gilt $\tau(s) = \mathrm{r}$ für alle $s \in \Sigma$ ($\tau(s) = \mathrm{l}$ für alle $s \in \Sigma$), so schreibt man auch $>_{syl}^{\mathrm{r}} (\succ)$ ($>_{syl}^{\mathrm{l}} (\succ)$) statt $>_{syl} (\succ, \tau)$. Die Silbenordnung $>_{syl}^{\mathrm{r}} (\succ)$ entspricht der rekursiven Pfadordnung für monadische Terme [St89].

3   Eigenschaften kanonischer Wortersetzungssysteme

In [Sa96] werden mehrere Methoden entwickelt, die es erlauben, beliebige primitiv rekursive und beliebige rekursive, bzw. beliebige partiell rekursive Funktionen auf sehr unterschiedliche Arten in kanonische, durch Vervollständigung erzeugte WESe zu kodieren. Mit Hilfe dieser Kodierungen werden dann verschiedene Klassen von unendlichen kanonischen WESen charakterisiert und unterschiedliche Divergenzphänomene aufgezeigt. Eines der Hauptresultate ist dabei, daß jede beliebige rekursiv aufzählbare Menge in ein solches kanonisches WES explizit kodiert werden kann und somit kanonische, durch Vervollständigung erzeugte Systeme im allgemeinen nicht rekursiv sind.

Theorem 3.1 *Zu jeder rekursiv aufzählbaren Menge $\mathcal{C}$ über einem endlichen Alphabet Γ gibt es ein endliches WES $\mathcal{R}$ über einem Alphabet Σ mit $\{a, e, o\} \subseteq \Sigma$ und eine Silbenordnung $>_{syl}^{\mathrm{r}} (\succ_1)$ (eine längen-lexikographische Ordnung $>_{len} (\succ_2)$) auf Σ^*, so daß für das zugehörige kanonische System $\mathcal{R}^{\infty}$ folgendes gilt:*

$$\mathcal{R}^{\infty} \cap \{\, a\mathrm{u} \to \mathrm{v}\ |\ \mathrm{u}, \mathrm{v} \in \Sigma^*\, \} = \{\, awe \to o\ |\ \mathrm{w} \in \mathcal{C}\, \} \qquad \diamond$$

Korollar 3.2 *Es gibt ein endliches WES $\mathcal{R}$ und eine Silbenordnung $>_{syl}^{\mathrm{r}} (\succ_1)$ (eine längen-lexikographische Ordnung $>_{len} (\succ_2)$), so daß das Knuth-Bendix Vervollständigungsverfahren bei Eingabe $(\mathcal{R}, >_{syl}^{\mathrm{r}} (\succ_1))$ $((\mathcal{R}, >_{len} (\succ_2)))$ ein kanonisches System erzeugt, das nicht rekursiv ist.* $\qquad \diamond$

Wie Theorem 3.1 zeigt hängt das Phänomen, daß ein durch Vervollständigung erzeugtes, kanonisches WES eine beliebige rekursiv aufzählbare Menge repräsentieren kann, nicht davon ab, ob Silbenordnungen oder längen-lexikographische

Ordnungen zur Vervollständigung verwendet werden. Es stellt sich daher die Frage, ob es möglich ist, Klassen von kanonischen Systemen zu charakterisieren, die gewisse Teilklassen der rekursiv aufzählbaren Menge repräsentieren, wie die Klasse der rekursiven Sprachen oder die Klasse der kontext-freien Sprachen, indem man syntaktische Einschränkungen an die zu vervollständigenden WESe stellt. Diesbezüglich wird in [Sa96] jedoch gezeigt, daß selbst dann, wenn die Eingaben des Vervollständigungsverfahrens derart eingeschränkt werden, daß erstens alle Seiten der initialen Regeln aus maximal 2 Buchstaben bestehen und daß zweitens keine Interreduktionsschritte während des entsprechenden Vervollständigungsprozesses durchgeführt werden, das erzeugte kanonische System eine beliebige rekursiv aufzählbare Menge repräsentieren kann.

Daß selbst die Vervollständigung von sehr einfachen 1-Regelsystemen zu nichttrivialen kanonischen Systemen führen kann, zeigt das folgende Beispiel aus [Sa96].

Beispiel 3.1

Sei $\mathcal{R} = \{\, aba \to baaa \,\}$,
   $b \succ a$.

Dann erzeugt das Knuth-Bendix Vervollständigungsverfahren bei Eingabe von $(\mathcal{R}, >^{l}_{syl} (\succ))$ *das kanonische System*

$$\mathcal{R}^{\infty} = \{\, ab^{n}a^{2^{n}-1} \to b^{n}a^{2^{n+1}-1} \mid n \in \mathbb{N} \,\} \,. \qquad\qquad \diamond$$

Dieses Beispiel verdeutlicht ein weiteres Divergenzphänomen: Auch die rechten Seiten einer Divergenzsequenz können variieren. Insbesondere kann der Graph einer beliebigen primitiv rekursiven Funktion in ein kanonisches, durch Vervollständigung erzeugtes WES derart kodiert werden, daß die linken Seiten einer Divergenzsequenz die Argumentwerte und die entsprechenden rechten Regelseiten die zugehörigen Funktionswerte repräsentieren [Sa96].

In [Sa96] findet man neben Beispiel 3.1 eine Vielzahl weiterer konkreter Divergenzbeispiele. Eines davon soll an dieser Stelle hervorgehoben werden.

Beispiel 3.2

Sei $\mathcal{R} = \{\, uae \to o \quad, wu \to uw, wa \to abcw, wb \to acw,$
   $wc \to bw, we \to e \quad, wo \to o \qquad\qquad \}$,
   $w \succ u \succ a \succ b \succ c \succ e \succ o$.

Dann erzeugt das Knuth-Bendix Vervollständigungsverfahren bei Eingabe von $(\mathcal{R}, >^{r}_{syl} (\succ))$ *das kanonische System*

$$\mathcal{R}^{\infty} = \mathcal{R} \cup \{\, uf^{n}(a)e \to o \mid n \in \mathbb{N}_{0} \,\}$$

wobei f den durch

$\qquad$ $f(a) = abc,\ f(b) = ac\ und\ f(c) = b$

definierten Homomorphismus auf $\{a, b, c\}^*$ *bezeichnet.* $\qquad\qquad\qquad\qquad\qquad$ ◇

Für den in Beispiel 3.2 definierten Homomorphismus f gilt $f^{n+1}(a) = f^n(abc) =$ $f^n(a)f^n(bc)$ für alle $n \geq 0$. Dies impliziert, daß für alle $n \geq 0$, $f^n(a)$ ein echter Präfix von $f^{n+1}(a)$ ist und somit der Grenzwert der Folge $(f^n(a))_{n \in \mathbb{N}_0}$ existiert. Dieser Grenzwert ist das unendliche Wort

$\qquad$ $m = abcacbabcbacabcacbacabcbabcacbabcbacabcbabc$ ...

das von Axel Thue entdeckt und untersucht worden ist (s. [Th06] und [Th12]). Wie Thue gezeigt hat, ist das Wort m *quadratfrei*, d.h., es enthält keinen Faktor der Form ww mit w $\neq \varepsilon$. Dies impliziert, daß jede linke Regelseite der obigen Divergenzsequenz auch quadratfrei ist und diese Sequenz daher - im Gegensatz zu Beispiel 3.1 - keine unendliche Menge von Regeln enthält, die derart faktorisiert werden können, daß sie sich nur in den auftretenden Exponenten unterscheiden.

Die Tatsache, daß das Knuth-Bendix Vervollständigungsverfahren rekursiv aufzählbare kanonische Systeme erzeugen kann, die nicht rekursiv sind, wirft die Frage auf, ob dies tatsächlich die "schlimmsten" Fälle sind, die auftreten können, d.h., ob jedes durch Vervollständigung erzeugte kanonische System rekursiv aufzählbar ist. Offensichtlich ist ein durch Vervollständigung erzeugtes kanonisches System dann rekursiv aufzählbar, wenn während des zugehörigen Vervollständigungsprozesses keine Interreduktionsschritte durchgeführt wurden. Im allgemeinen werden während eines Vervollständigungsprozesses jedoch Regeln mittels Interreduktion gelöscht. Die Menge aller Regeln, die während eines solchen Vervollständigungsprozesses generiert werden, bildet dann eine vollständige, nicht-interreduzierte Menge ($\mathcal{R}_{\text{GENERIERT}}$). Diese ist ebenso wie die $\qquad\qquad\qquad\qquad\qquad\qquad\qquad\qquad\qquad\qquad\qquad\qquad\qquad$ Menge der Regeln, die während des Vervollständigungsprozesses gelöscht wurden ($\mathcal{R}_{\text{GELÖSCHT}}$), rekursiv aufzählbar. Was aber ist mit den verbleibenden Regeln, d.h. mit dem kanonischen System $\mathcal{R}^\infty$ (s. Abbildung 1) ? Einerseits ist das Komplement zweier rekursiv aufzählbarer Mengen im allgemeinen nicht rekursiv aufzählbar. Andererseits läßt sich ein solches Komplement jedoch stets explizit in ein kanonisches, durch Vervollständigung erzeugtes WES kodieren, wobei dies sowohl unter Verwendung von Silbenordnungen, als auch unter Verwendung von längen-lexikographischen Ordnungen möglich ist [Sa96].

Theorem 3.3 *Zu je zwei rekursiv aufzählbaren Mengen C_1, C_2 über einem endlichen Alphabet Γ gibt es ein endliches WES $\mathcal{R}$ über einem Alphabet Σ mit*

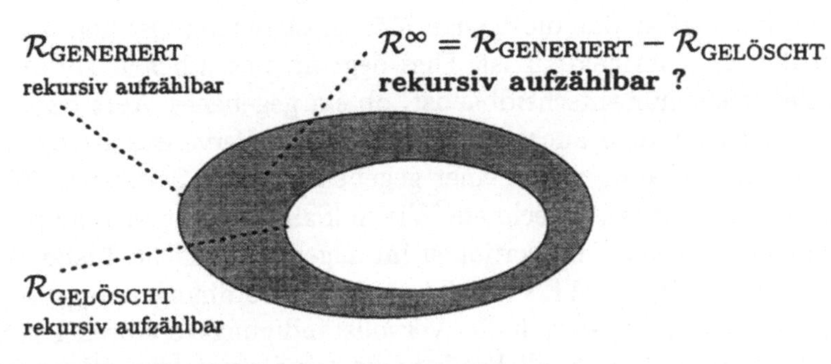

Abbildung 1.

$\{a, e, o\} \subseteq \Sigma$ *und eine Silbenordnung* $>^{\mathrm{r}}_{syl}$ $(\succ_1)$ *(eine längen-lexikographische Ordnung* $>_{len}$ $(\succ_2)$) *auf* Σ^*, *so daß für das zugehörige kanonische System* $\mathcal{R}^{\infty}$ *folgendes gilt:*

$$\mathcal{R}^{\infty} \cap \{ au \to v \mid u, v \in \Sigma^* \} = \{ awe \to o \mid w \in \mathcal{C}_1 - \mathcal{C}_2 \} \qquad \Diamond$$

Korollar 3.4 *Es gibt ein endliches WES* $\mathcal{R}$ *und eine Silbenordnung* $>^{\mathrm{r}}_{syl}$ $(\succ_1)$ *(eine längen-lexikographische Ordnung* $>_{len}$ $(\succ_2)$), *so daß das Knuth-Bendix Vervollständigungsverfahren bei Eingabe* $(\mathcal{R}, >^{\mathrm{r}}_{syl} (\succ_1))$ $((\mathcal{R}, >_{len} (\succ_2)))$ *ein kanonisches System erzeugt, das nicht rekursiv aufzählbar ist.* $\quad \Diamond$

Es stellt sich natürlich die Frage, ob nicht-rekursive kanonische WESe tatsächlich von Interesse sind, d.h., ob ein solches System entscheidbares Wortproblem
haben kann. Das Wortproblem für ein kanonisches WES $\mathcal{R}^{\infty}$ ist entscheidbar, falls es erstens einen Algorithmus gibt, der entscheidet, ob ein gegebenes Wort w $\mathcal{R}^{\infty}$-reduzibel ist oder nicht, und es zweitens einen Algorithmus gibt, der zu einem gegebenen $\mathcal{R}^{\infty}$-reduziblen Wort w einen direkten Nachfolger bzgl. $\mathcal{R}^{\infty}$ berechnet. In diesem Zusammenhang spielt die Menge der linken Regelseiten von $\mathcal{R}^{\infty}$ eine wichtige Rolle: Für ein kanonisches WES $\mathcal{R}^{\infty}$ ist das Problem zu entscheiden, ob ein gegebenes Wort bzgl. $\mathcal{R}^{\infty}$ reduzibel ist, genau dann entscheidbar, wenn die Menge der linken Regelseiten von $\mathcal{R}^{\infty}$ rekursiv ist. Die Rekursivität der Menge der linken Regelseiten eines kanonischen Systems $\mathcal{R}^{\infty}$ ist somit eine notwendige Voraussetzung für die Existenz eines zugehörigen Normalformalgorithmus.
In [Sa96] wird für kanonische, durch Vervollständigung erzeugte WESe der Zusammenhang zwischen der Eigenschaft entscheidbares Wortproblem zu haben, der Eigenschaft eine rekursive Menge zu sein und der Eigenschaft, daß die

Menge der linken Regelseiten rekursiv ist, untersucht. Ist die Menge der linken Regelseiten eines kanonischen, durch Vervollständigung erzeugten WESs $\mathcal{R}^\infty$ rekursiv, so impliziert dies, daß die Menge $\mathcal{R}^\infty$ selbst rekursiv ist und daß das Wortproblem für $\mathcal{R}^\infty$ entscheidbar ist. Dies liegt im wesentlichen daran, daß es in diesem Fall nicht nur entscheidbar ist, ob ein gegebenes Wort bzgl. $\mathcal{R}^\infty$ reduzibel ist, sondern zudem auch das Knuth-Bendix Vervollständigungsverfahren benutzt werden kann, um zu einer gegebenen linken Seite aus $\mathcal{R}^\infty$ die entsprechende rechte Seite zu berechnen. Wie in [Sa96] gezeigt wird gelten die Umkehrungen dieser beiden Implikationen im allgemeinen nicht. Insbesondere werden dort ein endliches WES $\mathcal{R}$ und zwei Silbenordnungen $>_{syl}(\succ_1, \tau)$ und $>_{syl}(\succ_2, \tau)$ konstruiert, so daß das Vervollständigungsverfahren bei Eingabe von $(\mathcal{R}, >_{syl}(\succ_1, \tau))$ ein endliches kanonisches System erzeugt, wogegen bei Eingabe von $(\mathcal{R}, >_{syl}(\succ_2, \tau))$ ein nicht-rekursiv aufzählbares kanonisches System, für das die Menge der zugehörigen linken Regelseiten nicht-rekursiv aufzählbar ist, entsteht. Die Tatsache, daß ein endliches WES $\mathcal{R}$ entscheidbares Wortproblem hat, garantiert also weder, daß das Knuth-Bendix Vervollständigungsverfahren bei Eingabe von $\mathcal{R}$ und einer totalen Reduktionsordnung $>$ ein rekursives kanonisches System erzeugt, noch daß die Menge der linken Seiten des in diesem Fall erzeugten kanonischen Systems rekursiv ist. Andererseits garantiert die Rekursivität eines durch Vervollständigung erzeugten kanonischen Systems allerdings auch nicht, daß das Wortproblem für dieses System entscheidbar ist [Sa96].

Diese Sachverhalte, die insbesondere für den Fall, daß Silbenordnungen zur Vervollständigung verwendet werden, gelten, sind in folgendem Theorem zusammengefaßt.

Theorem 3.5 *Sei $\mathcal{R}$ ein endliches WES, $>$ eine totale Silbenordnung auf $\Sigma_\mathcal{R}{}^*$ und sei $\mathcal{R}^\infty$ das zugehörige kanonische WES. Dann gilt folgendes:*

> *(a) Ist das Wortproblem für $\mathcal{R}^\infty$ entscheidbar, so impliziert dies weder, daß $\mathcal{R}^\infty$ rekursiv ist, noch, daß die Menge der linken Seiten von $\mathcal{R}^\infty$ rekursiv ist.*

> *(b) Ist $\mathcal{R}^\infty$ rekursiv, so impliziert dies weder, daß das Wortproblem für $\mathcal{R}^\infty$ entscheidbar ist, noch, daß die Menge der linken Seiten von $\mathcal{R}^\infty$ rekursiv ist.*

> *(c) Ist die Menge der linken Seiten von $\mathcal{R}^\infty$ rekursiv, dann ist das Wortproblem für $\mathcal{R}^\infty$ entscheidbar und $\mathcal{R}^\infty$ rekursiv.* $\Diamond$

Mit dem Nachweis der Eigenschaft (a) sind bis dahin unbekannte Grenzen des vervollständigungsbasierten Ansatzes zur Lösung des Wortproblems eines

WESs aufgedeckt worden: Wird ein endliches WES $\mathcal{R}$ mit entscheidbarem Wortproblem vervollständigt, so garantiert dies nicht, daß das erzeugte kanonische System $\mathcal{R}^\infty$ in der intendierten Weise zur Lösung des Wortproblems für $\mathcal{R}$ verwendet werden kann, da ein Normalformalgorithmus für $\mathcal{R}^\infty$ unter Umständen nicht existiert.

Da auch in dem Fall, daß längen-lexikographische Ordnungen zur Vervollständigung verwendet werden, sowohl rekursiv aufzählbare, nicht-rekursive kanonische Systeme als auch nicht-rekursiv aufzählbare kanonische Systeme erzeugt werden können, liegt die Vermutung nahe, daß ein Analogon zu Theorem 3.5 auch für längen-lexikographische Ordnungen gilt. Dies ist allerdings nicht der Fall: Wie in [Sa96] gezeigt wird sind die drei betrachteten Eigenschaften zueinander äquivalent, falls das kanonische WES $\mathcal{R}^\infty$ unter Verwendung einer längen-lexikographischen Ordnung erzeugt wurde.

Theorem 3.6 *Sei $\mathcal{R}$ ein endliches WES, $>$ eine totale längen-lexikographische Ordnung auf $\Sigma_{\mathcal{R}}{}^*$ und sei $\mathcal{R}^\infty$ das zugehörige kanonische WES. Dann sind die folgenden 3 Eigenschaften äquivalent:*

(a) $\mathcal{R}^\infty$ hat entscheidbares Wortproblem.

(b) $\mathcal{R}^\infty$ ist rekursiv.

(c) Die Menge der linken Seiten von $\mathcal{R}^\infty$ ist rekursiv. $\Diamond$

Wesentlich für die Äquivalenz der Eigenschaften (a), (b) und (c) in Theorem 3.6 ist die Tatsache, daß für eine längen-lexikographische Ordnung $>$ folgendes gilt: Zu jedem Wort u gibt es nur endlich viele Worte, die kleiner sind als u (bzgl. $>$) und diese lassen sich effektiv berechnen. Insbesondere kann man zeigen, daß Theorem 3.6 korrekt bleibt, wenn man die betrachtete längen-lexikographische Ordnung durch eine beliebige totale Reduktionsordnung, die diese Eigenschaft besitzt, ersetzt [Sa96].

4   Unentscheidbarkeitsresultate

Im allgemeinen ist es unentscheidbar, ob das Knuth-Bendix Vervollständigungsverfahren für eine gegebene Eingabe $(\mathcal{R}, >)$ divergiert oder nicht. Es stellt sich daher die Frage, ob es möglich ist, nicht-triviale Teilklassen der Klasse der endlichen WESe zu charakterisieren, für die dieses sogenannte *Divergenzproblem (für WESe)* entscheidbar ist. Von besonderem Interesse ist in diesem Zusammenhang die Klasse der endlichen WESe mit entscheidbarem Wortproblem. In

[Sa96] wird dieses Problem untersucht und gezeigt, daß selbst für stark eingeschränkte Teilklassen der Klasse der endlichen WESe mit entscheidbarem Wortproblem das Divergenzproblem unentscheidbar ist. Insbesondere werden dort, basierend auf den zuvor erwähnten Kodierungen der primitiv rekursiven und der partiell rekursiven Funktionen, verschiedene Klassen von Paaren $(\mathcal{R}_i, >_i)$ $(i \in \mathbb{N}_0)$ konstruiert, für die das Divergenzproblem unentscheidbar ist, obgleich für jede dieser Klassen die Wortprobleme für die zugrundeliegenden WESe sogar in uniformer Weise gelöst werden können, d.h., für jede dieser Klassen $C = \{\, \mathcal{R}_i \mid i \in \mathbb{N}_0 \,\}$ ist folgendes Problem entscheidbar:

EINGABE: Ein endliches WES $\mathcal{R} \in C$ über einem Alphabet Σ und zwei Worte $u, v \in \Sigma^*$.

FRAGE: Gilt $u \overset{*}{\longleftrightarrow}_{\mathcal{R}} v$?

Dieses Problem wird auch das *uniforme Wortproblem für C* genannt.

Eine dieser Klassen soll hier näher betrachtet werden (s. auch [Sa97]).

Theorem 4.1 *Es gibt eine Folge $(\mathcal{R}_i)_{i \in \mathbb{N}_0}$ von endlichen WESen und eine Folge von Silbenordnungen $>_{syl}^{r} (\succ_i)$ auf $\Sigma_{\mathcal{R}_i}{}^*$ $(i \in \mathbb{N}_0)$, so daß folgendes gilt:*

(a) Für die Klasse $C = \{\, \mathcal{R}_i \mid i \in \mathbb{N}_0 \,\}$ ist das uniforme Wortproblem entscheidbar.

(b) Für alle $i \in \mathbb{N}_0$ gilt, daß das zu $(\mathcal{R}_i, >_{syl}^{r} (\succ_i))$ gehörende kanonische WES $\mathcal{R}_i^{\infty}$ eine der beiden folgenden Bedingungen erfüllt:

1) $\mathcal{R}_i^{\infty} = \mathcal{R}_i \cup \{\, ab^n e \to o \mid n \in \mathbb{N}_0 \,\}$
2) $\mathcal{R}_i^{\infty} = \mathcal{R}_i \cup \{\, ab^n e \to o \mid n \in \mathbb{N}_0 \text{ und } n \leq m \,\}$ *für ein $m \in \mathbb{N}_0$*

(c) Das folgende eingeschränkte Divergenzproblem ist unentscheidbar:

EINGABE: $\mathcal{R}_i$ *und* $>_{syl}^{r} (\succ_i)$ $(i \in \mathbb{N}_0)$
FRAGE: *Divergiert das Knuth-Bendix Vervollständigungsverfahren bei Eingabe $(\mathcal{R}_i, >_{syl}^{r} (\succ_i))$?*

$\diamond$

Theorem 4.1 zeigt, daß das Divergenzproblem für eine Klasse von Paaren $(\mathcal{R}_i, >_i)$ $(i \in \mathbb{N}_0)$ selbst dann unentscheidbar sein kann, wenn die zugehörigen kanonischen Systeme $\mathcal{R}_i^{\infty}$ von sehr einfacher Gestalt sind. Für die in dem zugehörigen Beweis konstruierten Paare $(\mathcal{R}_i, >_{syl}^{r} (\succ_i))$ $(i \in \mathbb{N}_0)$ gilt dabei sogar folgendes: Vervollständigt man das WES $\mathcal{R}_i$ bzgl. $>_{syl}^{r} (\succ_i)$ $(i \in \mathbb{N}_0)$, so erzeugt das Knuth-Bendix Vervollständigungsverfahren entweder die unendliche Sequenz

$$ab^0 e \;\to\; o$$

$$ab^1 e \;\to\; o$$

$$ab^2 e \;\to\; o$$

$$ab^3 e \;\to\; o$$

.

.

.

oder aber ein endliches Anfangsstück dieser Folge, wobei diese Regeln - unabhängig von der verwendeten Strategie - in aufsteigender Reihenfolge (bzgl. der Länge der linken Seiten) erzeugt werden. Es werden in diesen Fällen also insbesondere keine Regeln während der Vervollständigung durch Interreduktion gelöscht. Ferner gibt es zu jedem Zeitpunkt der Vervollständigung stets höchstens genau ein noch nicht behandeltes kritisches Paar. Dieses entsteht durch Überlappen einer Regel der Form $ab^n e \to o$ $(n \in \mathbb{N}_0)$ mit einer festen initialen Regel, wobei jede Komponente des zugehörigen kritischen Paares zum Zeitpunkt des Betrachtens genau eine Normalform besitzt. Falls diese Normalformen nicht identisch sind, entsteht als neue Regel $ab^{n+1} e \to o$.
In diesen Fällen sind also nicht nur die erzeugten kanonischen Systeme von sehr einfacher Gestalt, sondern es sind auch die von dem Knuth-Bendix Vervollständigungsverfahren zur Erzeugung dieser Systeme durchgeführten Berechnungsschritte recht einfach. Dennoch ist das Divergenzproblem für die zugehörige Klasse unentscheidbar.

Wie bereits erwähnt spielen WESe auch aus algebraischer Sicht eine wichtige Rolle, da einerseits ein Paar bestehend aus einem Alphabet Σ und einem WES $\mathcal{R}$ über Σ als Darstellung eines Monoids betrachtet werden kann und andererseits sich jedes Monoid durch ein solches Paar $(\Sigma; \mathcal{R})$ darstellen läßt. Unter diesem Gesichtspunkt sind Entscheidungsprobleme, die algebraische Eigenschaften von WESen betreffen, wie beispielsweise die folgenden Probleme von besonderem Interesse:

- das *Endlichkeitsproblem*:
   EINGABE: Ein endliches WES $\mathcal{R}$ über einem endlichen Alphabet Σ.
   FRAGE: Ist das durch $(\Sigma; \mathcal{R})$ dargestellte Monoid $\mathcal{M}_\mathcal{R}$ endlich?

- das *Freie-Monoid-Problem*:
   EINGABE: Ein endliches WES $\mathcal{R}$ über einem endlichen Alphabet Σ.
   FRAGE: Ist das durch $(\Sigma; \mathcal{R})$ dargestellte Monoid $\mathcal{M}_\mathcal{R}$ frei, d.h.,
       ist $\mathcal{M}_\mathcal{R}$ isomorph zu Γ^* für ein endliches Alphabet Γ?

- das *Triviale-Monoid-Problem*:

> EINGABE: Ein endliches WES $\mathcal{R}$ über einem endlichen Alphabet Σ.
>
> FRAGE: Ist das durch $(\Sigma; \mathcal{R})$ dargestellte Monoid $\mathcal{M}_\mathcal{R}$ trivial, d.h.,
> ist $\mathcal{M}_\mathcal{R}$ isomorph zu $\{\,\varepsilon\,\}$?

- das *Gruppe-Problem*:

> EINGABE: Ein endliches WES $\mathcal{R}$ über einem endlichen Alphabet Σ.
>
> FRAGE: Ist das durch $(\Sigma; \mathcal{R})$ dargestellte Monoid $\mathcal{M}_\mathcal{R}$ eine Gruppe,
> d.h., gibt es zu jedem $m \in \mathcal{M}_\mathcal{R}$ ein Element $m' \in \mathcal{M}_\mathcal{R}$,
> so daß $m \circ m' = [\varepsilon]_\mathcal{R}$?

- das *Kommutativitätsproblem*:

> EINGABE: Ein endliches WES $\mathcal{R}$ über einem endlichen Alphabet Σ.
>
> FRAGE: Ist das durch $(\Sigma; \mathcal{R})$ dargestellte Monoid $\mathcal{M}_\mathcal{R}$ kommutativ,
> d.h., gilt für alle $m_1, m_2 \in \mathcal{M}_\mathcal{R}$, $m_1 \circ m_2 = m_2 \circ m_1$?

Basierend auf einem fundamentalen Ergebnis von Markov [Ma51] läßt sich zeigen, daß all diese Probleme im allgemeinen unentscheidbar sind (s. z.B. [BO93]). Andererseits sind all diese Probleme entscheidbar für die Klasse der endlichen vollständigen Darstellungen. Es stellt sich daher die Frage, ob diese Probleme auch für die Klasse der endlich dargestellten Monoide mit entscheidbarem Wortproblem entscheidbar sind. In [Sa96] wird diese Frage negativ beantwortet: Durch Reduktion spezieller eingeschränkter Divergenzprobleme wird gezeigt, daß jedes der oben aufgelisteten Probleme für diese eingeschränkte Klasse von Monoiden unentscheidbar ist.

Theorem 4.2 *Das Endlichkeitsproblem, das Freie-Monoid-Problem, das Triviale-Monoid-Problem, das Gruppe-Problem und das Kommutativitätsproblem sind unentscheidbar für die Klasse der endlich dargestellten Monoide mit entscheidbarem Wortproblem.* $\diamond$

Insbesondere wird dort auch bewiesen, daß all diese Probleme selbst für gewisse echte Teilklassen der Klasse der endlich dargestellten Monoide mit entscheidbarem Wortproblem - wie beispielsweise für die Klasse der endlich dargestellten Monoide, deren Wortprobleme in polynomialer Zeit entscheidbar sind - unentscheidbar sind. Hervorzuheben ist in diesem Zusammenhang die zum Nachweis dieser Aussagen entwickelte Beweistechnik, da mit Hilfe dieser Technik weitere Unentscheidbarkeitsresultate für endlich dargestellte Monoide nachgewiesen werden konnten (s. [Sa96], [Sa97], [OS97]).

5   Schlußbemerkungen

Die Ergebnisse aus Abschnitt 3 zeigen, daß WESe im Hinblick auf die Analyse von kanonischen, durch Vervollständigung erzeugten Termersetzungssystemen einen sehr wichtigen Spezialfall darstellen, da eine Vielzahl von Divergenzphänomenen bereits bei der Vervollständigung von WESen auftreten können. Insbesondere kann - wie gezeigt wurde - jede beliebige rekursiv aufzählbare Menge explizit in ein kanonisches, durch Vervollständigung erzeugtes WES kodiert werden. Unter diesem Gesichtspunkt ist die Ausdruckskraft von kanonischen WESen also die gleiche, wie die von kanonischen Termersetzungssystemen. Es gibt allerdings einen wesentlichen Unterschied zwischen kanonischen, durch Vervollständigung erzeugten WESen und kanonischen, durch Vervollständigung erzeugten Termersetzungssystemen: Während in einem solchen WES nur endlich viele verschiedene Symbole vorkommen, können in einem kanonischen, durch Vervollständigung erzeugten Termersetzungssystem unendlich viele verschiedene Variablen auftreten. Dies liegt daran, daß im Fall von Termersetzungssystemen die Berechnung kritischer Paare unter Umständen die Einführung neuer Variablen bedingt.

Dieses für allgemeine Termersetzungssysteme spezifische Phänomen wird in [Sa96] auch untersucht. Es werden dort verschiedene Klassen von kanonischen, durch Vervollständigung erzeugten Termersetzungssystemen, die unendlich viele verschiedene Variablen enthalten, charakterisiert und Eigenschaften dieser Systeme analysiert. Dabei stellt sich heraus, daß die Variablen bei der Kodierung rekursiv aufzählbarer Mengen in kanonische Termersetzungssysteme eine wichtige Rolle spielen können: Jede beliebige rekursiv aufzählbare Menge $\mathcal{C}$ kann in ein kanonisches, durch Vervollständigung erzeugtes Termersetzungssystem derart kodiert werden, daß allein die darin vorkommenden Variablen die Menge $\mathcal{C}$ repräsentieren. Ferner wird gezeigt, daß für kanonische, durch Vervollständigung erzeugte Termersetzungssysteme - im Gegensatz zu WESen - die Eigenschaft, daß die Menge der linken Regelseiten eines Termersetzungssystems $\mathcal{R}^\infty$ rekursiv ist, weder ausreicht zu garantieren, daß die Menge $\mathcal{R}^\infty$ selbst rekursiv ist, noch, daß das Wortproblem für $\mathcal{R}^\infty$ entscheidbar ist.

Ein weiterer Aspekt der Knuth-Bendix Vervollständigung, der in [Sa96] untersucht wird, betrifft das Verändern der Reduktionsordnung während eines Vervollständigungsprozesses: In [DJK91] (s. auch [DJK93]) wird die Frage gestellt, ob Huets Version des Vervollständigungsverfahrens (s. [Hu81]) vollständig bleibt (d.h., ob dieses Verfahren stets ein konfluentes System erzeugt), wenn man erlaubt, die Reduktionsordnung während der Vervollständigung zu ändern, sofern die neue Ordnung mit dem aktuellen Regelsystem kompatibel ist. In [Sa96]

wird diese Frage negativ beantwortet. Insbesondere wird dort anhand eines Beispiels gezeigt, daß dieses modifizierte Vervollständigungsverfahren nicht einmal partiell korrekt ist: Selbst dann, wenn das Verfahren "mit Erfolg" terminiert, ist nicht garantiert, daß das erzeugte Noethersche System konfluent ist.
Dieses Resultat ist nicht nur von theoretischem Interesse. Die meisten existierenden Implementierungen des Knuth-Bendix Vervollständigungsverfahrens bieten dem Benutzer die Möglichkeit, die Orientierung neuer Regeln selbst zu wählen (s. z.B. [KZ89]). Wie die Beispiele aus [Sa96] zeigen, ist jedoch in diesem Fall nicht garantiert, daß, falls das Verfahren terminiert und das erzeugte System Noethersch ist, dieses auch konfluent ist. Damit wurde eine weitverbreitete Vermutung widerlegt.

Nachwort

Die Dissertation [Sa96] entstand während meiner Tätigkeit als wissenschaftliche Mitarbeiterin in der Arbeitsgruppe "Grundlagen der Informatik" von Prof. Dr. Klaus Madlener am Fachbereich Informatik der Universität Kaiserslautern.
Hauptforschungsrichtung der Arbeitsgruppe ist die Untersuchung algebraischer Strukturen (wie Monoide, Gruppen, Ringe), die in vielen Bereichen der Informatik als abstrakte Modelle eine wichtige Rolle spielen.
An dieser Stelle möchte ich dem Betreuer meiner Dissertation Herrn Prof. Dr. Klaus Madlener für seine langjährige Unterstützung und Förderung herzlich danken. Ferner danke ich Herrn Prof. Dr. Friedrich Otto für zahlreiche interessante Diskussionen und die Übernahme der Zweitbegutachtung meiner Dissertation, sowie Herrn Prof. Dr. Michael M. Richter für die Übernahme des Vorsitzes der Promotionskommission.

Literatur

[Av89] J. Avenhaus. *Transforming infinite rewrite systems into finite rewrite systems by embedding techniques.* SEKI-Report SR-89-21, Universität Kaiserslautern (1989).

[Av91] J. Avenhaus. Proving equational and inductive theorems by completion and embedding techniques. In: *Proc. RTA'91*, Como (1991), 361–373.

[BO93] R.V. Book and F. Otto. *String-Rewriting Systems.* Springer-Verlag, New York, 1993.

[CD94] H. Comon, C. Delor. Equational formulae with membership constraints. *Information and Computation* 112(2) (1994), 167–216.

[CH91] H. Chen, J. Hsiang. Logic Programming in Recurrence domains. In: *Proc. ICALP '91*, Madrid (1991), 20–34.

[CHK89] H. Chen, J. Hsiang, H.-C. Kong. On finite representations of infinite sequences of terms. Preprint, Extended abstract in: *Proc. CTRS '90*, Montreal (1990), 37–44.

[Co92] H. Comon. Completion of rewrite systems with membership constraints. In: *Proc. ICALP '92*, Wien (1992), 392–403.

[Co95] H. Comon. On unification of terms with integer exponents. *Mathematical Systems Theory* 28(1) (1995), 67–88.

[DJK91] N. Dershowitz, J.-P. Jouannaud, J.W. Klop. Open Problems in Rewriting. In: *Proc. RTA '91*, Como (1991), 445–456.

[DJK93] N. Dershowitz, J.-P. Jouannaud, J.W. Klop. More Problems in Rewriting. In: *Proc. RTA '93*, Montreal (1993), 468–487.

[Gr88] B. Gramlich. *Unification of term schemes – Theory and Applications.* SEKI-Report SR-88-18, Universität Kaiserslautern (1988).

[He92] M. Hermann. On the relation between primitive recursion, schematization, and divergence. In: *Proc. ALP '92*, Volterra (1992), 115–127.

[He94] M. Hermann. *Divergence des système de réécriture et schématisation des ensembles infinis de termes.* Habilitation, Université Henri Poincaré Nancy I, 1994.

[Hu81] G. Huet. A complete proof of correctness of the Knuth-Bendix completion algorithm. *Journal Computer and System Science* 23(1) (1981), 11–21.

[KB70] D. Knuth, P. Bendix. Simple word problems in universal algebras. In J. Leech, editor, *Computational Problems in Abstract Algebra*, 263–297. Pergamon Press, New York, 1970.

[KH90] H. Kirchner, M. Hermann. Computing meta-rules from crossed rewrite systems. Preprint, Extended abstract in: *Proc. CTRS '90*, Montreal (1990), 60.

[Ki89] H. Kirchner. Schematization of infinite sets of rewrite rules generated by divergent completion process. *Theoretical Computer Science* 67(2-3) (1989), 303-332.

[KN85] D. Kapur, P. Narendran. A finite Thue system with decidable word problem and without equivalent finite canonical system. *Theoretical Computer Science* 35 (1985), 337–344.

[KZ89] D. Kapur, H. Zhang. *RRL: Rewrite Rule Laboratory - User's Manual*, GE Corporate Research and Development Report, Schenectady, New York, 1987 (revised version: May 1989).

[La89] S. Lange: Towards a set of inference rules for solving divergence in Knuth-Bendix completion. In: *Proc. AII '89*, Reinhardsbrunn Castle (1989), 304–316.

[LJ89] S. Lange, K.P. Jantke: Towards a learning calculus for solving divergence in Knuth-Bendix completion. *Communications of the Algorithmic Learning Group*, TH Leipzig (1989).

[Ma51] A.A. Markov. The impossibility of algorithms for recognizing some properties of associative systems. *Doklady Akademii Nauk SSSR* 77 (1951), 953–956.

[OS97] F. Otto, A. Sattler-Klein. FDT is undecidable for finitely presented monoids with solvable word problems. In: *Proc. FCT '97*, Krakow (1997), to appear.

[Sa92] G. Salzer. The unification of infinite sets of terms and its applications. In: *Proc. LPAR '92*, St. Petersburg (1992), 409–420.

[Sa96] A. Sattler-Klein. A systematic study of infinite canonical systems generated by Knuth-Bendix completion and related problems. Dissertation, Fachbereich Informatik, Universität Kaiserslautern, Februar 1996.

[Sa97] A. Sattler-Klein. New undecidability results for finitely presented monoids. In: *Proc. RTA '97*, Sitges (1997), 68–82.

[St89] J. Steinbach. *Comparing on Strings: Iterated syllable ordering and recursive path orderings*. SEKI-Report SR-89-15, Universität Kaiserslautern (1989).

[Th06] A. Thue. *Über unendliche Zeichenreihen*, Kra. Vidensk. Selsk. Skr. I. Mat. Nat. Kl., Christiana no. 7 (1906), 1–22.

[Th12] A. Thue. *Über die gegenseitige Lage gleicher Teile gewisser Zeichenreihen*, Kra. Vidensk. Selsk. Skr. I. Mat. Nat. Kl., Christiana no. 1 (1912), 1–67.

[TJ89] M. Thomas, K.P. Jantke: Inductive inference for solving divergence in Knuth-Bendix completion. In: *Proc. AII '89*, Reinhardsbrunn Castle (1989), 288–303.

[TW93] M. Thomas, P. Watson. Solving divergence in Knuth-Bendix completion by enriching signatures. *Theoretical Computer Science* 112(1) (1993), 145–185.

Visualisierungstechniken für den Compilerbau

Georg Sander

Universität des Saarlandes
FB 14 Informatik
66041 Saarbrücken
Tom Sawyer Software
804 Hearst Street
Berkeley, CA 94710, USA

Wir beschreiben Methoden zum automatischen Layout und zur interaktiven Untersuchung von Graphen aus der Sichtweise des Compilerbaus. Schwerpunkt ist die Visualisierung generierter, großer, relativ dichter Graphen (annotierte Kontrollflußgraphen, Syntaxbäume, Aufrufgraphen, Abhängigkeitsgraphen) zur Fehlersuche und zur Animation. Dazu werden schnelle Layoutheuristiken und mächtige Interaktionsmethoden benötigt. Wir beschrieben kombinierte Ansätze bekannter Verfahren, die im Visualisierungswerkzeug VCG realisiert wurden.

1 Einleitung

Unter Visualisierung versteht man das Erzeugen von gut verständlichen Bildern aus Daten. Visualisierung kann manuell durchgeführt werden, z.B. am Computer mit einem Malprogramm. Das ist für den Menschen jedoch mühsam, da er neben künstlerischen Ambitionen zuerst einmal die Struktur der Daten ermitteln und dann die Bildkomponenten von Hand anordnen muß. Bei *automtischer Visualisierung* nimmt der Computer dem Menschen diese Bürde ab. Der Computer analysiert die Struktur der Daten und generiert daraus ein Bild, d.h. er ermittelt geeignete Anordnungen der Bildkomponenten vollautomatisch. Dem Menschen bleibt die angenehmere Aufgabe, die Bilder einfach zu betrachten und aus ihnen Rückschlüsse auf den visualisierten Sachverhalt zu ziehen.

Das Visualisierungswerkzeug VCG[1] [12] entstand aus der Not der Fehlersuche. Wir entwickelten ein konfigurierbares, paralleles Compilersystem[2] für verschiedene Quellsprachen (ANSI C, Fortran, u.a.). Es wurde ein Debugging-Tool benötigt, welches erlaubt, die Datenstrukturen der Compiler zu betrachten und zu analysieren. In einem Compiler kommen viele Graphen vor: Syntaxbäume, Kontrollflußgraphen, Datenstrukturgraphen, Datenabhängigkeitsgraphen, Funktionsaufrufgraphen u.v.m.

Durch automatische Visualisierung der Compilergraphen mit Hilfe von Layoutalgorithmen und Animation werden die Abläufe und Datenstrukturen verständlich. Dabei war es nicht das Ziel, Bilder in Textbuchqualität zu generieren. Diagramme in Textbuchveröffentlichungen sind üblicherweise klein – sie zeigen nur die wesentlichen Sachverhalte – und sie müssen ästhetisch optimal sein. Auch muß für sie nur einmalig ein Layout erzeugt werden, deshalb kann die Layoutberechnung nahezu beliebig viel Zeit verwenden.

Bei der Programmvisualisierung, zur Fehleranalyse, und im Compilerbau dagegen sind die Graphen üblicherweise sehr groß, da sie ja detailreich sein müssen, um sich zur Fehlersuche zu eignen. Sie werden vom Compiler generiert und ändern sich dynamisch, beispielsweise innerhalb einer Compileroptimierungsphase. Ferner ist die Analyse der Graphen ein interaktiver Prozeß. Ein Visualisierungswerkzeug muß also schnell genug sein, damit dynamisches, interaktives Arbeiten möglich ist. Die Qualität des Layouts ist eher zweitrangig: Das Layout muß nicht optimal sein. Solange das Layout gut genug ist, so daß man das zu analysiserende Detail erkennen kann, dürfen kleinere ästhetische Mängel vernachlässigt werden. Aber gerade die Beseitigung dieser kleinen Mängel wäre bei einer optimalen Visualisierung am zeitaufwendigsten.

---

[1] Visualization of Compiler Graphs
[2] ESPRIT Projekt # 5399 COMPARE

Es werden im folgenden also schnelle, iterative Heuristiken beschrieben, die ein gutes, aber nicht unbedingt optimales Layout eines Graphen erzeugen. Weiterhin werden interaktive Methoden beschrieben, die bei der Analyse der großen Compilergraphen helfen, wie beispielsweise Faltungsmechanismen (Ein- und Ausblenden von Teilen) und verschiedene Sichten auf den Graph.

2   Layout durch Kraft- und Energiesteuerung

Die einfachste Art, einen Graph darzustellen, ist ein geradliniges Layout. Die Objekte des Graphen (Knoten) werden plaziert, und die Verbindungen zwischen Objekten (Kanten) werden durch eine gerade Linie repräsentiert. Die Idee bei der Positionierung der Knoten besteht darin, physikalisch-chemische Modelle zu simulieren. Viele Objekte der Physik und Chemie (Moleküle, Kristalle, kombinierte Pendelsysteme, usw.) zeigen in Ruhelage eine einheitliche und ausgewogene Struktur. Da ein gutes Layout ebenso ausgewogen sein sollte, werden die Knoten als Partikel angesehen, die sich nach Gesetzen der Physik und Chemie bewegen, bis ihre Energie minimal ist bzw. die an den Teilchen angreifenden Kräfte sich gegenseitig eliminieren. Die Qualität des Layouts wird

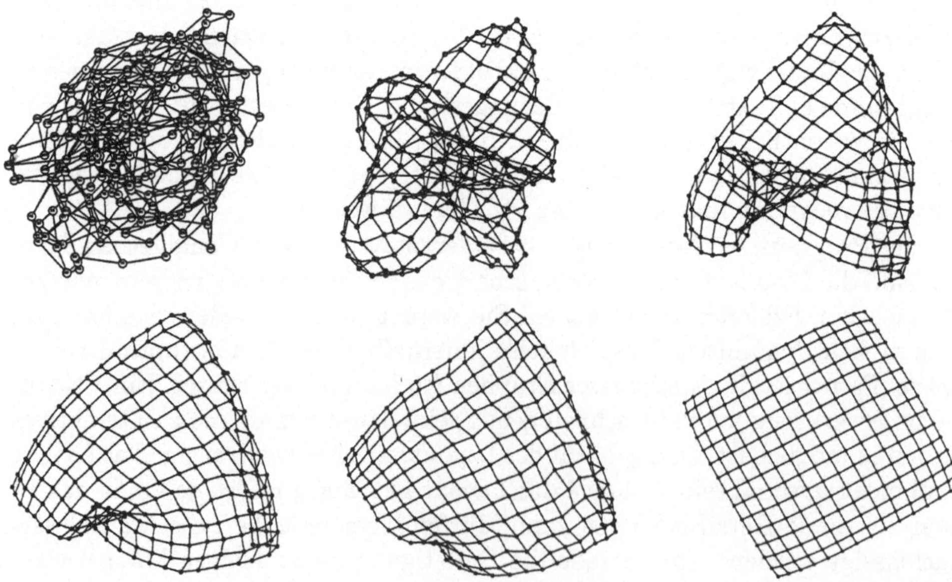

Abbildung 1: Eine Folge von Schritten beim Layout eines Gitter-Graphen mit Kraft- und Energiesteuerung

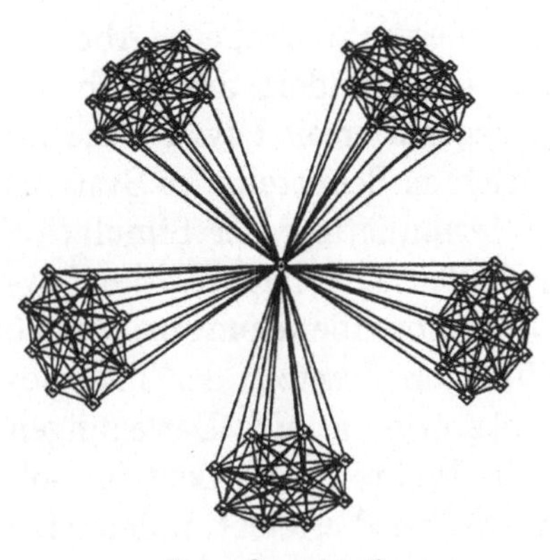
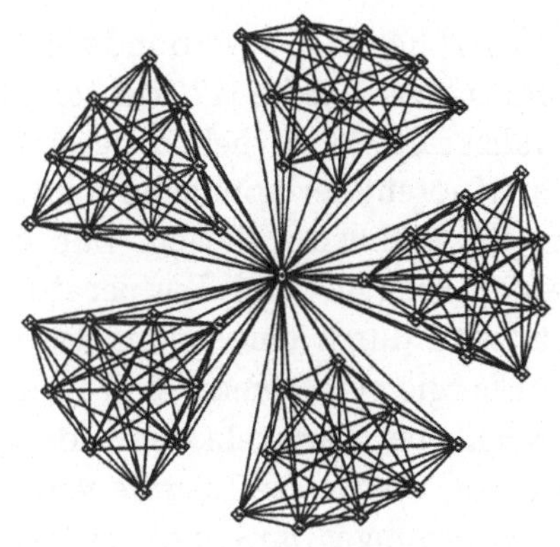

ohne Gravitation

mit Gravitation

Abbildung 2: Layout eines Multi-K_{10}

durch die Energiefunktion gesteuert.

Kraftgesteuerten Layoutalgorithmen sind als *Spring-Embedder* [4] bekannt. Knoten stoßen sich wie gleichpolig geladene Teilchen gegenseitig ab. Kanten wirken wie Federn (engl. *springs*) und ziehen die verbundenen Knoten an. Ausgehend von initialen Positionen werden die Feder- und Ladungskräfte der Knoten ermittelt und die Knoten proportional in Richtung des Gesamtkraftvektors bewegt. Dieser Vorgang wird mehrere Male iteriert (Abb. 1).

Die bekannten kraftgesteuerten Ansätze unterscheiden sich in der Art der Kräfte und der Verfahren, das Ende der Interationen zu erkennen: Gravitations-

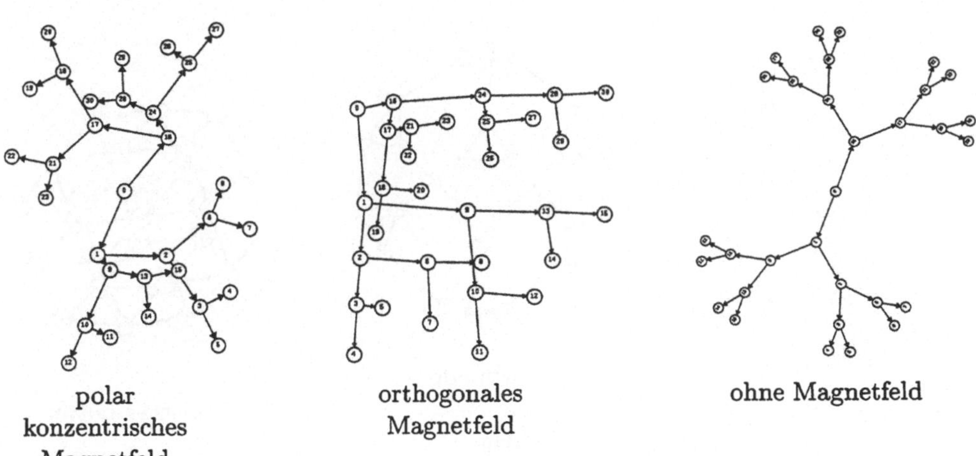

polar
konzentrisches
Magnetfeld

orthogonales
Magnetfeld

ohne Magnetfeld

Abbildung 3: Layout eine Baumes mit Magnetfeldern

kräfte [7] helfen lose verbundene Teile des Graphen besser zu koppeln (Abb. 2). Magnetische Kräfte [17] richten Kanten entlang Magnetfeldern aus (Abb. 3). Zufallskräfte [3, 7] helfen beim Entwirren von degenerierten Layoutsituationen (Knotenüberlappungen); sie ähneln einem leichten Schütteln des Systems von bewegenden Teilchen. Zur Erkennung der Terminierung der Simulation werden Energie- und Temperaturschemata verwendet. Die Qualität des Layouts wird durch eine Energieformel ausgedrückt. Knotenbewegungen, welche die Energie verkleinern, sind immer erlaubt. Wie nach Gesetzen der Thermodynamik bei Partikeln eines idealisierten Gases kann man auch Bewegungen zulassen, welche die Energie vergrössern, wenn die Wahrscheinlichkeit für solche Bewegungen im Laufe der Iterationen sinkt. Dies wird erreicht, indem eine globale Temperatur die Bewegungen steuert, so daß bei geringer Temperatur keine energetisch ungünstigen Bewegungen mehr vorkommen. Durch langsames Abkühlen (*simulated annealing*) werden Layoutdegenerierungen vermieden und ein ausgewogenes Layout erzeugt [3, 8]. Andere Verfahren [7] verfeinern das

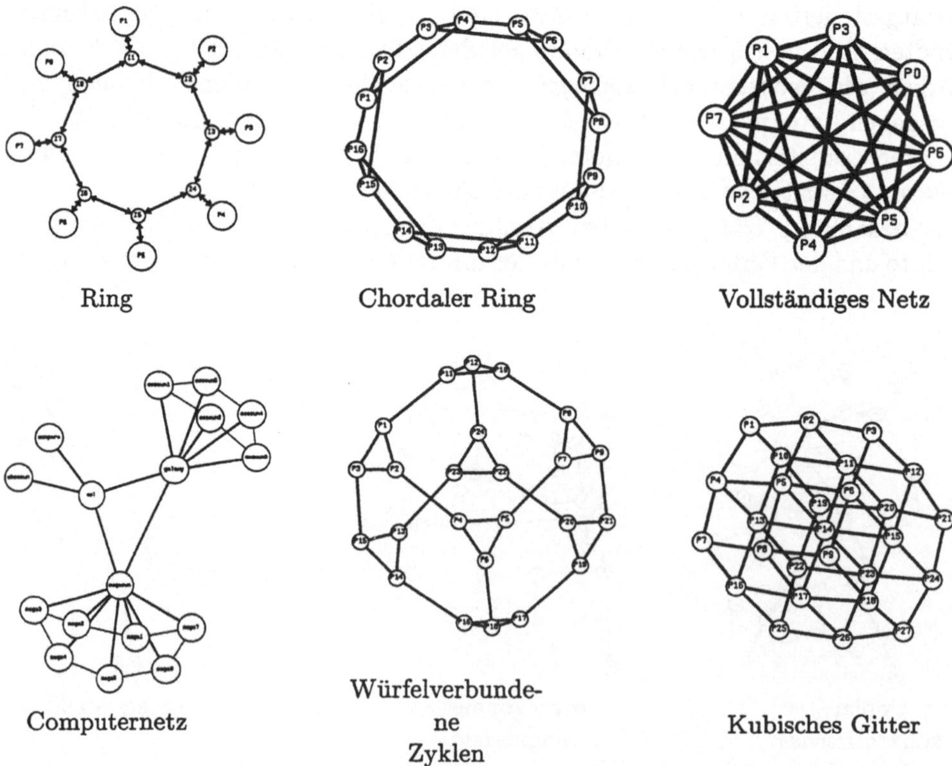

<table>
<tr><td align="center">Ring</td><td align="center">Chordaler Ring</td><td align="center">Vollständiges Netz</td></tr>
<tr><td align="center">Computernetz</td><td align="center">Würfelverbundene
Zyklen</td><td align="center">Kubisches Gitter</td></tr>
</table>

Abbildung 4: Netzwerktopologien, visualisiert durch kraftgerichtetes Layout

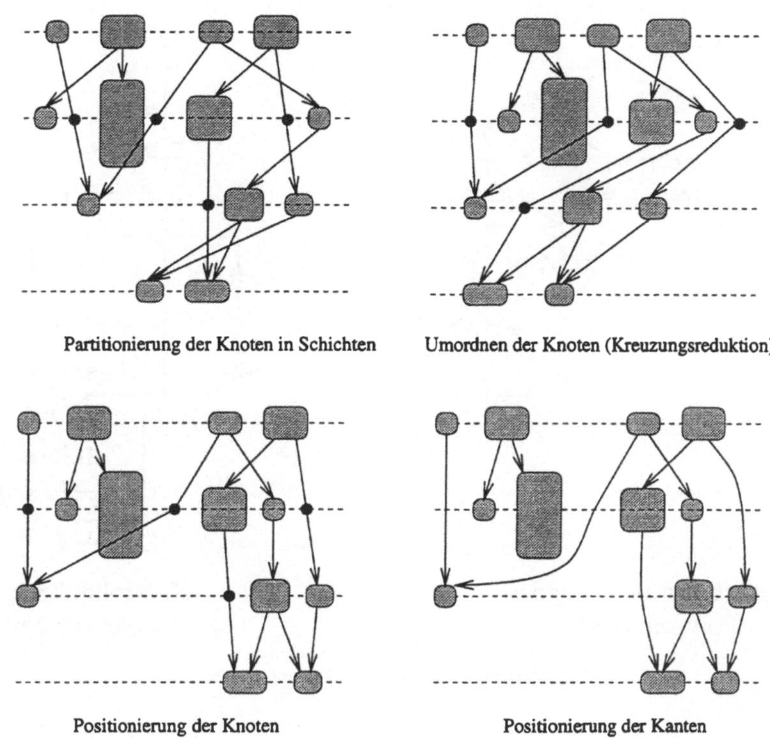

Abbildung 5: Schritte des Schichten-Layout-Algorithmus

Modell durch lokale Temperaturen: Jeder einzelne Knoten besitzt eine eigene Temperatur und bewegt sich mit Geschwindigkeit proportional zur Temperatur. Er kann dadurch verbundene Knoten mitreißen, d.h. ihre Termperatur erhöhen, oder er kann durch eine kalte, sich nicht mehr bewegende Umgebung von Knoten selbst abkühlen und zur Ruhe kommen.

Im Visualisierungswerkzeug VCG wurden all diese verschiedenen Ansätze kombiniert zu einem in weitem Rahmen anpaßbaren Layoutalgorithmus, welcher Symmetrien in Graphen gut darstellt und besonders bei Netzwerkvisualisierungen (Abb. 4) und Nachbarschaftsgraphen (wie beispielsweise Registerkollisionsgraphen) angewendet wird.

3   Layout durch Partitionierung in Schichten

Kraft- und Energiesteuerung sind Methoden, die sich gut zur Ermittlung eines geradlinigen Layouts eines ungerichteten Graphen eignen. Viele Compilergraphen sind hingegen gerichtet, d.h. die Kanten werden durch gerichtete Pfei-

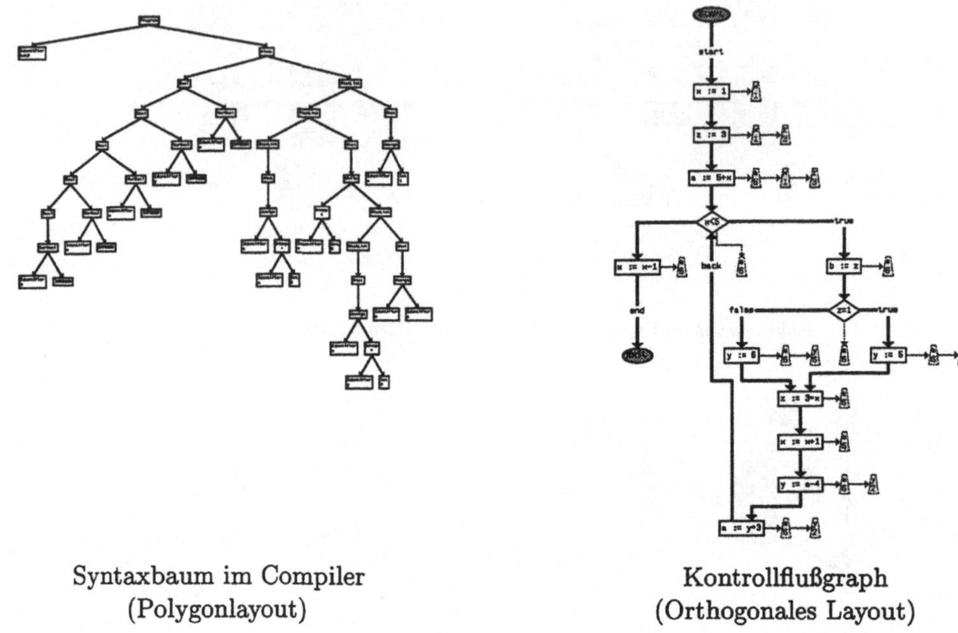

Syntaxbaum im Compiler   Kontrollflußgraph
(Polygonlayout)   (Orthogonales Layout)

Abbildung 6: Compilergraphen

le dargestellt. Üblicherweise wird eine einheitliche Kantenrichtung bevorzugt; beispielsweise sollen möglichst viele Kanten von oben nach unten gerichtet sein. Viele Graphen haben genau einen Startknoten ohne eingehende Kanten. Hier wird eine Hierarchisierung der Knoten bevorzugt, d.h. alle Knoten, die vom Startknoten über eine gleiche Anzahl von Kanten erreichbar sind (graphtheoretisch gleich weit entfernt sind), sollen in der gleichen Schicht positioniert werden. Das klassische Verfahren für hierarchisches Layout [5, 9, 16, 19] geht in vier Schitten vor (Abb. 5).

1. Partitionierung der Knoten in Schichten, so daß alle Kanten von oben nach unten weisen. Wenn der Graph Zyklen hat, so müssen hierbei einige (aber möglichst wenige) Kanten temporär umgedreht werden. Lange Kanten, die über mehrere Schichten weisen, werden durch Zwischenknoten und Zwischenkanten aufgebrochen, so daß letztlich alle Kanten von einer Schicht i zur jeweils nächsten Schicht i+1 verlaufen.

2. Umordnen der Knoten innerhalb der Schichten, so daß sich möglichst wenige Kantenkreuzungen ergeben. Dabei erhalten die Knoten relative Positionen.

3. Positionieren der Knoten, so daß das Layout balanciert ist. Hier erhalten

die Knoten absolute Positionen.

4. Feinpositionieren der Kanten, so daß keine Kante durch einen Knoten hindurch verläuft. Im Werkzeug VCG sind drei Formen realisiert: ein Polygonrouten der Kanten, ein Spline-Verfahren für gekrümmte Kanten, und ein orthogonales Routen, bei dem Kanten entweder strikt horizontal oder strikt vertikal verlaufen (Abb. 6 und 7).

Der wesentliche Betrag besteht darin, Kraft- und Energiesteuerung mit dem Schichtenalgorithmus zu verbinden. Schritt 1 kann einfach durch topologisches Sortieren der Knoten gelöst werden, oder durch Partitionieren in starke Zusammenhangskomponenten, wobei in diesen Komponenten solange Kanten umgedreht werden und weiter partitioniert wird, bis alle Komponenten einelementig sind. Daneben bietet sich eine Optimierungsphase mit Energiesteuerung an: aus der initialen Knotenpartitionierung wird durch testweises Verschieben der Knoten zwischen Schichten iterativ eine bessere Partitionierung gefunden. Hier wird eine Energiefunktion verwendet und mit Hilfe von lokalen Temperaturen die Terminierung gewährleistet.

Die Umordnung der Knoten in Schritt 2 geschieht heuristisch mit Hilfe von Knotengewichten (*Barycenter* [16], *Median* [6], oder Kombinationen aus beiden). Für jeden Knoten einer Schicht wird ein Gewicht ermittelt, das seine relative Position bezüglich seiner Kantenverbindungen ausdrückt, und die Knoten nach aufsteigendem Gewicht sortiert. Das Verfahren wurde in VCG zu einem Backtrack-Algorithmus verfeinert, d.h. durch die Umsortierung der Schichten darf sich die Anzahl der Kantenkreuzungen kurzfristig erhöhen. Wenn sich langfristig keine Verbesserung einstellt, so wird zum jeweils besten Zwischenergebnis zurückgefunden.

Schritt 3 kann durch Simulation eines Gummibandnetzes realisiert werden: die Kanten ziehen die Knoten wie Gummibänder an, wobei die Knoten jedoch niemals ihre Schicht verlassen. Ein anderes kraftgerichtetes Verfahren ist die Pendelmethode: die Positionen der Knoten der obersten Schicht sind fixiert. Die unteren Knoten sind über Kanten wie Fäden mit ihnen verbunden und schwingen wie ein Mobile bis zur Ruhelage. Danach wird das Pendel quasi umgedreht: die so gefundenen Positionen der untersten Knoten werden fixiert und die oberen Knoten schwingen aus zu einer balancierten Ruhelage. Beide Verfahren gewährleisten relative glatte Kanten (d.h. wenige starke Knicke in Kanten) und eine hohe Ausgewogenheit des Layouts.

In Schritt 4 wird eine weitere Glättung der Kanten mit Hilfe eines kraftgerichteten Verfahrens durchgeführt. Unnötige Zwischenknoten und -kanten werden entfernt, und die temporär revertierten Kanten erhalten ihre ursprünglichen Orientierungen zurück. Dann werden die Polygonzüge der Kanten wahlweise

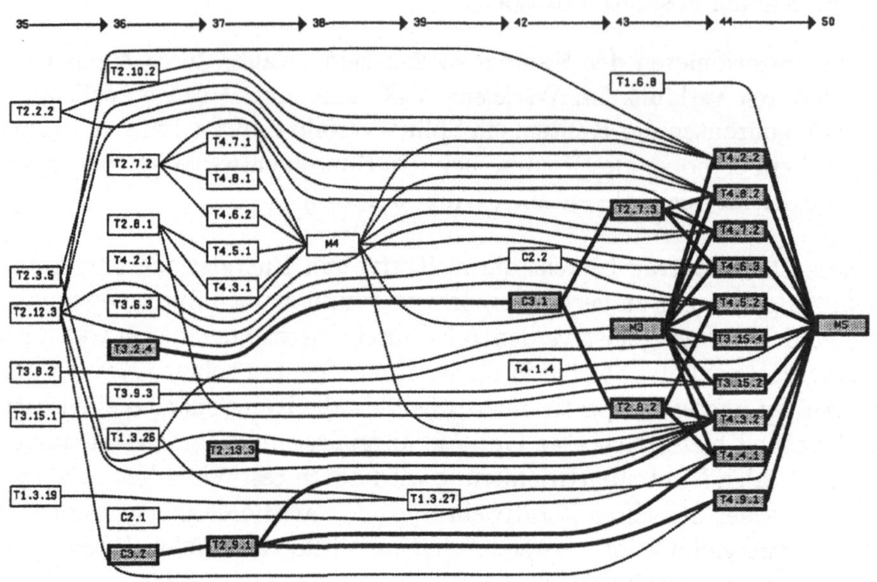

Abbildung 7: PERT Chart (Spline-Layout)

mit Hilfe von *Dreiecksplines* in Kurven, oder mit einem *Planesweep*-Verfahren
in orthogonale Linienzüge umgewandelt [14].
Das orthogonale Layout eignet sich besonders zur Darstellung von Kontroll-
flußdiagrammen im Compilerbau (Abb. 6 rechts). Das Polygonlayout wird bevorzugt bei annotierten Syntaxbäumen (Abb. 6 links). Insbesondere bei sehr
dichten Graphen (beispielsweise Datenabhängigkeitsgraphen) kann ein Spline-
Layout von Vorteil sein.

4   Spezialitäten beim Layout

Neben den generellen Layoutalgorithmen benötigt man eine Vielzahl von Mechanismen, um das Layout so zu beeinflußen, daß compilertypische Diagramme entstehen. Hierzu zählt eine gute Kontrolle darüber, welche Knoten in der
gleichen Schicht liegen und welche Kanten horizontal verlaufen. Bei Daten-
strukturdiagrammen hat die Stelle, bei der eine Kante vom Knoten losläuft,
eine Bedeutung: sie ist das Feld der Struktur, zu dem der Pointer, der durch
die Kante visualisiert wird, gehört. Hierzu bietet das Werkzeug VCG geeignete
Mechanismen an.
Auch ein allgemeines Constraintverfahren wurde entwickelt. Constraintspezi-

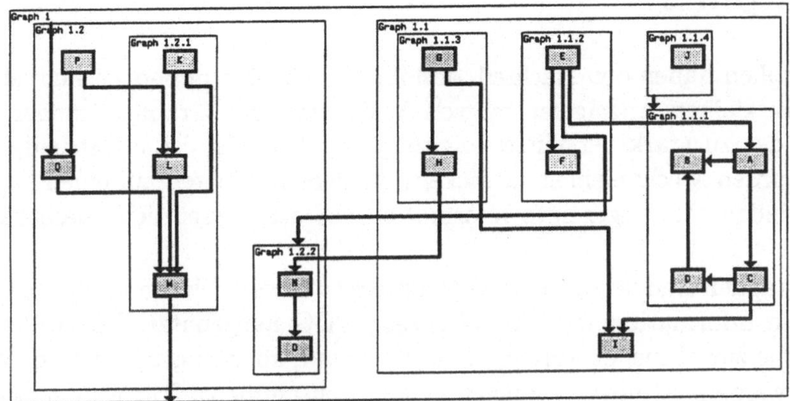

Abbildung 8: Verschachtelter Graph

fikationen geben Beziehungen zwischen den Knoten und Kanten an, die zusätzlich vom Layoutalgorithmus berücksichtigt werden müssen. Beispielsweise die Vorgabe, daß ein Knoten links von einem anderen Knoten, oder zwischen Schicht i und j positioniert werden muß, oder daß Knoten nahe zusammen in einem Cluster liegen sollen. Solche Constraints werden einem Constraintmanager übergeben, der entscheiden kann, ob eine Wertzuweisung (Schicht oder Position eines Knoten) die Constraints erfüllt oder nicht. Algorithmisch werden Constraints in einen Graph umgewandelt, so daß das Entscheiden, ob Constraints erfüllbar sind, einer Suche nach kürzesten Wegen entspricht [2].
Will man Funktionsgraphen des Compilers sehen, so benötigt man Layoutmechanismen für verschachtelte Graphen: die Knoten eines Graphen bestehen selbst aus Untergraphen, die im Inneren der Knotenobjekte gezeichnet werden (Abb. 8). Die wesentliche Schwierigkeit besteht darin, eine gutes Layout für die Kanten zu finden, die über Graphgrenzen hinweg aus dem Innern eines Knotenobjekts zu einem inneren Knoten eines anderen Untergraphen weisen. Sie sollen ja möglicht wenige Begrenzungsrechtecke im Diagramm schneiden. Hierzu wurde das Schichtenverfahren erweitert:

1. Es wird ein flaches Layout aller innersten Knoten erstellt. Dies gewährleistet Balanciertheit und wenige Kantenkreuzungen, aber leider liegen zusammengehörige Knoten oft weit auseinander.

2. Diese Knoten werden nun so umgruppiert, daß es möglich ist, die zum gleichen Untergraph gehörenden innersten Knoten mit verschachtelten Rechtecken geeignet zu umrahmen.

5 Gruppierungen, Faltungen und Sichten von Graphen

Große Graphen haben den Nachteil, daß ihr Layout oft unübersichtlich ist. In dem relativ kleinen Anzeigefenster von VCG kann der Graph entweder nur teilweise oder zu stark verkeinert angezeigt werden. Das ist unbefriedigend. Deshalb wurden Mechanismen entwickelt, die bessere Sichten auf einen Graph erlauben, indem die angezeigte Information auf das Wesentliche beschränkt wird.

Compilergraphen sind verschachtelte Netzwerke von verschieden getypten Graphen. Diese Information wird im Werkzeug VCG ausgenutzt. Die Teile des Graphen, die zur aktuellen Analyse unwichtig sind, können gruppiert und ausgeblendet werden. Alternativ können sie auch zusammengefaßt werden zu einem Sammelknoten (ein Faltung).

So ist es möglich, die kompletten Datenstrukturen eines Compilers als ein Netzwerk von Graphen interaktiv zu erforschen: Beispielsweise besteht der Funktionsaufrufgraph aus Knoten, die die Details der Funktionen verstecken. Man kann sie entfalten, und sieht den Basisblockgraph der entsprechenden Funktion. Ein Basisblock selbst ist ein gefalteter Knoten, welcher nach Entfaltung die Anweisungsliste des Basisblocks anzeigt. Diese wiederum kann man ausblenden und statt dessen den entsprechenden Syntaxbaum des Basisblocks einblenden, wobei man hier wahlweise verschiedene Annotationen (z.B. Typbäumen) mit einblendet. Durch Falten, Ein- und Ausblenden von Informationen erzeugt man *logische* Sichten auf das Netzwerk von Graphen.

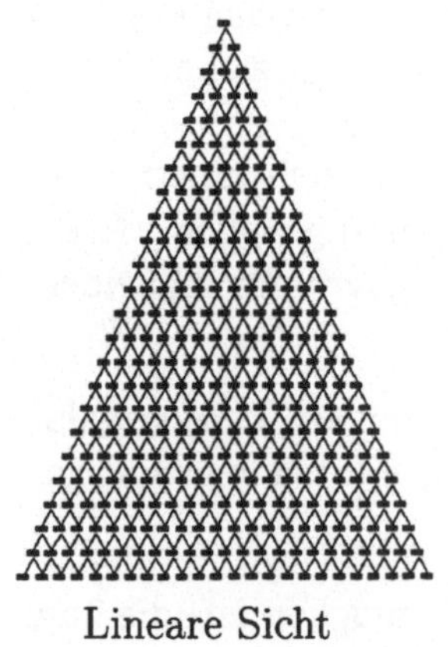

Lineare Sicht

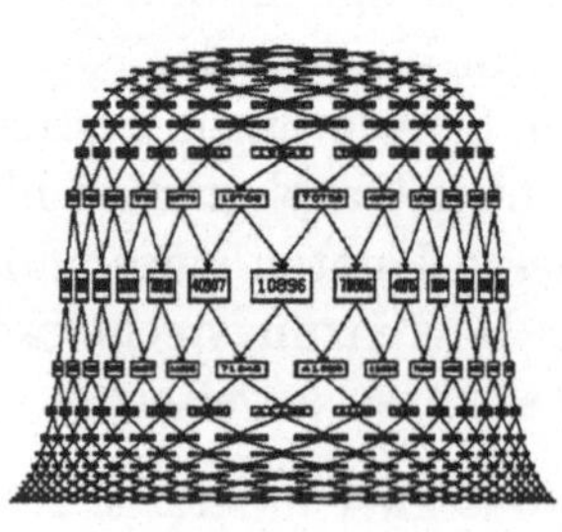

Kartesiche
Fischaugen-Sicht

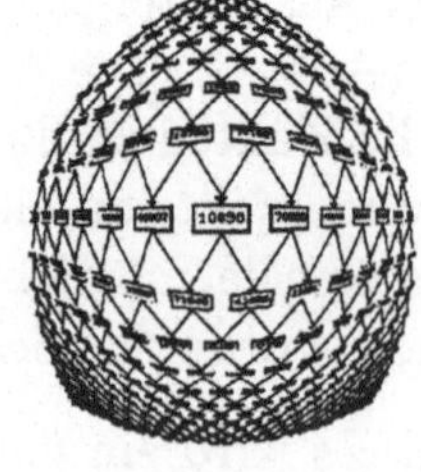

Polare
Fischaugen-Sicht

Abbildung 9: Verschiedene graphische Sichten

Natürlich kann auch das gesamte Netzwerk komplett visualiert werden. Da dies aber zu unhandlich wäre, wurden verschiedene *graphische* Sichten entwickelt: kartesische und polare Fischaugen [15] (Abb. 9). Bei einer Fischaugen-Sicht werden die Objekte nahe des Fokuspunktes vergrößert dargestellt, während die Objekte am Rande des Graphen stark verkleinert sind. Die Anzeige verzerrt also das Bild graphisch. Da man dennoch den gesamten Graph sieht, wird die Struktur des Graphen deutlich.

In VCG wurden verschiedene *stetisch verzerrende, invertierbare Fischaugen-Sichten* realisiert: Sichten mit einem oder mehreren Fokuspunkten und mit Fokusflächen, sowie filternde Sichten, die nahe zum Fokuspunkt alle Details anzeigen während fern vom Fokuspunkt unwichtige Details ausgefiltert werden, so daß die Grobstruktur des Graphen deutlicher erkennbar ist.

6 Abschließende Bemerkungen

Visualisierung wurde in dem anfangs erwähnten Compilerprojekt erfolgreich eingesetzt. Insbesondere wenn es galt, die Datenstrukturen von unbekannten Teilen von Compilern zu untersuchen, war das Visualisierungswerkzeug eine große Hilfe. Weiterhin diente es als Demonstrationshilfsmittel in der Lehre. So wurde beispielsweise der visualisierte CLaX-Compiler [13], welcher alle wesentlichen Datenstrukturen und Optimierungsalgorithmen eines Compilers für Studenten durch Animationen sichtbar macht, aufbauend auf dem VCG-Werkzeug implementiert,

Wie hilfreich ist ein Visualisierungswerkzeug in Wirklichkeit? Die Erfahrung zeigt, daß der Erfolg der Visualisierung nicht allein von der Qualität des Layouts abhängt, sondern mindestens genauso sehr von der Qualität der Benutzerschnittstelle. Wirksame Graphanalyse ist nur möglich, wenn mächtigen interaktive Operationen komfortabel zur Verfügung stehen. Ein weiterer Faktor für die Benutzbarkeit eines Visualisierungswerkzeuges ist seine Geschwindigkeit. Dies jedoch ist eine 'never ending story': sobald die Visualisierungsmechanismen schneller werden, werden auch die Graphen größer, die damit behandelt werden müssen.

Es gibt einige empirische Studien über die Nützlichkeit von Visualisierung (eine Übersicht ist in [11]). Diese berücksichtigen psychologische Effekte wie Zeitdruck bei der Fehlersuche, Ausbildungsstand und Vertrautheit mit Visualisierungsaspekten. Die Ergebnisse sind gemischt: obwohl die meisten Experimente zu Gunsten von Visualisierung ausfielen, gibt es auch kritische Studien [10] mit dem gegenteiligen Ergebnis, daß eine textuelle Darstellung bei der Programmanalyse und Fehlersuche vorzuziehen ist.

Unsere Erfahrung ist, daß Visualisierung im Compilerbau akzeptiert und weitgehend als hilfreich angesehen wird. Dies kommt vielleicht daher, daß Compilerbauer graphtheoretisch geschult sind, weil in einem Compiler Graphen sehr vielfach vorkommen, aber auch, weil viele Fehler in Compilerdatenstrukturen von komplexer Natur sind, so daß eine lokale Analyse der Stukturen ohne ein Übersichtsverständnis nur selten zum Auffinden von Fehlern genügen. Visualisierung leistet deshalb bei der Fehleranalyse einen wesentlichen Beitrag zum Verständnis der Abläufe und Datenstrukturen in einem Compiler.

Literatur

[1] Brandenburg, F.J., ed.: Proc. Symposium on Graph Drawing, GD'95, Lecture Notes in Computer Science 1027, Springer, 1996

[2] Davis, E.: Constraint Propagation with Interval Labels, Artificial Intelligence 32, pp. 281-331, 1987

[3] Davidson, R.; Harel, D.: Drawing Graphs Nicely Using Simulated Annealing, Technical Report CS89-13, Department of Applied Mathematics and Computer Science, The Weizmann Institute of Science, Rehovot, Israel, 1989

[4] Eades, P.: A Heuristic for Graph Drawing, Congressus Numerantium 41, pp. 149-160, 1984.

[5] Eades, P.; Sugiyama, K.: How to Draw a Directed Graph, Journal of Information Processing, 13 (4), pp. 424-437, 1990

[6] Eades, P.; Wormald N.: The Median Heuristic for Drawing 2-Layers Networks, Technical Report 69, Department of Computer Science, University of Queensland, 1986

[7] Frick, A.; Ludwig, A.; Mehldau, H.: A Fast Adaptive Layout Algorithm for Undirected Graphs, *in* [18], pp. 388-403, 1995

[8] Fruchterman, T.M.J.; Reingold, E.M.: Graph Drawing by Force-Directed Placement, Software – Practice and Experience 21, pp. 1129-1164, 1991

[9] Gansner, E.R.; Koutsofios, E.; North, S.C.; Vo, K.-P.: A Technique for Drawing Directed Graphs, IEEE Trans. on Software Engineering, 19(3), pp. 214-230, 1993

[10] Green, T.R.; Petre, M.; Bellamy, R.K.E.: Comprehensibility of Visual and Textual Programs: A Test of Superlativism Against the Match-Mismatch Conjecture, Fourth Workshop on Empirical Studies of Programmers, pp. 121-146, 1991

[11] Hyrskykari, A.: Development of Program Visualization Systems, Report, Department of Computer Science, University of Tampere, Finland, *präsentiert auf dem 2nd Czech British Symposium of Visual Aspects of Man-Machine Systems, Prag,* 1993

[12] Sander, G.: Graph Layout through the VCG Tool, Technical Report A03-94, FB 14 Informatik, University of Saarbrücken, Germany, 1994, *eine erweiterte Zusammenfassung ist in* [18], pp. 194-205, 1995.

[13] Sander, G.; Alt, M; Ferdinand. C; Wilhelm, R.: CLaX - A Visualized Compiler *in* [1], pp. 459-462, 1996.

[14] Sander, G.: A Fast Heuristic for Hierarchical Manhattan Layout, *in* [1], pp. 447-458, 1996

[15] Sarkar, M.; Brown, M. H.: Graphical Fisheye Views, Communications of the ACM, vol. 37, no. 12, pp. 73-84, 1994

[16] Sugiyama, K.; Tagawa, S.; Toda, M.: Methods for Visual Understanding of Hierarchical Systems, IEEE Trans. Sys., Man, and Cybernetics, SMC 11(2), pp. 109-125, 1981.

[17] Sugiyama, K.; Misue, K.: A Simple and Unified Method for Drawing Graphs: Magnetic-Spring Algorithm, *in* [18], pp. 364-375, 1995

[18] Tamassia, R.; Tollis, I.G., eds.: Graph Drawing, Proc. DIMACS Intern. Workshop GD'94, Lecture Notes in Computer Science 894, Springer, 1995.

[19] Warfield, J. N.: Crossing Theory and Hierarchy Mapping, IEEE Trans. Sys., Man, and Cybernetics, SMC 7(7), pp. 505-523, 1977.

Statistische Modellierung, Klassifikation und Lokalisation von Objekten

Joachim Hornegger

Lehrstuhl für Mustererkennung (Informatik 5),
Martensstraße 3, 91058 Erlangen,
email: `hornegger@informatik.uni-erlangen.de`

In dieser Arbeit wird ein neuer Ansatz zur modellbasierten Erkennung und Lokalisierung dreidimensionaler Objekte in Grauwertbildern vorgestellt. Entgegen den üblicherweise verwendeten geometrischen Beschreibungen sind die hier eingesetzten Objektmodelle Wahrscheinlichkeitsdichten. Diese erlauben die Berechnung eines Dichtewertes für ein beobachtetes Bild und liefern damit ein wahrscheinlichkeitstheoretisches Maß, das die Grundlage für die Realisierung statistischer Klassifikatoren darstellt. Neben der allgemeinen Struktur von Modelldichten werden Verfahren zur automatischen Modellgenerierung aus Beispielaufnahmen sowie Algorithmen zur Lokalisierung und zur Klassifikation erläutert. Die benötigten mathematischen Hilfsmittel sind Methoden zur Parameterschätzung wie beispielsweise die Maximum–Likelihood–Schätzung und der Expectation–Maximization–Algorithmus und Verfahren zur effizienten Optimierung kontinuierlicher Funktionen. Die experimentelle Evaluierung des entwickelten Ansatzes und die Anwendung auf andere Problemstellungen der Mustererkennung unterstreichen die Vorteile und Tragweite statistischer Klassifikatoren.

1 Einführung

Die Mustererkennung beschäftigt sich mit der Entwicklung von Verfahren zur
Analyse und Interpretation von Sensordaten und findet damit in den unter-
schiedlichsten Bereichen der Industrie und der Forschung potentielle Anwender. So werden Algorithmen der Mustererkennung zur Erkennung von Sprache
oder auch zur Analyse von Bilddaten eingesetzt. Mit zunehmender Rechenleistung von Standardhardware gibt es immer mehr Anwendungen, die Muste-
rerkennungsalgorithmen einsetzen. Beispielsweise gelten Belegleser in Banken
oder Scanner an Supermarktkassen bereits heute vielerorts als selbstverständlich. Wesentliche Voraussetzungen für die Produktreife von Algorithmen der
Mustererkennung sind kostengünstige, effiziente und robuste Lösungen, die die
Akzeptanzschwelle der Benutzer überschreiten. Letztere ist ziemlich hoch an-
zusetzen, da viele Aufgaben der Mustererkennung — wie zum Beispiel das
Lesen handgeschriebener Schriftzeichen — vom Menschen problemlos und mit
großer Zuverlässigkeit gelöst werden.

Das Rechnersehen, mit dem sich der folgende Beitrag befaßt, zählt zu einem Teilgebiet der Mustererkennung, das alle Aktivitäten umfaßt, die mit der
Verarbeitung visueller Daten im Zusammenhang stehen: Die rechnergestütz-
te Qualitätskontrolle, die Detektion und Verfolgung sich bewegender Objekte,
die Analyse medizinischer Bilddaten oder die bereits erwähnte Handschrif-
tenerkennung sind typische Anwendungsbeispiele des Rechnersehens. Zu den
schwierigsten Problemen des Rechnersehens zählt die Erkennung und Lokalisierung dreidimensionaler Objekte unter Verwendung von Grauwert- oder
Farbbildern, die mit einer Standard-Videokamera aufgenommen werden. Bis
heute gilt dieses Problem nur für Spezialfälle als gelöst, wobei in vielen Anwendungen die verfügbaren Algorithmen hinter den Erwartungen und Anforderungen der Industrie liegen. Ein Verfahren, das die Klassifikation und Lokalisierung beliebiger Objekte ermöglicht, gibt es bisher nicht. Das Problem der
3D-Objekterkennung ist somit immer noch von großem wissenschaftlichem
Interesse, und es besteht in diesem Teilbereich der Mustererkennung noch ein
erheblicher Forschungsbedarf.

Als langfristiges Ziel der 3D-Bildverarbeitung wird die Entwicklung von Verfahren betrachtet, die es dem Benutzer erlauben, ein Objekt vor eine roboter-
geführte Kamera zu legen. Der Rechner erlernt dann selbständig das Objekt
und besorgt sich die Information, die für die Erkennung sowie für die Lokalisierung benötigt wird. Die 2D-Ansichten des 3D-Objekts sowie das statistische
Verhalten beobachteter Bildmerkmale akquiriert der Computer selbständig.
Eine manuelle Unterstützung oder die Bereitstellung eines CAD-Modells soll
entfallen. Die folgenden Abschnitte führen ein theoretisches Konzept ein, das

sich an dieser Zielsetzung orientiert und diesbezüglich einen wesentlichen Beitrag leistet.

Die Arbeit untergliedert sich insgesamt in acht Teile: Nach den einleitenden Bemerkungen führt der nächste Abschnitt die allgemeinen Grundkonzepte statistischer Klassifikatoren für die Bildverarbeitung ein. Aufbauend darauf werden unterschiedliche Möglichkeiten zur stochastischen Modellierung von Objekten vorgestellt. Die zum automatischen Training und zur Lokalisierung sowie Klassifikation erforderlichen Algorithmen sind Gegenstand der Abschnitte 4 und 5. Einen Eindruck der Leistungsfähigkeit der entwickelten Verfahren vermitteln die experimentellen Ergebnisse in Abschnitt 6. Ein kurzer Einblick in weitere Einsatzmöglichkeiten der vorgestellten statistischen Modellierung sowie einige Schlußbemerkungen runden die Arbeit ab.

2   Statistische Objekterkennung

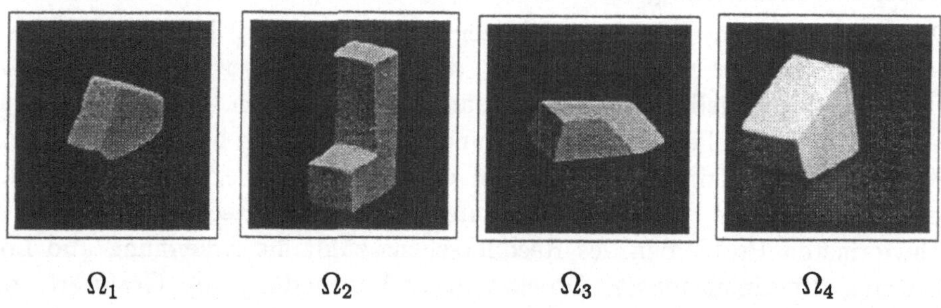

Abbildung 1: Polyedrische 3D–Objekte

Sensoren liefern im Kontext der Mustererkennung sogenannte *Muster*. Aus Gründen der Datenreduktion und der Effizienzsteigerung werden aus Mustern *Merkmale* berechnet, die eine *Klassifikation* der beobachteten Muster zulassen. Bei der Klassifikation werden Merkmale eines Musters einer von K Musterklassen zugeordnet. Ein typisches Klassifikationsproblem ist die Erkennung von Objekten. Abbildung 1 zeigt vier unterschiedliche Polyeder. Jedes dieser Objekte definiert eine Musterklasse, die im weiteren Verlauf mit Ω_1, Ω_2, Ω_3 und Ω_4 bezeichnet werden. Die Klassifikationsaufgabe besteht beispielsweise in der Erkennung dieser vier Klassen in beliebigen Grauwertbildern bei variierender Objektlage, bei unterschiedlicher Beleuchtung oder auch bei heterogenem Hintergrund. Abbildung 2 (links) zeigt ein Beispiel für ein Muster, das klassifiziert werden soll. Als Merkmale werden hierfür Eckpunkte und Vertices herangezogen, die ein Segmentierungsverfahren liefert [3]. Vom Klassifikator wird erwartet, daß er sich ausgehend von den in Abbildung 2, rechts, dargestellten Segmentierungsdaten für die Musterklasse Ω_2 entscheidet.

Grundsätzlich gibt es unterschiedliche Möglichkeiten, die Klassifikation vorzunehmen. Bei modellbasierten Ansätzen zur Objekterkennung wird die Ähnlichkeit zwischen Prototypen, den sogenannten *Modellen*, und den beobachteten Merkmalen gemessen. Die Entscheidung fällt dann für diejenige Musterklasse, deren Modell die größte Ähnlichkeit zum beobachteten Muster aufweist. Hierfür können ein Abstandsmaß minimiert oder Wahrscheinlichkeiten maximiert werden. Statistische Klassifikatoren setzen die Bayes–Entscheidungsregel ein und entscheiden sich für diejenige Klasse Ω_λ, die für eine gegebene Beobachtung O die *a–posteriori* Wahrscheinlichkeit $p(\Omega_\kappa|O)$ maximiert. Bayes–Klassifikatoren zeichnet ihre Optimalität aus. Unter bestimmten Voraussetzungen minimiert die Bayes–Entscheidungsregel die Wahrscheinlichkeit für eine Fehlklassifikation. Gelingt also die Lösung einer Klassifikationsaufgabe durch die Realisierung eines Bayes–Klassifikators, so stellt ein Ergebnis der Entscheidungstheorie sicher, daß es keinen anderen Klassifikator geben kann, der eine geringere Fehlerrate aufweist. Wesentlich für den Bayes–Klassifikator ist die Kenntnis der *a–posteriori* Wahrscheinlichkeiten der einzelnen Musterklassen.

Gesetzt den Fall, ein erkanntes Objekt soll mit einem Robotergreifer aufgenommen werden, so ist zusätzlich zur Klassifikation auch die *Lokalisierung* des Objektes erforderlich. Neben der Klassennummer muß auch die Position und Orientierung des Objektes bezüglich eines geeignet zu definierenden Referenzkoordinatensystems bestimmt werden. Hinzu kommt, daß in den meisten Anwendungen von Mehrobjektszenen ausgegangen werden kann. In aller Regel wird sich nicht ein einzelnes Objekt vor homogenem Hintergrund in der Szene befinden, sondern mehrere Objekte bei heterogenem Hintergrund.

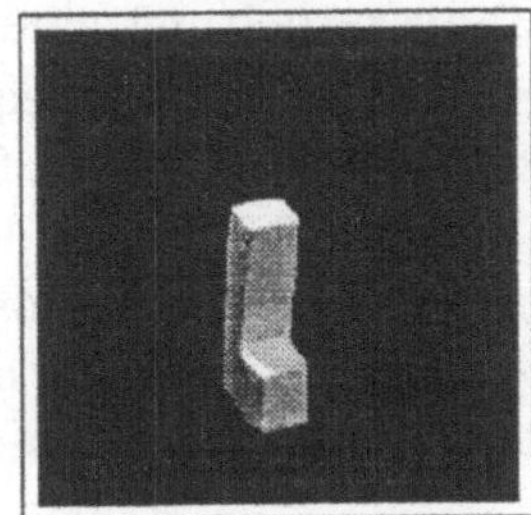 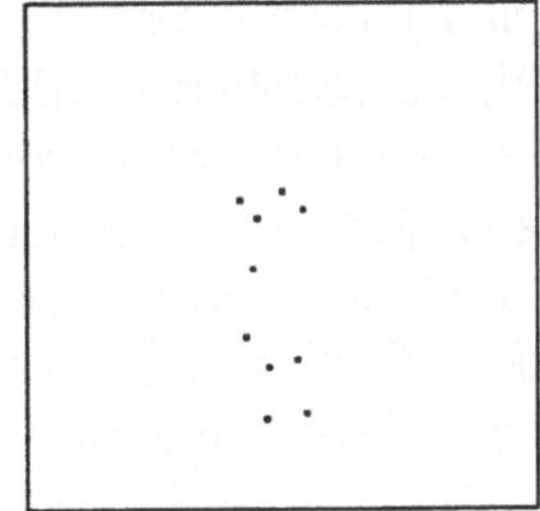

Abbildung 2: Ein Grauwertbild und das korrespondierende Ergebnis eines Eckendetektors

Abbildung 3: Transformation eines Grauwertbildes in eine symbolische Beschreibung

Aus formaler Sicht beschreibt ein Verfahren zur Erkennung und Lokalisierung von Objekten somit die Transformation einer Bildmatrix in eine symbolische Beschreibung. Abbildung 3 zeigt ein einfaches Beispiel für eine Szene mit mehreren Objekten und der gewünschten symbolischen Beschreibung, die neben den Klassennummern auch die Lageparameter der einzelnen Objekte beinhaltet. Das Ziel statistischer Verfahren zur Objekterkennung besteht nun darin, diese Transformation mittels probabilistischer Methoden durchzuführen. Von den Algorithmen, die die Berechnung der symbolischen Beschreibung übernehmen, wird erwartet, daß sie robust, schnell, zuverlässig und flexibel sind und nach Möglichkeit keine Spezialhardware erfordern.

Im Gegensatz zu Verfahren für die Objekterkennung und für die Szenenanalyse haben Algorithmen zur automatischen Spracherkennung bereits Produktreife erreicht und werden kommerziell vertrieben. Der Grund hierfür ist zweifellos dem Einsatz statistischer Verfahren und der Realisierung von Bayes-Klassifikatoren zuzuschreiben. Auch in der Bildverarbeitung zählen statistische Verfahren zu etablierten Methoden, jedoch blieb der konsequente Einsatz probabilistischer Verfahren zur Objekterkennung bislang aus. Statistische Methoden beschränken sich größtenteils auf Problemstellungen der Bildvorverarbeitung und die statistische Modellierung möglicher Störgrößen bei der Bildaufnahme [6, 7, 8], obgleich es zahlreiche Argumente gibt, die den Einsatz von Statistik zur Erkennung von Objekten sinnvoll erscheinen lassen [4]:

- Der ungebrochene Siegeszug statistischer Verfahren in der automatischen Spracherkennung motiviert, ähnliche Ansätze auch für die Bildverarbeitung zu erarbeiten.

- Die Entscheidungstheorie gewährleistet die Optimalität des Bayes–Klassifikators.

- Störungen, die beispielsweise durch variierende Beleuchtung oder durch Sensorrauschen hervorgerufen werden, erfordern eine adäquate mathematische Modellierung.

- Verfügbare theoretische Ergebnisse der mathematischen Statistik erleichtern möglicherweise die Modellierung und den Entwurf von Algorithmen zur Lokalisation und Klassifikation. Die mathematische Statistik verfügt über zahlreiche Forschungsergebnisse zur Modellierung und zur Parameterschätzung. Beispiele für Modelle sind Markovketten oder Markov–Zufallsfelder [6]. Zur Berechnung der freien Parameter der Dichtefunktionen können zum Beispiel die Maximum–Likelihood (ML) oder die Maximum–a–posteriori (MAP) Schätzung angewendet und theoretische Aussagen über die Robustheit von Schätzwerten eingesetzt werden.

Das zentrale Problem bei der statistischen Klassifikation und Lokalisation von Objekten ist die Definition geeigneter Wahrscheinlichkeitsdichten, die die Berechnung von *a–posteriori* Wahrscheinlichkeiten erlauben. Im Gegensatz dazu können die *a–priori* Wahrscheinlichkeiten der Musterklassen aus einer klassifizierten Stichprobe über relative Häufigkeiten geschätzt werden. Da nicht offensichtlich ist, wie die statistischen Modelle — im folgenden auch *Modelldichten* genannt — zu konstruieren sind, ist es hilfreich, zunächst den Prozeß der Bildentstehung aus geometrischer sowie statistischer Sicht zu betrachten. Ein 3D–Objekt kann durch eine Menge von Merkmalen repräsentiert werden. Beispielsweise eignen sich Linien oder Eckpunkte zur Charakterisierung polyedrischer Objekte. Durch Rotation und Translation im Raum werden diese geometrischen Merkmale transformiert, d.h., eine affine Abbildung gegeben durch eine Rotationsmatrix R und einem Translationsvektor t transformiert die Merkmale im *Modellraum*. Da in der Bildebene projizierte Modellmerkmale beobachtet werden, müssen die dreidimensionalen Modellmerkmale ins Zweidimensionale projiziert werden (Projektion $\mathcal{P}$). Aufgrund der Tatsache, daß geometrische Merkmale wie zum Beispiel Eckpunkte eines Polyeders aus verrauschten Grauwertbildern bei variierender Beleuchtung berechnet werden, sind die beobachteten Merkmale der Bildebene fehlerhaft und weisen ein probabilistisches Verhalten auf (Rauschoperator $\mathcal{R}$). Die Merkmale befinden sich nicht exakt an der Stelle, an der sie bei einer fehlerfreien Aufnahme und Segmentierung wären. Segmentierungsfehler führen dazu, daß einige Merkmale fehlen oder weitere Merkmale hinzukommen, für die es keine geometrische Entsprechung im Modell gibt (Segmentierungsoperator $\mathcal{S}$). Abbildung 4 zeigt

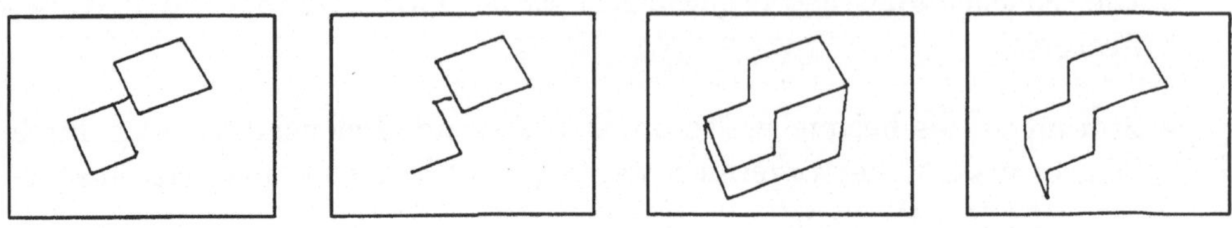

Abbildung 4: Segmentierungsergebnisse bei variierender Beleuchtung

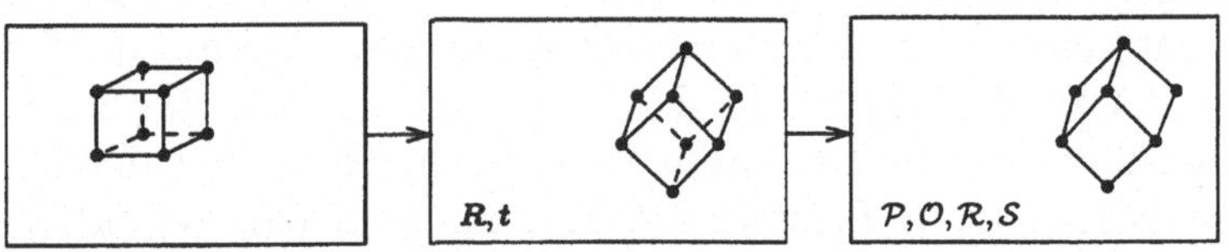

Abbildung 5: Vom 3D–Modell zur 2D–Aufnahme

mehrere Segmentierungsergebnisse von Bildern, die bei konstanter Objektlage und variierender Beleuchtung aufgenommen wurden. Die sogenannte Selbstverdeckung $\mathcal{O}$ bewirkt hier, daß nicht alle Modellmerkmale korrespondierende Merkmale im Bild haben.

Zusammenfassend stellt sich somit heraus, daß die einzelnen Schritte von der ursprünglichen 3D–Geometrie bis zur Transformation in den Bildraum innerhalb des statistischen Objektmodells repräsentiert werden müssen (vgl. Abbildung 5). Als Grundlage für die folgenden Abschnitte dient die Hypothese, daß bereits die 3D–Merkmale als Zufallsgrößen interpretiert werden und die beobachteten Bildmerkmale aus einer Transformation von Zufallsgrößen hervorgehen. Stochastische Objektmodelle müssen diesen Überlegungen zufolge folgende Komponenten umfassen:

- die statistische Charakterisierung einzelner Merkmale,

- die Abhängigkeit der beobachteten Merkmale von der Objektlage,

- das verwendete Kameramodell, das die Projektion der 3D–Welt in die Bildebene festlegt, und

- die Zuordnung von Bild– und Modellmerkmalen.

Die schrittweise Entwicklung statistischer Modelle, die diesen Anforderungen gerecht werden, skizziert der folgende Abschnitt.

3 Statistische Objektmodellierung

Der Schwerpunkt bei der Modellierung von Objekten zu Zwecken der Erkennung und Lokalisierung liegt nicht notwendigerweise auf einer detailgetreuen Rekonstruktion der Objektgeometrie, sondern vielmehr auf der Entwicklung trennscharfer Objektbeschreibungen, die eine möglichst zuverlässige Klassifikation und Lokalisierung sicherstellen. Erwartungen, die mit einem Objektmodell verbunden werden, sind eine für die Erkennung ausreichende Modellierung von Verdeckungserscheibungen und Segmentierungsfehlern sowie die Möglichkeit, Hintergrundmerkmale adäquat beschreiben zu können. In einer Aufnahme können sich Objekte befinden, die keine Elemente der Modellbasis sind. Trotzdem sollte der Klassifikator in der Lage sein, die bekannten Objekte zu erkennen und zu lokalisieren. Neben diesen Anforderungen, die aus Sicht der Bildverarbeitung unerläßlich sind, muß die Modelldichte zudem die Schätzung der Modellparameter aus Beispielaufnahmen sowie die Verwendung der Bayes–Entscheidungsregel erlauben.

3.1 Statistische Modellierung einzelner Merkmale

Die statistische Modellierung einzelner Merkmale kann unter Verwendung einzelner Dichtefunktionen erfolgen, was anhand eines einfachen Beispiels anschaulich erläutert wird. Um das Grundprinzip zu erklären, beschränkt man sich auf den Fall, nur 1D–Projektionen zweidimensionaler Objekte zu betrachten.

Abbildung 6 zeigt ein Quadrat, das die Musterklasse Ω_κ definiere. Als Merkmale c_{κ,l_k} mit $l_k \in \{1,2,3,4\}$ werden die Eckpunkte betrachtet. Jeder Eckpunkt c_{κ,l_k} wird nun als eine zweidimensionale Zufallsgröße interpretiert. Das probabilistische Verhalten der Zufallsgrößen wird jeweils durch eine Dichtefunktion $p(c_{\kappa,l_k} \mid a_{\kappa,l_k})$ mit den Parametern a_{κ,l_k} beschrieben. Bei normalverteilten Punktmerkmalen bedeutet das beispielsweise, daß mit jedem Punkt eine zweidimensionale Normalverteilung assoziiert wird, die wiederum durch Mittelwertvektoren und Kovarianzmatrizen definiert werden. Die Rotation R um den angegeben Winkel α und die Translation um den Vektor t induziert eine Transformation der Eckpunkte und damit der Zufallsgrößen. Die Dichtefunktionen der transformierten Zufallsgrößen können unter Verwendung des Transformationssatzes für Dichten berechnet werden. Damit verfügen die Dichtefunktionen $p(c_{\kappa,l_k} \mid a_{\kappa,l_k}, R, t)$ der einzelnen Merkmale über zwei Arten von Parametern: einerseits sind die Parameter a_{κ,l_k} enthalten, die das probabilistische Verhalten in der Geometrie widerspiegeln, andererseits liegen die Parameter R und t vor, welche die Transformation der Merkmale beschreiben und die einzel-

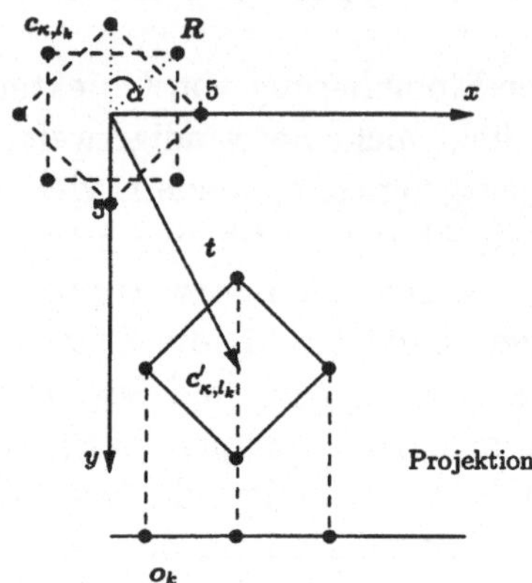

Abbildung 6: Statistische Modellierung transformierter Merkmale

nen Dichtefunktionen koppeln. Bei der Projektion der 2D–Punkte in die Bildebene geht eine Dimension der ursprünglichen 2D–Zufallsvektoren verloren. Beobachtet werden lediglich 1D–Zufallsgrößen $o_1, o_2, \ldots, o_m$, deren probabilistische Eigenschaften sich aus den Dichtefunktionen der 2D–Modellmerkmale ableiten lassen. In der Wahrscheinlichkeitsrechnung erfolgt die Elimination einer Dimension (in diesem Beispiel die y–Koordinate) durch Marginalisierung, d.h., die Berechnung der Randdichten liefert $p(o_k | a_{\kappa,l_k}, R, t)$ zu den einzelnen projizierten Merkmalen o_k, $k = 1, 2, \ldots, m$.
Die skizzierten Schritte werden für jedes Merkmal durchgeführt, und folglich steht ein probabilistisches Maß für das Auftreten bestimmter 1D–Punkte unter Vorgabe einer Rotation und Translation zur Verfügung. Für eine Menge paarweise statistisch unabhängiger Beobachtungen $O = \{o_1, o_2, \ldots, o_m\}$ hat das zur Folge, daß sich die Dichte der beobachteten Merkmale aus dem Produkt einzelner Wahrscheinlichkeitsdichten berechnen läßt. Wichtig hierbei ist die Kenntnis, welches beobachtete Merkmal zu welchem Modellmerkmal korrespondiert.

3.2 Statistische Modellierung der Zuordnung

Die diskrete Zuordnungsfunktion ζ_κ bildet Bild– auf Modellmerkmale der Musterklasse Ω_κ ab, die mit $c_{\kappa,1}, c_{\kappa,2}, \ldots, c_{\kappa,n_\kappa}$ bezeichnet werden. Abbildung 7 veranschaulicht ein Beispiel für eine mögliche Zuordnung bei acht beobachteten Merkmalen und sechs Modellmerkmalen. Die Zuordnung der Bild– und Modellmerkmale ist in aller Regel unbekannt und wird in den meisten Ansätzen

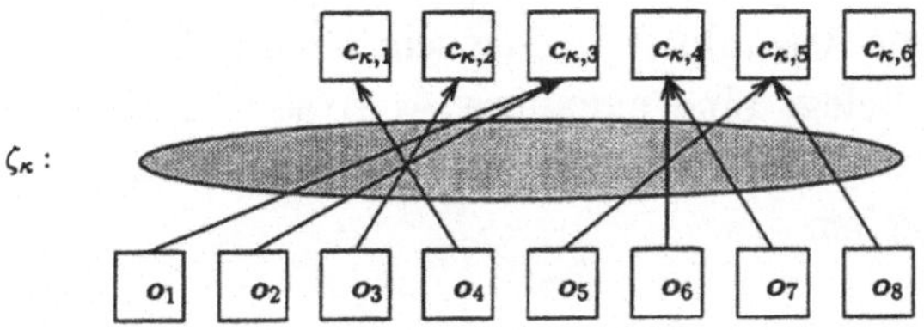

Abbildung 7: Diskrete Zuordnung von Bild– und Modellmerkmalen

zur Objekterkennung mit geometrisch basierten Verfahren berechnet. Die Realisierung eines statistischen Klassifikators schließt den Einsatz von derartigen
Verfahren zur Berechnung der Zuordnung aus, da ein durchgehender statistischer Ansatz angestrebt wird. Die statistische Modellierung der Zuordnung ist
somit erforderlich. Hierzu wird mit jeder Zuordnung ζ_κ eine diskrete Funktion
assoziiert, die die beobachteten Merkmale auf die Indizes der korrespondierenden Modellmerkmale abbildet. Folglich induziert jede Zuordnung ζ_κ einen
diskreten Vektor, der als Zufallsgröße aufgefaßt werden kann. Diesem Vektor
kann dann eine diskrete Wahrscheinlichkeit zugeordnet werden. Der Zufalls-
vektor für das obige Beispiel ist somit $\zeta_\kappa = (3, 3, 2, 1, 5, 4, 4, 5)^T$ mit der diskreten Wahrscheinlichkeit $p(\zeta_\kappa)$. Aufgrund des stochastischen Modells müssen
die einzelnen Wahrscheinlichkeiten die Bedingung $\sum_{\zeta_\kappa} p(\zeta_\kappa) = 1$ erfüllen.

3.3   Konstruktion statistischer Objektmodelle

Bei bekannter Zuordnung ζ_κ läßt sich die Dichtefunktion für eine Menge beobachteter Merkmale in der Form

$$p(O, \zeta_\kappa | B_\kappa, R, t) \;=\; p(\zeta_\kappa) p(O | \zeta_\kappa, \{a_{\kappa,1}, a_{\kappa,2}, \ldots, a_{\kappa,n_\kappa}\}, R, t) \qquad (1)$$

schreiben. Da die Zuordnungsfunktion in der Regel unbekannt ist, wird hier —
wie im Falle der Projektion von Modellmerkmalen in die Bildebene — über die
nicht beobachtete Zufallsgröße summiert und die Randdichte berechnet. Die
Modelldichte für eine beobachtete Merkmalmenge O ist somit

$$p(O | B_\kappa, R, t) \;=\; \sum_{\zeta_\kappa} p(\zeta_\kappa) p(O | \zeta_\kappa, \{a_{\kappa,1}, a_{\kappa,2}, \ldots, a_{\kappa,n_\kappa}\}, R, t) \quad . \qquad (2)$$

Die Anzahl der Multiplikationen und Additionen zur Auswertung der Modelldichte wird — unabhängig von den gewählten Merkmalen — beschränkt
durch $\mathcal{O}(m\, n_\kappa^m)$. Durch die Einführung statistischer Abhängigkeiten beschränkter Ordnung läßt sich die Berechnungskomplexität jedoch deutlich reduzieren.

In [4] wird gezeigt, daß die Komplexität für statistisch abhängige Zuordnungen g–ter Ordnung die Anzahl der Rechenschritte durch $\mathcal{O}(m\,n_\kappa^{g+1})$ beschränkt wird. Des weiteren belegt eine genauere Analyse von (2), daß sich aus obiger Modellierung mit $g = 0$ Mischungsverteilungen und mit $g = 1$ Hidden–Markov–Modelle ergeben.

4   Erlernen von Objekten

Die Modelldichte wird charakterisiert durch die statistische Modellierung der Zuordnungsfunktion und der einzelnen Merkmale. Die Struktur der Modelldichte variiert von Objekt zu Objekt. Die Anzahl der modellierten Merkmale hängt von der Anzahl der Merkmale des Objektes ab. Stehen die einzelnen Komponenten der Modelldichten fest, so reduziert sich die automatische Modellgenerierung auf die Berechnung der *Modellstruktur* und der *Modellparameter*. Zur automatischen Berechnung der Modellstruktur sind bis heute lediglich heuristische Algorithmen bekannt, weshalb sich dieser Abschnitt lediglich auf die Schätzung der Modellparameter konzentriert.

4.1   Parameterschätzung aus unvollständigen Daten

Das zur Parameterschätzung verfügbare Trainingsmaterial bestehe aus N Ansichten des zu erlernenden Objekts und die ϱ–te Ansicht enthalte $^\varrho m$ Merkmale. Abbildung 8 zeigt exemplarisch einige Ansichten und die daraus errechneten Punkt– und Linien–Merkmale wie sie für die Modellgenerierung eingesetzt werden.

Die für das Training verfügbaren Aufnahmen weisen einige Eigenschaften auf, die für die Wahl des Parameterschätzverfahrens von entscheidender Wichtigkeit sind:

1. Die beobachteten Merkmale des Bildraums sind Projektionen der Merkmale des höherdimensionalen Modells. Die Tiefeninformation geht durch die Projektion verloren.

2. Die Zuordnungen der beobachteten Merkmale und der Modellmerkmale sind kein Bestandteil der beobachteten Trainingsdaten.

Die Schätzung der Modellparameter umfaßt einerseits die Berechnung der Parameter, die die einzelnen Merkmale charakterisieren, und andererseits die Bestimmung der Wahrscheinlichkeiten einzelner Zuordnungen. Alle Parameter müssen geschätzt werden, obwohl nur projizierte Merkmale bei fehlender Zuordnung zur Verfügung stehen. Demzufolge liegt ein Parameterschätzproblem

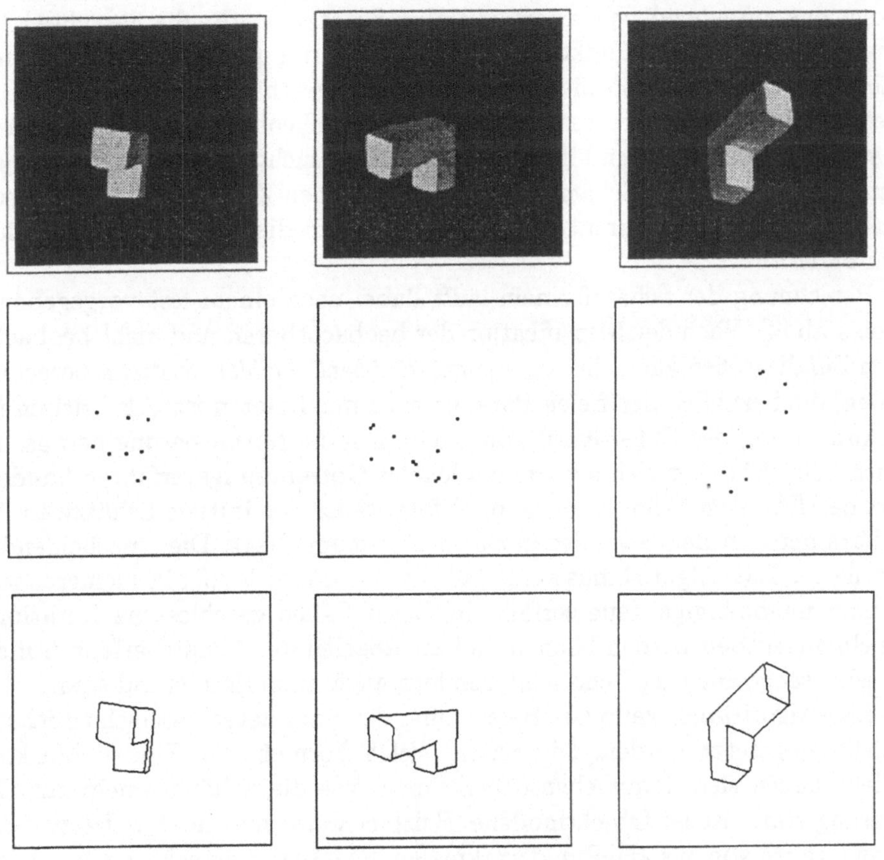

Abbildung 8: Beispiele für Trainingsansichten

aus unvollständigen Daten vor, für das die Anwendung des Prinzips der fehlenden Information und der Einsatz des *Expectation–Maximization–Algorithmus* (EM–Algorithmus, [1]) naheliegen.

4.2 Expectation–Maximization–Algorithmus

Beim EM–Algorithmus handelt es sich um ein iteratives Parameterschätzverfahren, das ausgehend von einem initialen Schätzwert für die gesuchten Parameter die Likelihood–Funktion sukzessive maximiert. Trotz unvollständiger Trainingsdaten können so die Modellparameter geschätzt werden. Die Grundidee besteht hierbei im wesentlichen darin, die unbeobachteten Größen durch Schätzwerte zu ersetzen und iterativ sowohl die gesuchten Parameter der Dichtefunktion als auch die Schätzwerte der verborgenen Zufallsgrößen zu berechnen. Die iterative Verfahren terminiert, wenn sich die Neuschätzungen nicht mehr ändern.

Die Berechnung der Schätzformeln läuft dabei nach einem fest vorgegebenen Schema ab [4]: Nach der Identifikation der beobachtbaren und nicht beobachtbaren Zufallsgrößen kann die sogenannte *Kullback–Leibler–Statistik* berechnet werden, die bezüglich der freien Parameter zu maximieren ist. Als kritisch für die Anwendung des EM–Algorithmus stellt sich die Initialisierung heraus. Da es sich beim EM–Algorithmus um ein lokales Optimierungsverfahren handelt, führt der EM–Algorithmus nur zum Erfolg, wenn der initiale Schätzwert für die Parameter in der *Nähe* des globalen Optimums liegt. Die entscheidenden Vorteile des EM–Algorithmus sind, daß der Suchraum häufig in kleinere, voneinander unabhängige Teile zerfällt, in vielen Fällen geschlossene Iterationsformeln angegeben werden können und die abgeleiteten Schätzverfahren nicht nur sehr wenig Speicher benötigen, sondern auch numerisch stabil sind.

Der EM–Algorithmus kann zur Berechnung der Parameter unterschiedlichster Modelle eingesetzt werden. Die Baum–Welch–Formeln für Hidden–Markov–Modelle lassen sich damit ebenso berechnen, wie die Schätzformeln zur Generierung statistischer Objektmodelle. Beispielsweise sind in [4] Schätzverfahren angegeben wie aus 2D–Punktmerkmalen 3D–Mittelwertvektoren geschätzt werden können, ohne das Korrespondenzproblem lösen zu müssen. Eine ausführliche Darstellung der Schätzalgorithmen und deren Herleitungen sind in [4] dargestellt.

5 Klassifikation und Lokalisation

Die Klassifikation von Objekten unter Verwendung der Bayes–Entscheidungsregel erfordert die Berechnung der *a–posteriori* Wahrscheinlichkeiten. Für eine

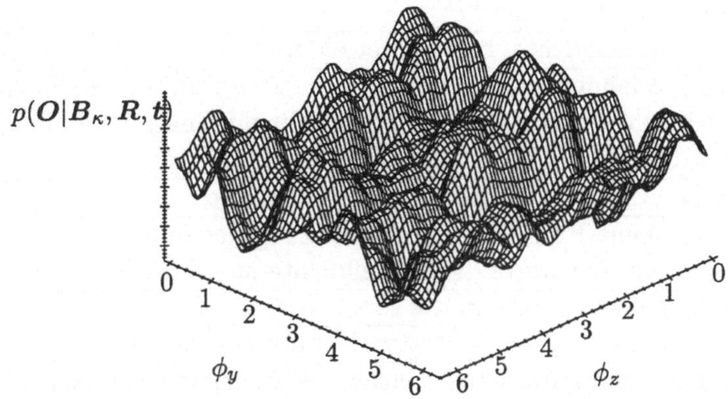

Abbildung 9: Zweidimensionaler Schnitt durch die Funktion, deren globales Maximum die Objektlage charakterisiert

Menge von Merkmalen O wird die bedingte Wahrscheinlichkeit $p(\Omega_\kappa|O)$ berechnet, mit der eine Musterklasse Ω_κ vorliegt unter der Bedingung, daß die beobachteten Merkmale vorliegen. Der Klassifikator entscheidet sich für die Klasse mit der maximalen *a–posteriori* Wahrscheinlichkeit, d.h.,

$$\lambda \;=\; \underset{\kappa}{\operatorname{argmax}}\, p(\Omega_\kappa|O) = \underset{\kappa}{\operatorname{argmax}} \frac{p(\Omega_\kappa)p(O|B_\kappa, R, t)}{p(O)} \qquad (3)$$

Da die numerische Auswertung der *a–posteriori* Wahrscheinlichkeiten die Berechnung von $p(O|B_\kappa, R, t)$ erfordert, müssen für die Klassifikation die Rotations– und Translationsparameter bekannt sein und somit vorab berechnet werden. Bei der gesuchten Matrix R und dem Vektor t handelt es sich um Parameter der Wahrscheinlichkeitsdichte, weshalb Parameterschätzverfahren — wie beispielsweise die Maximum–Likelihood Schätzung — zur Lokalisation eingesetzt werden können. Die Parameterschätzung entspricht der globalen Optimierung einer multivariaten Funktion, deren Parameter die Freiheitsgrade der Rotation und Translation sind. Abbildung 9 zeigt einen zweidimensionalen Schnitt durch eine sechsdimensionale Funktion, wie sie bei der Lokalisierung von 3D–Objekten in 2D–Aufnahmen vorkommt. Um die Objektlage zu berechnen, muß das globale Maximum dieser Funktion berechnet werden. Zur Lösung dieser Optimierungsaufgabe scheiden deterministische Gittersuchverfahren aus Komplexitätsgründen aus, wie ein einfaches Zahlenbeispiel belegt: Bei einer Diskretisierung der drei Rotationswinkel in 10°–Schritte, einer Reduktion der drei Komponenten des Verschiebungsvektors auf 30 Quantisierungsstufen und

/* Adaptive Zufallssuche */
Eingabe: Modelldichte, beobachtete Merkmale
werte die Modelldichte an a zufällig erzeugten Punkten im Suchraum aus und speichere die besten b dieser Punkte in einer nach dem Funktionswert sortierten Liste
solange das Abbruchkriterium nicht erfüllt wird
generiere neue Punkte unter Ausnutzung der in der Liste enthaltenen Information und werte die Modelldichte an diesen Punkten aus
füge die neuen Punkte in die sortierte Liste ein
entferne einige der schlechtesten Punkte aus der Liste
modifiziere die Parameter, welche die Erzeugung von neuen Versuchspunkten steuern
bestimme das globale Optimum unter Verwendung der in der Liste gespeicherten Punkte
Ausgabe: Koordinaten des globalen Maximums

Abbildung 10: Prinzip der adaptiven Zufallssuche

einer Auswertezeit von 7 ms für einen Parametersatz werden für die Funktionsauswertung an allen Gitterpunkten etwa 2450 Stunden benötigt.

Die Praxis hat gezeigt, daß sich probabilistische Suchverfahren zur Lösung der globalen Optimierungsaufgabe eignen. Bei der hier gewählten adaptiven Zufallssuche paßt sich der Zufallsgenerator, der Punkte im Suchraum generiert, mit zunehmender Anzahl von Funktionsauswertungen an den Funktionsverlauf insofern an, als Bereiche, in denen hohe Funktionswerte beobachtet werden, wahrscheinlicher besucht werden als Gebiete des Suchraums, in denen bisher nur niedrige Funktionswerte beobachtet wurden. Einen allgemeinen Überblick über die Funktionsweise der adaptiven Zufallssuche gibt Abbildung 10.

Neben dem Einsatz probabilistischer Suchverfahren bieten sich für die Objektlokalisierung noch weitere Möglichkeiten zur Reduktion des Suchaufwandes:

1. Durch geschickte Transformation des Suchproblems ist es häufig möglich, Abhängkeiten zwischen einzelnen Dimensionen des Suchraums zu eliminieren. Beispielsweise sind 1D–Projektionen von 2D–Punkten auf die x–Achse des Bildkoordinatensystems unabhängig von Translationen parallel zur y–Achse und Rotationen um die x–Achse (vgl. Abbildung 11).

2. Geometrische Eigenschaften von Objekten können bei der Schätzung der Lageparameter dazu führen, daß bestimmte Bereiche des Suchraums a-

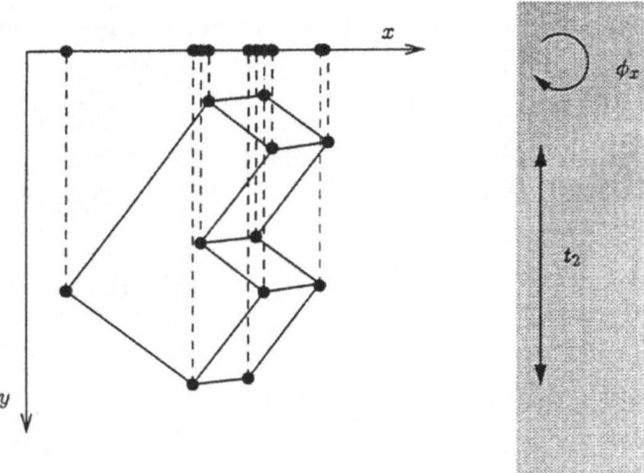

Abbildung 11: Projektion der 2D–Merkmale auf eine Koordinatenachse

priori ausgeschlossen werden können. Beispielsweise gibt es Objekte, die aus physikalischen Gründen nur sehr spezielle stabile Lagen einnehmen können. Die unmöglichen Positionen des Objektes können somit im Rahmen der Parameteroptimierung von vorneherein ausgeschlossen werden bzw. in Form einer Regularisierung innerhalb der Optimierung berücksichtigt werden.

Damit ist der Einsatz statistischer Verfahren zur Klassifikation und Lokalisation zumindest aus theoretischer Sicht geklärt. Im folgenden wird anhand einiger Experimente der praktische Einsatz dieser Verfahren erläutert.

6   Experimentelle Ergebnisse

Die experimentelle Evaluierung der entwickelten Verfahren erfolgt unter Verwendung der in Abbildung 1 dargestellten Objekte. Zum Training der Modelldichten werden je Objekt 400 Aufnahmen verwendet. Die Experimente zur Objektklassifikation beruhen auf ingesamt 1600 Beispielaufnahmen. Trainings- und Teststichprobe sind disjunkt, und der zur Auswertung verwendete Rechner ist eine HP 9000/735 mit 99 MHz Taktrate, 124 MIPS, 147 SPECmark89 und 64 MB Hauptspeicher. Als Evaluierungskriterien dienen die erzielten Rechenzeiten und Erkennungsraten, und als Merkmale werden in allen Beispielen entweder 2D–Punkte und Linien verwendet.

Optimierungsverfahren	Funktionsauswertungen	Rechenzeit [sec]
V1	10010	75
V2	8560	64
V3	41300	310
V4	585000	4380
V5	1820000	13600
V6	10000000	74500

Tabelle 1: Mittlere Anzahl der benötigten Auswertungen der Modelldichte sowie die Rechenzeiten bis zur Detektion des globalen Maximums

6.1 Experimente zur Objektlokalisation

In den experimentellen Vergleich globaler Optimierungsverfahren zur Maximierung der Wahrscheinlichkeitsdichte $p(O|B_\kappa, R, t)$ fließen folgende Algorithmen ein [4]:

V1: die adaptive Zufallssuche,

V2: die adaptiven Zufallssuche in Kombination mit dem Simplex–Verfahren zur lokalen Optimierung,

V3: das Simulated Annealing für kontinuierliche Funktionen,

V4: das Multistart–Verfahren,

V5: das Grid–Simplex–Verfahren und

V6: die rein probabilistische Suche.

Tabelle 1 zeigt eine Gegenüberstellung der gewählten globalen Optimierungsalgorithmen. Die Parameter der Suchalgorithmen werden hier derart bestimmt, daß in 20 zufällig gewählten Aufnahmen das globale Maximum sicher gefunden wird. Auf der Grundlage eines Rechenzeitvergleichs geht eindeutig die adaptive Zufallssuche, die mit lokalen Optimierungsverfahren gekoppelt wird, als Sieger hervor.

Unter Verwendung der so ermittelten Parametrierung führt ein Experiment mit insgesamt 400 2D–Ansichten eines 3D–Objektes, das aus zehn Modellpunkten besteht, zu einer Erfolgsrate von 82%. Nur in 18% der Fälle wird mit der erweiterten adaptiven Zufallssuche (V2) das globale Maximum bezüglich der Lageparameter verfehlt.

3D–Objekt	Erkennungsrate [%]		Rechenzeit pro Bild [sec]	
	Punkte	Strecken	Punkte	Strecken
Ω_1	47	44	466	1882
Ω_2	78	82	485	2101
Ω_3	58	36	465	1933
Ω_4	89	76	471	1520
Mittelwerte	68	59	472	1859

Tabelle 2: Erkennungsrate und Rechenzeit bei der Verwendung von Punkt-
und Streckenmerkmalen

Einige Lokalisierungsergebnisse sind in Abbildung 12 dargestellt. Zur Visualisierung der berechneten Lageparameter erfolgt eine Rückprojektion des Draht-
gittermodells in die Szene. Diese erlaubt eine visuelle Beurteilung der erzielten
Ergebnisse.

6.2 Experimente zur Objektklassifikation

Die verfügbaren Punkt und Linienmerkmale sind von der Objektlage abhängig,
und somit ist die Berechnung der Lageparameter der Klassifikation voran-
zustellen. Fehler in der Lokalisation können ebenso für die Fehlklassifikation
verantwortlich sein, wie fehlende Merkmale oder eine Übersegmentierung. Aufgrund dieser Überlegung darf wegen der bisher erzielten Lokalisationsergebnisse kaum eine Erkennungsrate von über 82% erwartet werden.
Für den Test des Klassifikators werden insgesamt 400 Aufnahmen pro Objektklasse verwendet. Da diese Bilder mit einer robotergeführten Kamera aufgenommen wurden, ist zu jeder Aufnahme die Objektlage bekannt. Unter Verwendung von Punktmerkmalen ergibt die Klassifikation für diese Stichprobe
bei gegebener Objektlage eine Erkennungsrate von 96%. Bei unbekannter Objektlage steigt die Fehlerrate auf insgesamt 32% im Fall von Punktmerkmalen
und auf 41% im Fall von Linienmerkmalen (vgl. Tabelle 2).

7 Weitere Anwendungen in der Mustererken-nung

Die eingeführten statistischen Modelle können nicht nur zur Erkennung und
Lokalisierung dreidimensionaler Objekte unter Verwendung segmentierter Punkt-

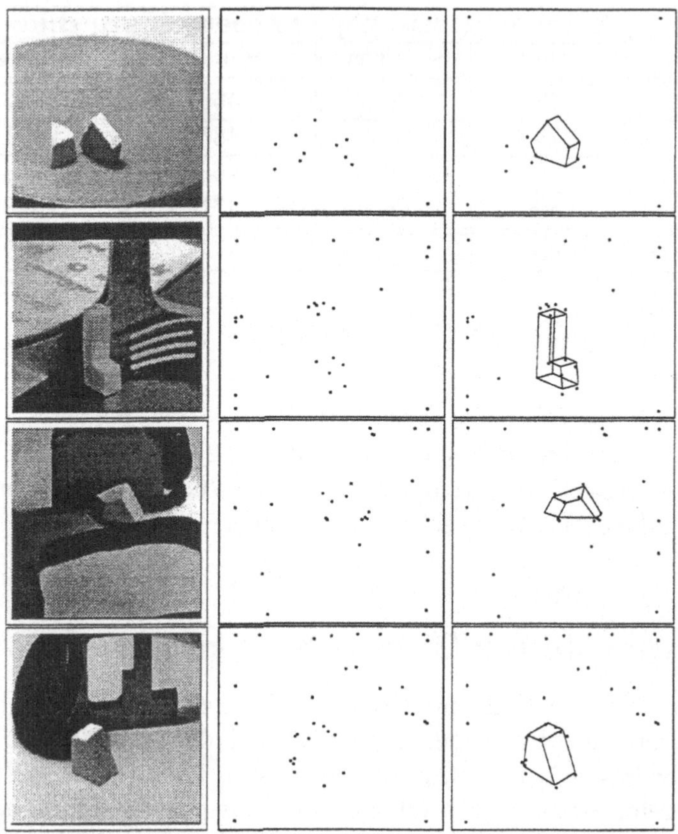

Abbildung 12: Beispiele für die Lokalisation von 3D–Objekten in Grauwertaufnahmen bei heterogenem Hintergrund

oder Linienmerkmale eingesetzt werden, sondern sie finden inzwischen auch Verwendung zur Lösung weiterer Problemstellungen in der Mustererkennung. Varianten der in Abschnitt 3 eingeführten Modelle kommen sowohl in der Spracherkennung als auch in der Bildverarbeitung zum Einsatz.

7.1 Probabilistische Modellierung der Grauwerte

Die Experimente zur 3D–Objekterkennung belegen eine Grundregel der Mustererkennung, die besagt, daß ein Klassifikator nur so leistungsfähig sein kann, wie es die gewählten Merkmale zulassen. Punktmerkmale sind zwar aus mathematischer Sicht einfach zu handhaben aber in aller Regel unzureichend für

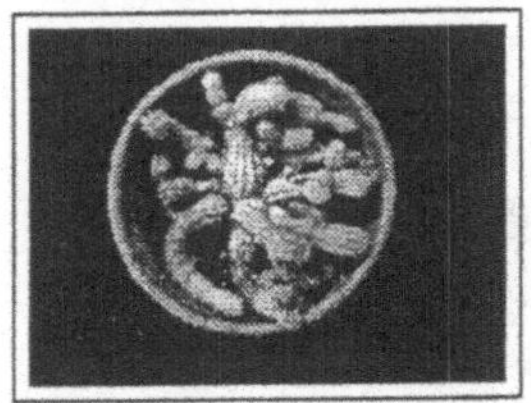 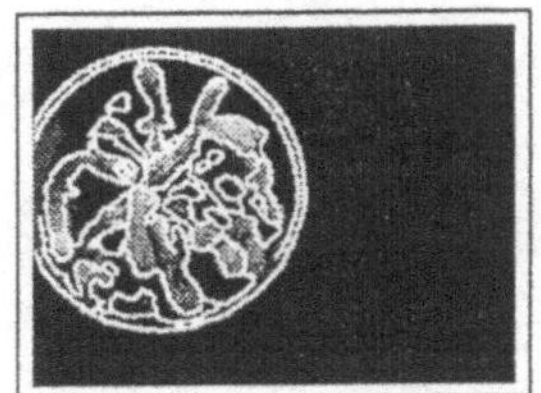 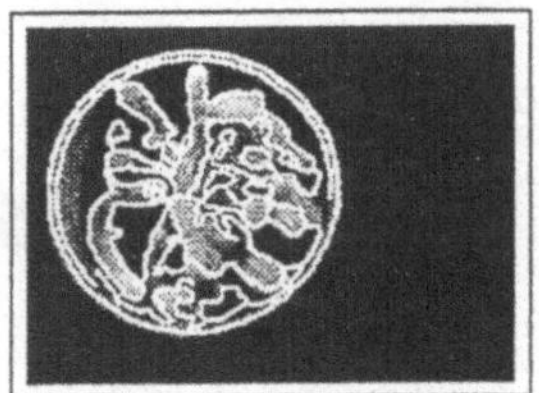

Abbildung 13: Segmentierungsfreie Lokalisierung

eine sichere Klassifikation beliebiger Objekte. Die darauf aufbauenden Klassifikatoren weisen daher auch relativ geringe Erkennungsraten auf. In jüngeren Arbeiten [5, 9] wird aus diesem Grund damit begonnen, nicht das statistische Verhalten segmentierter Merkmale zu modellieren, sondern direkt die Grauwerte unter Verwendung von Modelldichten probabilistisch zu charakterisieren. Erste Ergebnisse belegen, daß mit derartigen Ansätzen die Lokalisation von Objekten möglich wird, die mit Merkmalen aus einer Segmentierung und klassischen Lokalisationsverfahren bislang nicht möglich war. Abbildung 13 illustriert diesen Vorteil anhand eines Beispiels. Das linke Grauwertbild zeigt eine Pflanze, die beiden rechten Aufnahmen demonstrieren die erzielten Lokalisationsergebnisse unter Verwendung der Grauwertverteilungen. Zur Visualisierung der berechneten Rotations- und Translationsparameter werden die Konturlinien des Referenzobjektes und das Grauwertbild überlagert.

7.2 Training und Erkennung semantischer Attribute

Ein wichtiges Problem im Bereich der Spracherkennung ist die semantische Analyse von Wortketten. In der Wortkette zu einer Anfrage an ein Zugauskunftssystem müssen beispielsweise der Abfahrtsort, der Zielort und die Abfahrtszeit detektiert werden. Die einzelnen Wörter sind somit semantischen Attributen zuzuordnen. Ein Beispiel für eine Zuordnung von Wörtern und Attributen $C_0, C_1, \ldots C_4$ zeigt Abbildung 14. Wie im Falle der Bild- und Modellmerkmale läßt sich die diskrete Zuordnungsfunktion auch hier probabilistisch modellieren (vgl. Abschnitt 3). Vorausgesetzt eine geeignete Initialisierung ist möglich, so lassen sich die statistischen Eigenschaften der Zuordnungsfunktion ζ unter Verwendung des EM-Algorithmus aus einer Trainingsstichprobe trotz unbekannter Zuordnung für statistische Abhängigkeiten beliebiger Ordnung schätzen [2].

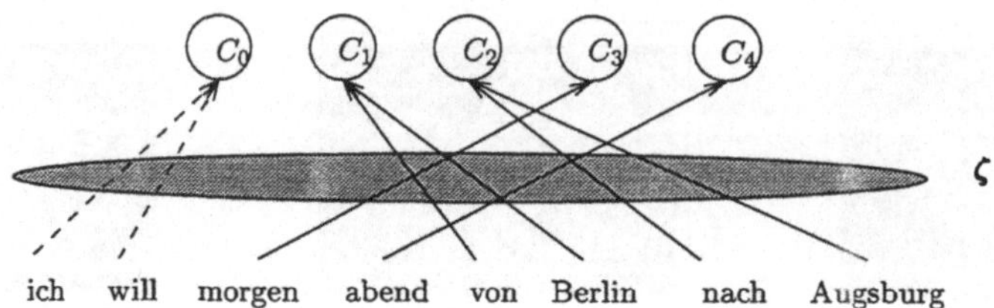

Abbildung 14: Zuordnung semantischer Attribute

8 Schlußbemerkungen

Die eingeführte statistische Modellierung und die betrachteten Beispiele zeigen, daß sich statistische Verfahren durchaus zur Lösung von Problemen in der Bildverarbeitung erfolgreich einsetzen lassen. Die skizzierten Anwendungen, die über die segmentierungsbasierte Objekterkennung hinausgehen, belegen die Generalisierbarkeit und die Tragweite der erzielten Resultate innerhalb der Mustererkennung. Die Kopplung unterschiedlicher statistischer Größen in einer Modelldichte und der Einsatz des EM–Algorithmus zum automatischen Training eröffnen völlig neue Möglichkeiten für die Verwendung statistischer Verfahren. Die Komplexität der Trainingsalgorithmen und der Berechnungsaufwand für die Auswertung der Modelldichten werden direkt von den gewählten statistischen Abhängigkeiten beeinflußt.

Als ein noch offenes Problem wurde die automatische Generierung der Modellstruktur angesprochen. Während die Ordnung der statistischen Abhängigkeiten meist vom verfügbaren Trainingsmaterial abhängt, kann beispielsweise die Anzahl der Modellmerkmale weder analytisch noch mit effizienten heuristischen Schätzverfahren aus der Stichprobe berechnet werden. Ebenso kritisch für die Leistungsfähigkeit des Objekterkenners ist die Wahl der verwendeten Merkmale. Eine systematische Berechnung von Merkmalen, die in Kombination mit den statistischen Modellen zu einem optimalen Systemverhalten führen, ist wünschenswert. Mit den bisher verfügbaren Mitteln ist dies jedoch noch nicht realisierbar. Bleibt abschließend zu hoffen, daß die im Rahmen dieser Arbeit eingeführten und getesteten Methoden zumindest einen kleinen Beitrag zum Erreichen dieses langfristig angestrebten Ziels leisten können.

Literatur

[1] A.P. Dempster, N.M. Laird, and D.B. Rubin. Maximum Likelihood from Incomplete Data via the EM Algorithm. *Journal of the Royal Statistical Society, Series B (Methodological)*, 39(1):1–38, 1977.

[2] J. Haas, J. Hornegger, R. Huber, and H. Niemann. Probabilistic semantic analysis of speech. In E. Paulus and F. Wahl, editors, *Mustererkennung 1997*. Springer, Berlin, erscheint September 1997.

[3] M. Harbeck. *Objektorientierte linienbasierte Segmentierung von Bildern*. Shaker Verlag, Aachen, 1996.

[4] J. Hornegger. *Statistische Modellierung, Klassifikation und Lokalisation von Objekten*. Shaker, Aachen, 1996.

[5] J. Hornegger and D. Paulus. Bayesian vision: From intensity marginals to mutual information and entropic object recognition. Technical report, Lehrstuhl für Mustererkennung (Informatik 5), Universität Erlangen, März 1997.

[6] S. Z. Li. *Markov Random Field Modeling in Computer Vision*. Springer, Heidelberg, 1996

[7] K. V. Mardia. *Statistics and Images*, volume 2 of *Advances in Applied Statistics*. Carfax Publishing Company, Abingdon, 1994.

[8] K. V. Mardia and G. K. Kanji. *Statistics and Images*, volume 1 of *Advances in Applied Statistics*. Carfax Publishing Company, Abingdon, 1993.

[9] D. Paulus and J. Hornegger. *Pattern Recognition of Images and Speech in C++*. Advanced Studies in Computer Science. Vieweg, Braunschweig, 1997.

Darstellung formaler Beweise

Martin Simons

Forschungsgruppe Softwaretechnik
Technische Universität Berlin
Franklinstr. 28/29, D-10587 Berlin
e-mail: simons@cs.tu-berlin.de

In dieser Arbeit wird ein Ansatz zur verständlichen Darstellung formaler Beweise vorgestellt. Die enge Übereinstimmung zwischen dem Entwicklungsprozeß formaler Beweise und dem Entwicklungsprozeß eines Programms erlaubt, bekannte Prinzipien und Techniken des Programmentwurfs auf den Entwurf und die Darstellung formaler Beweise zu übertragen. Dies führt zu hierarchisch gegliederten formalen Beweisen, die in einem Stil präsentiert werden, der Knuth's „literate programming" nachempfunden ist und der transformationelle Beweise betont. Die Beschreibung zweier Experimente illustriert die Praktikabilität des Ansatzes. Hierbei werden, dem Präsentationsansatz folgend, formale Beweise dargestellt, die zum einen in einer statischen Beweissprache ausgedrückt und zum anderen für einen interaktiven Theorembeweiser programmiert sind. Es wird jeweils beschrieben, wie der Präsentationsansatz für den entsprechenden logischen Kalkül angepaßt wurde und welche Werkzeuge die Darstellung unterstützen. Anschließend werden mit diesen Werkzeugen formale Beweise von nichttrivialen mathematischen Sätzen dargestellt. Die Beobachtung, daß zwei wesentliche Elemente des Präsentationsansatzes — nämlich die Komposition von formalen Herleitungen und deren hierarchische Verfeinerung — in herkömmlichen logischen Beweiskalkülen fehlen, führt zur Formulierung eines algebraischen Beweiskalküls, in dem formale Herleitungen selbst Formeln sind, sowie miteinander komponiert und verfeinert werden können. Der Hauptbeitrag dieser Arbeit besteht demnach in dem praktischen Nachweis, daß Komposition und Verfeinerung als primitive Konstruktionselemente formaler Beweiskalküle zur Verbesserung der verständlichen Darstellung formaler Beweise beitragen, der Formulierung einer algebraischen Semantik für einen solchen Beweiskalkül und der Entwicklung von Techniken und Werkzeugen zur Präsentation formaler Beweise in herkömmlichen formalen Beweissystemen.

1 Einführung

In dieser Arbeit wird die für den menschlichen Leser verständliche Darstellung formaler Beweise untersucht. Formale Beweissysteme sind seit langem Gegenstand der Forschung im Bereich der mathematischen Logik, doch war ursprünglich nicht vorgesehen, diese Systeme auch für gewöhnliche mathematische Beweise zu verwenden. Mit der Implementierung mächtiger logischer Formalismen können heute zunehmend formale Beweistechniken in Bereichen eingesetzt werden, die bislang ausschließlich informelle mathematische Schlußtechniken verwendet haben. Durch den Einsatz formaler Beweissysteme können Beweise rechnergestützt gefunden oder auf Korrektheit überprüft werden. Jedoch leiden diese Beweise unter einem ernsten Mangel: Sie sind überladen mit technischen Details und sind abhängig von syntaktischen Eigenarten des verwendeten Formalismus. Dieses *formale Rauschen* verbirgt häufig den roten Faden des Beweises und behindert das menschliche Verständnis. Andererseits soll durch einen Beweis nicht ausschließlich der Nachweis der Korrektheit einer Behauptung erbracht werden. Vielmehr soll Einsicht und Verständnis auf Seiten des Lesers in die Richtigkeit der Behauptung vermittelt werden. Nun kann man argumentieren, daß der Versuch, einen formalen Beweis zu verstehen, verschwendete Zeit ist, wenn einmal seine Korrektheit durch den Rechner nachgewiesen ist. Dies ist richtig für die vielen Fälle, in denen es sich um triviale oder technische Behauptungen handelt: Deren Beweis ist häufig mühsam und aufwendig aber wenig erhellend. In vielen anderen Fällen liegen aber auch formalen Beweisen wichtige, Einsicht schaffende Informationen zugrunde, die dargestellt und mitgeteilt werden sollen. In dieser Arbeit schlagen wir nun einen Ansatz zur Darstellung formaler Beweise vor, der versucht, Formalität und Verständnis miteinander zu verbinden.

Diesem Ansatz liegt die Analogie zwischen Beweisen und Programmieren zugrunde: Die Entwicklung eines Programms nach einer gegebenen Spezifikation hat große Ähnlichkeit mit der Entwicklung eines Beweises für eine gegebene Behauptung. In einem jüngst erschienenen Aufsatz schreibt Dijkstra (1997): „Because of the very close connection between program design and proof design, any advance in program design has a direct potential impact on how general mathematics is done." Folgt man dieser Analogie, so kann man Techniken und Prinzipien des Entwurfs und der Darstellung von Programmen auf den Entwurf und die Darstellung von Beweisen übertragen. Beispielsweise gilt dies für das Prinzip der schrittweisen Verfeinerung (Wirth 1971) und das verwandte Prinzip des „Literate Programming" (Knuth 1984). Verfeinerung hat sich als informelles wie formales Abstraktionsmittel bewährt, um die Komplexität des Programmentwicklungsprozesses unter Kontrolle zu halten und die Programmentwicklung zu strukturieren. Die geeignete Übertragung dieser Prinzipien auf den Entwurf formaler Beweise führt zu hierarchisch strukturierten und „erläuternden" formalen Beweisen, die auf unterschiedlichen Abstraktionsebenen präsentiert werden. Auf den höheren Ebenen wird skizziert, wie ein vollständig formaler Beweis konstruiert werden kann: Dem Leser kann der rote Faden des Beweises vermittelt werden. Auf den niedrigeren Ebenen wird das notwendige technische Detail aufgeführt. Dies kann, in Abhängigkeit von der Leistungsfähigkeit des verwendeten Beweissystems, entweder automatisch durch die Maschine oder manuell durch den Menschen erfolgen.

In unserem Ansatz zur Beweispräsentation wird auf das transformationelle Beweisen, die sogenannte „calculational method", ein besonderes Augenmerk gerichtet. Wo immer möglich wird versucht, diese Beweismethodik zu unterstützen. Um formale Logik als *Werkzeug* für die Spezifikation, Konstruktion und Analyse abstrakter Systeme anwendbar zu machen, sind mathematische Theorien und Kalküle entwickelt worden, die insbesondere das konstruktive *Rechnen* mit abstrakten Strukturen ermöglichen bzw. vereinfachen. Diese Methodik hat sich als präzise, konzis und effektiv erwiesen, um rigorose, leicht formalisierbare und einfach verständliche Deduktionen durchzuführen (vgl. etwa Dijkstra & Scholten 1990, Gries & Schneider 1993, Backhouse 1995, Bird & de Moor 1997).

Ausgangspunkt für unsere Überlegungen zur Präsentation formaler Beweise war ein Buch (Weber et al. 1993), in dem wir einen formalen Beweiskalkül anhand zweier umfangreicher Fallstudien zur formalen Programmentwicklung illustrieren. Während der Vorbereitungen für dieses Buch entwickelten wir die ersten Ideen zu unserem Ansatz und setzten diese in einem prototypischen Werkzeug um. In der darauffolgenden Zeit verfeinerten wir unsere Ideen und untersuchten insbesondere, wie diese auch formal in einen Beweisformalismus integriert werden könnten. Die Resultate dieser Arbeit werden in der Dissertation (Simons 1997*a*) zusammengefaßt; Teilaspekte werden auch von Simons et al. (1994), Simons & Weber (1996), Simons (1997*b*) und Simons & Sintzoff (1997) dargestellt. Die folgenden Abschnitte geben einen Überblick über diese Dissertation. Zunächst wird der Ansatz in Abschnitt 2 allgemein vorgestellt. Anschließend werden zwei Fallstudien zur formalen Beweispräsentation beschrieben, die mit diesem Ansatz durchgeführt wurden. Der Aufsatz schließt mit einem kurzen Resümee.

2 Aspekte der Darstellung formaler Beweise

Informelle und formale Beweise

Wir wollen zunächst charakteristische Unterschiede zwischen informellen konventionellen mathematischen und formalen Beweisen herausarbeiten. Gemäß Meyers Lexikon ist ein Beweis „die Begründung eines Satzes aus den Axiomen oder schon bewiesenen Sätzen einer mathematischen Theorie mit Hilfe logischer Schlüsse." Thurston (1994) bemerkt jedoch, daß es eine „einheitliche, objektive und fest etablierte Theorie und Praxis mathematischer Beweise" nicht gibt. Polyas Arbeiten (1954, 1957) stellen vielleicht den einzigen Versuch dar, umfassend in die *mathematische Methodik* einzuführen. Thurston formuliert sechs Mechanismen, die mathematischem Denken und Verständnis zugrunde liegen und die somit auch die Darstellung eines Beweises beeinflussen: (i) die menschliche Sprache generell sowie die mathematische Sprache und Notation; (ii) das visuelle, räumliche und kinetische Vorstellungsvermögen des Menschen; (iii) logisches Schließen; (iv) Intuitionen, Assoziationen und Metaphern, die dem Menschen ermöglichen, ein Gefühl für eine Sache zu entwickeln, ohne sie genau zu kennen: Erzeugen und Formen neuer Ideen ist hauptsächlich diesen Fähigkeiten zuzuschreiben; (v) Reiz-Reaktion, also die menschliche Fähigkeit, auf Hintergrundwissen zuzugreifen, wenn etwas Bekanntes erkannt wird; (vi) die Fähigkeit des Menschen, gewisse Konzepte als sich dynamisch entwickelnd bzw. als Prozeß zu begreifen.

Das Verständnis eines Beweises ist ein kognitiver Prozeß, bei dem all diese Mechanismen eingesetzt werden können. Die Darstellung eines Beweises strukturiert diesen Prozeß *und* führt den Leser durch ihn hindurch. Insbesondere ist die Darstellung eines Beweis nicht allein auf die logische Ebene (iii) beschränkt. Sie ist Grundlage für das Verständnis der Korrektheit einer Behauptung, liefert aber oftmals auch wertvolle Einsichten in die einer Behauptung zugrundeliegende Theorie. Insbesondere in der Informatik ist es oft der Fall, daß ein Satz die Korrektheit einer Konstruktion (z.B. eines Programms, eines Algorithmus oder eines Verfahrens) postuliert, während der Beweis dann erklärt, wie *und* weshalb diese Konstruktion funktioniert.

Formale Beweise hingegen reduzieren den gesamten Prozeß des Schließens auf die Manipulation von Symbolen in einem wohldefinierten und konsistenten logischen System. Der einzige Zweck eines formalen Beweises ist dann auch lediglich der Nachweis der Korrektheit einer Behauptung und zwar durch eine mechanische Herleitung der Behauptung, ausgehend von einem Satz von Axiomen und Annahmen. Diese Herleitung ist in der Regel derart detailliert, daß jeglicher roter Faden, an dem sich menschliches Verständnis orientieren könnte, verlorengeht bzw. verborgen wird. Formale Beweise als Spiel mit Symbolen sind somit naturgemäß nicht zum menschlichen Verständnis geeignet. Die Erfahrung zeigt jedoch, daß dem Entwurf eines formalen Beweises durch den Menschen derselbe Prozeß vorangeht, der bei einem informellen Beweis durchgeführt worden wäre. Wie kann nun diese gemeinsame Grundlage auch bei der Darstellung formaler Beweise genutzt werden, ohne daß man dazu die Anforderung der maschinellen Überprüfbarkeit des Beweises aufgibt?

Notabene: Es ist klar, daß es gerade bei formal-logischem Schließen und insbesondere bei der formalen Systementwicklung zahllose formale Beweise gibt, die keinerlei wichtige Information für den Leser enthalten, sondern im Gegenteil trivial, langweilig und mühsam zu verstehen sind. Diese Beweise sollen selbstverständlich nicht dargestellt werden. In solchen Fällen verbirgt man am besten den formalen Beweis oder überläßt ihn der Maschine — ein Vorgehen, welches sich sehr gut mit unserem Ansatz verträgt.

Im folgenden wird nun dieser Ansatz zur Darstellung formaler Beweise vorgestellt. Er versucht, die aufgezeigte Distanz zwischen formalen und informellen Beweisen wenn nicht ganz zu überbrücken, so doch deutlich zu verringern.

Ein Ansatz zur Darstellung formaler Beweise

Wir wollen bewährte Techniken und Prinzipien des Entwurfs und der Darstellung von Programmen auf den Entwurf und die Darstellung von Beweisen übertragen. Vier verschiedene Aspekte lassen sich dabei unterschieden: die globale und lokale Strukturierung, die formale Sprache, sowie die Darstellungsmittel.

Globale Struktur. Um die globale Struktur in einem formalen Beweis verständlich darzustellen, wenden wir das Prinzip der schrittweisen Verfeinerung (Wirth 1971) an: ein formaler Beweis wird hierarchisch strukturiert. Auch für den Entwurf und die Darstellung informeller rigoroser Beweise ist dies eine vorteilhafte Vorgehensweise. So werden durch die hierarchische Struktur Abhängigkeiten zwischen Beweisschritten deutlich. Oft kann man Fehler in Beweisen auf das Übersehen solcher Abhängigkeiten zurückführen. Im Kontext formaler Methoden hat dies zur Entwicklung neuer rigoroser Beweisstile wie etwa Jones' (1990) „boxed proofs" oder Lamports (1994) „structured proofs" geführt. Diese Beweisstile betonen die hierarchische Struktur einer Begründung und können als rigorose und informelle Variante von Gentzens (1935) Kalkül des natürlichen Schließens aufgefaßt werden. Als Illustration wird in Abb. 1 ein Textbuchbeweis des Fixpunktsatzes von Knaster-Tarski einem hierarchisch strukturierten Beweis gegenübergestellt.

Hierarchische Strukturierung bzw. Verfeinerung ist nun deshalb so geeignet für die Darstellung formaler Beweise, weil technische Details erst auf niederen Abstraktionsebenen erwähnt werden müssen. So ähneln die höheren Abstraktionsebenen den informellen hierarchisch strukturierten Beweisen. Der einzige Unterschied zwischen einem informellen Beweis und einem formalen Beweis sollte die Tiefe der Detaillierungsebenen sein. Ein weiterer Vorteil dieser Vorgehensweise ist, daß der Einsatz automatischer Beweiser genau lokalisiert werden kann: Je mächtiger diese Beweiser werden, desto weniger technische Detaillierungsebenen muß ein Entwickler formaler Beweise angeben. Eine automatische Überprüfung der Dekomposition

Theorem (Knaster-Tarski) *Let L be a complete lattice and $\Phi : L \to L$ a monotonic map. Then, Φ has a fixpoint.* □

Classical proof (Davey & Priestley 1990, 4.11). Let $M = \{x : x \in L : \Phi(x) \supseteq x\}$ and $\alpha = \cup M$. For all $x \in M$, we have $\alpha \supseteq x$, so $\Phi(\alpha) \supseteq \Phi(x) \supseteq x$. Thus, $\Phi(\alpha) \in M^u$, whence $\Phi(\alpha) \supseteq \alpha$. We now use this inequality to prove the reverse one (!) and thereby complete the proof that α is a fixpoint. Since Φ is order-preserving, $\Phi(\Phi(\alpha)) \supseteq \Phi(\alpha)$. This says $\Phi(\alpha) \in M$, so $\alpha \supseteq \Phi(\alpha)$. □

Hierarchical proof.

LET: $M \triangleq \{x : x \in L : \Phi(x) \supseteq x\}$
PROVE: $\Phi(\cup M) = \cup M$
1. $\Phi(\cup M) \supseteq \cup M$.
  1.1. $\Phi(\cup M)$ is an upper bound of M:
    ASSUME: $x \in M$
    PROVE: $\Phi(\cup M) \supseteq x$
    1.1.1. $\Phi(x) \supseteq x$
      PROOF: Def. of M.
    1.1.2. $\Phi(\cup M) \supseteq \Phi(x)$
      PROOF: Def. of $\cup$ and monotonicity of Φ.

    1.1.3. QED.
      PROOF: 1.1.1., 1.1.2., transitivity.
  1.2. QED.
    PROOF: Def. of $\cup$ and 1.1.
2. $\cup M \supseteq \Phi(\cup M)$.
  2.1. $\Phi(\cup M) \in M$.
    PROOF: Def. of M, 1., and monotonicity of Φ.
  2.2. QED.
    PROOF: Def. of $\cup$ and 2.1.
3. QED.
  PROOF: 1., 2., and antisymmetry. □

Abb. 1 Klassischer und hierarchisch strukturierter Beweis

sowie ein automatisches Beweisen der nicht weiter verfeinerten Stufen garantiert dann die Korrektheit des Beweises. Auf der Darstellungsseite hingegen kann der Entwickler natürlich frei entscheiden, bis zu welcher Ebene er den Beweis präsentiert, oder er kann dies gar dem Leser etwa durch Einsatz von Hypertext-Techniken selbst überlassen.

Die hierarchische Strukturierung von Beweisen läßt sich auf zwei Grundprinzipien der Informatik zurückführen: *Komposition* und *Verfeinerung*. Wir skizzieren nun, wie wir diese Prinzipien im Kontext formaler Beweise studieren können und sie dadurch so gut verstehen lernen, daß wir sie in zukünftige formale Beweissysteme integrieren können. Unser Ziel dabei ist, eine mathematische Theorie für die Komposition und die Verfeinerung von Beweisen aufzustellen. Hierzu fassen wir eine Behauptung als abstrakte Spezifikation all ihrer Beweise auf. Diese Spezifikation wird dann schrittweise in einen hinreichend detaillierten Beweis verfeinert:

$$\textit{Behauptung} \sqsupseteq \cdots \sqsupseteq \textit{Beweisskizze} \sqsupseteq \cdots \sqsupseteq \textit{detailierter Beweis}$$

Damit es sich bei der angedeuteten Verfeinerungsrelation $\sqsupseteq$ tatsächlich um eine partielle Ordnung im mathematischen Sinne handeln kann, müssen logische Formeln und Beweise derselben semantischen Struktur angehören. Eine Formel ist demnach die noch nicht verfeinerte abstrakte Skizze eines Beweises. Betrachten wir zur Illustration noch einmal den strukturierten Beweis des Fixpunktsatzes. Die erste Beweisverfeinerung kann wie folgt umschrieben werden: Um $\Phi(\cup M) = \cup M$ zu beweisen, beweisen wir zunächst $\Phi(\cup M) \supseteq \cup M$ und $\cup M \supseteq \Phi(\cup M)$ und verwenden dann die Antisymmetrie der Teilmengenrelation. Dies wird durch das folgende Beweisskelett beschrieben:

PROVE: $\Phi(\cup M) = \cup M$
1. $\Phi(\cup M) \supseteq \cup M$.
2. $\cup M \supseteq \Phi(\cup M)$.
3. QED.

Der QED Schritt drückt aus, daß $\Phi(\cup M) = \cup M$ aus den Schritten 1 und 2 folgt. Formal läßt sich diese erste Verfeinerung wie folgt ausdrücken:

$$\{\Phi(\cup M) = \cup M\}$$
$$\supseteq$$
$$\underbrace{\{\Phi(\cup M) \supseteq \cup M\}}_{1.} \, \S \, \underbrace{\{\cup M \supseteq \Phi(\cup M)\}}_{2.} \, \S \, \underbrace{\{\Phi(\cup M) = \cup M\}_{\text{QED}}}_{3.}$$

Diese Formalisierung ist entstanden, indem wir den Wechsel der Abstraktionsebene durch die Verfeinerungsrelation $\supseteq$ und die Aneinanderreihung der Unterbeweise durch die Komposition $\S$ ausgedrückt haben. Um atomare Formeln von den Operatoren unserer Theorie zur Beweisverfeinerung abzusetzen, schreiben wir sie in geschweiften Klammern. Der Zweck des QED-Schritts ist, die Zerlegung zu rechtfertigen, d.h. nachzuweisen, daß die Komposition von $\{\Phi(\cup M) \supseteq \cup M\}$ und $\{\cup M \supseteq \Phi(\cup M)\}$ die Konklusion $\{\Phi(\cup M) = \cup M\}$ impliziert. Diese Implikation läßt sich folgendermaßen ausdrücken:

$$(\{\Phi(\cup M) \supseteq \cup M\} \, \S \, \{\cup M \supseteq \Phi(\cup M)\}) \mapsto \{\Phi(\cup M) = \cup M\}$$

Der binäre Operator $\mapsto$ konstruiert also eine Ableitungsregel mit einer Hypothese und einer Konklusion. Wenn $\{\Phi(\cup M) = \cup M\}_{\text{QED}}$ diese Implikation verfeinert, dann ist der vorangegangene erste Schritt der Verfeinerung zulässig. Der zweite Schritt kann seinerseits zu einem Beweis von $\{\Phi(\cup M) \in M\}$ und dem Nachweis der Zulässigkeit dieser Zerlegung verfeinert werden:

$$\underbrace{\{\cup M \supseteq \Phi(\cup M)\}}_{2.} \quad \supseteq \quad \underbrace{\{\Phi(\cup M) \in M\}}_{2.1.} \, \S \, \underbrace{\{\cup M \supseteq \Phi(\cup M)\}_{\text{QED}}}_{2.2.}$$

Wir sind bis jetzt auf zwei wesentliche Konstruktoren von Beweisen gestoßen: die Komposition $\S$ und den Regeloperator $\mapsto$. Dabei möge $\S$ stärker binden als $\mapsto$. Wir können nun fortfahren und den ersten Unterbeweis verfeinern:

$$\sqsupseteq \quad \underbrace{\{\Phi(\cup M) \supseteq \cup M\}}_{1.}$$

$$\sqsupseteq \quad \underbrace{\{\forall x \in M.\Phi(\cup M) \supseteq x\}}_{1.1.} \,\text{\textfrac{9}}\, \underbrace{\{\Phi(\cup M) \supseteq \cup M\}_{\text{QED}}}_{1.2.}$$

$$(\forall x.\{x \in M\} \mapsto \underbrace{\{\Phi(x) \supseteq x\}}_{1.1.1.} \,\text{\textfrac{9}}\, \underbrace{\{\Phi(\cup M) \supseteq \Phi(x)\}}_{1.1.2.} \,\text{\textfrac{9}}\, \underbrace{\{\Phi(\cup M) \supseteq x\}_{\text{QED}}}_{1.1.3.}) \,\text{\textfrac{9}}\,$$

$$\underbrace{\{\Phi(\cup M) \supseteq \cup M\}_{\text{QED}}}_{1.2.}$$

Was sind elementare Eigenschaften dieser beiden Operatoren? Wie beeinflussen sie sich gegenseitig und wie verhalten sie sich bezüglich der Verfeinerungsordnung? Da diese Konstruktoren totale Operationen sind, müssen wir irgendwie zwischen zulässigen und unzulässigen Beweisen unterscheiden. Hierzu führen wir ein Zulässigkeitselement 1 ein und charakterisieren zulässige Beweise P durch $P \sqsupseteq 1$. Dieses Element bildet sozusagen die Kombination *aller* zulässigen Begründungen: $1 = (\sqcap P : P \sqsupseteq 1)$. Die Relation $P \sqsupseteq Q$ drückt somit aus, daß P „zulässiger" ist als Q. Mit anderen Worten, wenn Q zulässig ist, d.h. $Q \sqsupseteq 1$, dann ist P ebenfalls zulässig. Umgekehrt drückt $P \sqsupseteq Q$ aus, daß Q ein zulässiger Versuch der Verfeinerung von P ist, und erfolgreich ist, wenn $Q \sqsupseteq 1$ gilt.

Der Kompositionsoperator konstruiert Folgen von einzelnen Begründungsschritten, wobei ein Schritt, der später in der Folge auftritt, auf Informationen früherer Schritte zugreifen kann. Somit sollte die Komposition assoziativ aber nicht kommutativ sein. Die Komposition sollte ebenfalls monoton bzgl. der Verfeinerungsordnung sein, d.h. die einzelnen Schritte sollten unabhängig voneinander verfeinert werden können. Die Verfeinerung von $P \,\text{\textfrac{9}}\, 1$ bzw. $1 \,\text{\textfrac{9}}\, P$ sollte intuitiv äquivalent zur Verfeinerung von P sein,

$$P \,\text{\textfrac{9}}\, 1 \sqsupseteq Q \;\equiv\; P \sqsupseteq Q \;\equiv\; 1 \,\text{\textfrac{9}}\, P \sqsupseteq Q,$$

da 1 als abstraktes Wahrheitselement keine Rolle in einer Verfeinerung spielen sollte. Daraus folgt zudem, daß 1 die Identität der Komposition ist.

Der Regelkonstruktor sollte monoton in seinem zweiten Argument — der Konklusion — sein:

$$P \sqsupseteq Q \;\Rightarrow\; R \mapsto P \sqsupseteq R \mapsto Q,$$

d.h., wenn wir P nach Q verfeinern können, dann sollte dies auch im Kontext einer zusätzlichen Hypothese möglich sein.

Einen Beweis P kann man verfeinern durch einen Beweis Q und einen Beweis, daß
P von Q impliziert wird:

$$P \sqsupseteq Q \,\fatsemi\, (Q \mapsto P). \qquad (*)$$

Diese Verfeinerung korrespondiert direkt mit der hierarchischen Dekomposition,
wie sie im Knaster-Tarski Beweis illustriert wurde: Q entspricht dem Unterbeweis
der nächsten Ebene und $Q \mapsto P$ dem abschließenden QED Schritt. Umgekehrt: Wenn
wir die Komposition von P und Q unter der Annahme P verfeinern wollen, dann
brauchen wir nur Q zu verfeinern, denn wir kennen ja bereits P:

$$P \mapsto (P \,\fatsemi\, Q) \sqsupseteq Q \qquad (**)$$

Mit anderen Worten, P wird in $P \mapsto (P \,\fatsemi\, Q)$ „herausgekürzt".

Wir haben die Grundbausteine einer algebraischen Theorie zur Komposition und
Verfeinerung von Beweisen skizziert. Im Prinzip handelt es sich dabei um ein partiell geordnetes Monoid, das durch Eigenschaften wie $(*)$ und $(**)$ mit einer reichhaltigen Struktur versehen ist. In der Arbeit wird ein Kapitel der Untersuchung dieser
Theorie gewidmet, die als algebraische Semantik für zukünftige, die Verfeinerung
von Beweisen integriert unterstüzende Beweissysteme dienen kann.

Lokale Struktur. Während ein formaler Beweis durch eine hierarchische Dekomposition global strukturiert werden kann, favorisieren wir transformationelle Beweise
auf der lokalen Ebene. Die Vorteile der „calculational method" sind an anderer Stelle hervorragend herausgearbeitet worden (Gasteren 1987, Dijkstra & Scholten 1990,
Gries & Schneider 1993, Backhouse 1995). Dieser Beweisstil ist durch seine lineare
Struktur leicht zu verstehen. Durch eingestreute Begründungen wird der Leser in die
Lage versetzt, jeden einzelnen Zwischenschritt nachzuvollziehen. Schließlich läßt
sich dieser Stil einfach und effektiv durch die Maschine unterstützen. Anders als
Gries und Schneider behaupten wir allerdings, daß sich natürliches Schließen und
transformationelle Beweise sehr wohl miteinander vertragen. Natürliches Schließen
ist geeignet, einen Beweis hierarchisch in Teilbeweise zu zerlegen. Solche Teilbeweise können auf den unteren Ebenen die Form von transformationellen Beweisen
annehmen. In der Arbeit illustrieren wir dieses harmonische Zusammenspiel von
natürlichem und transformationellem Schließen anhand mehrerer Beispiele.

Sprache. Die *Beweisprogrammiersprache*, also die Sprache, in der formale Beweise ausgedrückt werden, beeinflußt ebenfalls die Verständlichkeit. Wir wollen einige
wichtige Anforderungen an eine solche Sprache aufstellen. Die Sprache sollte in
erster Linie das Verfeinern von abstrakten Beweisen hin zu konkreten Beweisen ge-
statten. Man könnte also ebenso von einer Beweisspezifikationssprache sprechen.

Unserer Meinung nach sollte eine gute Beweisprogrammiersprache höherer Ordnung sein, also „Regeln" als Sprachobjekte zulassen. Mittels geeigneter Sprachkonstrukte, sogenannten Tacticals, können dann Regeln komponiert werden und neue Regeln gebildet werden. Die Sprache sollte ausdrucksstark genug sein, um Vorwärts- und Rückwärtsbeweise sowie transformationelle Beweise formulieren zu können. Schließlich sollte sie Mechanismen vorsehen, um technische Details weglassen zu können. Eine Implementierung der Sprache synthetisiert diese Details, überprüft die Korrektheit der Verfeinerungsschritte und vervollständigt den Beweis. Zur Realisierung dieser Mechanismen können einfache Typinferenzverfahren bis hin zu mächtigen Theorembeweisern eingesetzt werden.

Ein weiterer wichtiger Aspekt, der oft vernachlässigt wird aber doch große Bedeutung für die Darstellung von Beweisen hat, ist die Notwendigkeit der flexiblen Unterstützung mathematischer Notationen durch die Beweisprogrammiersprache. Wie bereits Thurston anmerkte, spielt konzise Notation eine große Rolle bei der Vermittlung mathematischen Verständnisses. Backhouse (1989) argumentiert ähnlich.

Darstellungsmittel. Die Art und Weise, in der wir einem Rechner etwas „erklären", ist sicherlich nicht der beste Weg, es einem Menschen zu erklären. Insbesondere erzwingt die Syntax einer formalen Sprache eine gewisse Reihenfolge, in der Sätze der Sprache aufgeschrieben werden müssen. Bei Programmen etwa läuft diese Reihenfolge oft einer auf den Menschen zugeschnittenen Erläuterung des Programms zuwider. Um sowohl den menschlichen wie den maschinellen Anforderungen gerecht zu werden, entwickelte Knuth (1984, 1992) das Prinzip des „literate programming", was wir frei mit „erläuterndes Programmieren" übersetzen. In seiner Einführung schreibt Knuth: „Instead of imagining that our main task is to instruct a *computer* what to do, let us concentrate rather on explaining to *human beings* what we want a computer to do." Wir können einen ähnlichen Satz bezüglich formaler Beweise formulieren: „Instead of imagining that our main task is to explain to a computer why a formal proof is correct, let us concentrate rather on explaining to human beings why it is correct."

Knuth entwickelte die sogenannten WEB-Werkzeugen weave und tangle, um sich von dem strikten syntaktischen Regime einer Programmiersprache zu lösen und Programme in einer hierarchischen und erläuternden Form zu präsentieren. Diese Idee wird in der Arbeit aufgegriffen, um zweierlei zu erreichen: Einmal können informelle Erläuterungen in einen formalen Beweis integriert werden, indem Beweis und Erläuterungen in *einem* Textdokument entwickelt werden, aus dem der formale Teil automatisch extrahiert werden kann. Zum anderen kann das Verfeinerungsprinzip simuliert werden, indem WEB's Abschnittsmechanismus (s.u.) geeignet verwendet wird. Abb. 2 zeigt eine generische Werkzeugarchitektur, die dieses Vor-

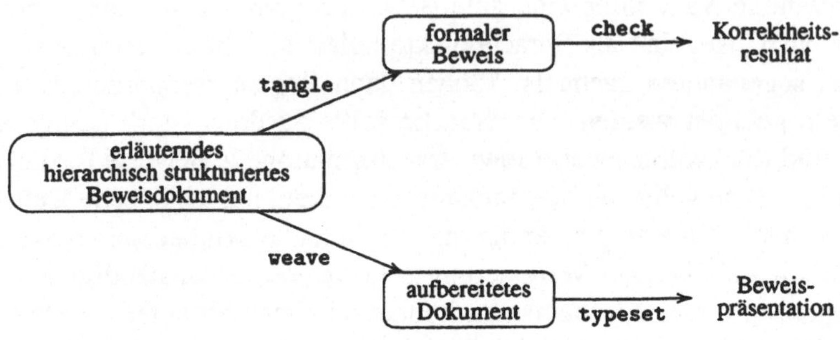

Abb. 2 Generische Werkzeugarchitektur für *literate proofs*

gehen unterstützt. Bei dieser Architekur kann sich der Anwender im Prinzip darauf beschränken, mit dem Beweissystem auf der Ebene des Beweisdokuments zu interagieren. Das Beweissystem kann selbst mittels der `tangle` und `weave` Komponenten den formalen Beweis extrahieren bzw. die Beweispräsentation generieren.

Zusammenfassend kann dieser Ansatz zur Darstellung formaler Beweise als *erläuternd* (literate), *transformationell* (calculational), *hierarchisch geordnet* und *kompositional* charakterisert werden. Im Rahmen der Dissertation sind zwei Fallstudien mit zwei verschiedenen Beweissystemen bearbeitet worden, um die Praktikabilität dieses Ansatzes zu demonstrieren. Diese beiden Fallstudien sollen im nächsten Abschnitt kurz beschrieben werden.

3   Fallstudien

Als Beweissysteme haben wir die statische Beweissprache Deva und den generischen interaktiven Theorembeweiser Isabelle gewählt. Für diese beide Systeme haben wir gemäß der in Abb. 2 skizzierten Architektur prototypische WEB-Werkzeuge entworfen und implementiert. Diese Werkzeuge wurden dann bei der Entwicklung und Präsentation einiger klassischer mathematischer Beweise eingesetzt.

Deva

Die Beweissprache Deva wurde zur Beschreibung formaler Programmentwicklungen entworfen. Deva basiert auf einem typisierten λ-Kalkül höherer Ordnung, der unter anderem durch ein Modularisierungskonzept und ein ausdrucksstarkes implizites Typsystem erweitert wurde (Weber 1993). Weber et al. (1993) geben eine ausführliche Einführung in die Sprache und ihre Semantik und präsentieren zwei umfangreiche Fallstudien formaler Programmentwicklungen. Dieses Buch war dann auch eines der ersten großen formalen Dokumente, die vollständig mit einer Implementierung von Deva (Anlauff 1995) entwickelt und auf ihre Korrektheit hin überprüft wurden sowie mit den DevaWEB Werkzeugen (Biersack et al. 1993) präsentiert wurden. Weitere nicht triviale Fallstudien wurden mit diesen Werkzeugen etwa von Weber (1994) oder von Santen et al. (1995) bearbeitet.

Es ist im Rahmen dieses Übersichtsartikels nicht möglich, eine vollständige formale Beweispräsentation zu geben. Hierzu sei auf die aufgeführte Literatur und auf die Dissertation selbst verwiesen. In der Dissertation finden sich die Formaliserungen der Beweise des Knaster-Tarski Fixpunkttheorems sowie des Schröder-Bernstein Theorems. Um einen Eindruck von den Kernelementen der WEB Darstellungstechnik für Deva zu geben, wollen wir im folgenden zwei Deva Fragemente und ihre Darstellung zeigen. Das folgende linke Fragment ist Teil des Knaster-Tarski-Beweises. Das rechte Fragment zeigt einen transformationellen Beweis in Deva.

```
[ M := ext([x:L |- Phi(x) => x])          main_hyp
|- [ @<|Phi(lub M) => lub M|.@>             .: h(x) = h(y)
   ; @<|lub M => Phi(lub M)|.@>           ' Leibniz(mapsum.pos(local_hyp__1))
   |- @<QED (Knaster-Tarski).@>             .: f(x) = h(y)
   ] .: Phi(lub M) = lub M               ' Leibniz(mapsum.pos(local_hyp__2))
]                                           .: f(x) = f(y)
                                          ' (univii.elim(inj__f) @- ' imp.elim)
                                            .: x=y
```

Die weave Komponente generiert aus diesen Fragmenten die auf der linken Seite von Abb. 3 gezeigten Darstellungen. Zum Vergleich wird die oberste Ebene des strukturierten Knaster-Tarski Beweises aus Abb. 1 sowie ein informeller transformationeller Beweises auf der rechten Seite der Abbildung angegeben. In beiden Fällen erkennt man die enge Übereinstimmung zwischen der Darstellung des formalen Beweises und dem entsprechenden informellen Beweis. Insbesondere kann man im oberen Fall erkennen, wie WEB's Abschnittsmechanismus verwendet wird, um eine hierarchische Gliederung des formalen Beweises zu simulieren: Hinter den mit @< und @> geklammerten Ausdrücken verbergen sich die nächst tieferen Hierarchiestufen des Deva-Beweises.

Isabelle

Isabelle (Paulson 1994) ist ein generischer interaktiver Theorembeweiser, der eine Vielzahl von Objekt-Logiken unterstützt, indem deren Axiome in Isabelles Meta-Logik (intuitionistische Logik höherer Ordnung) formalisiert werden. Beim Beweisen eines Theorems interagiert der Benutzer mittels einer Taktiksprache mit Isa-

$[\ M \ := \ ext \ ([\ x : L \ \vdash \ \Phi(x) \sqsupseteq x \ ])$

$\vdash [\langle \ \Phi(\cup M) \sqsupseteq \cup M. \ 1 \rangle$

$\ ; \langle \ \cup M \sqsupseteq \Phi(\cup M). \ 2 \rangle$

$\ \vdash \langle \ \text{QED (Knaster-Tarski).} \ 3 \rangle$

$\ ] \ \therefore \ \Phi(\cup M) = \cup M$

$]$

LET: $M \triangleq \{ x : x \in L : \Phi(x) \sqsupseteq x \}$
PROVE: $\Phi(\cup M) = \cup M$
1. $\Phi(\cup M) \sqsupseteq \cup M$.
2. $\cup M \sqsupseteq \Phi(\cup M)$.
3. QED.

main_hyp
  $\therefore h(x) = h(y)$
$\setminus$ *Leibniz(mapsum. pos (local_hyp$_1$))*
  $\therefore f(x) = h(y)$
$\setminus$ *Leibniz(mapsum. pos (local_hyp$_2$))*
  $\therefore f(x) = f(y)$
$\setminus$ *(univii. elim (inj$_f$)* $\setminus$ *imp.elim)*
  $\therefore x = y$

$h(x) = h(y)$
$\Rightarrow \quad \{\blacksquare \ \text{Hypothesis } x \in X_1, \text{ def. of } h\}$
$f(x) = h(y)$
$\Rightarrow \quad \{\blacksquare \ \text{Hypothesis } y \in X_1, \text{ def. of } h\}$
$f(x) = f(y)$
$\Rightarrow \quad \{f \text{ injective}\}$
$x = y$

Abb. 3 Deva Beweise vs. strukturierten und transformationellen Beweis

belle. Taktiken operieren auf einem globalen Beweiszustand. Neben einfachen Resolutionstaktiken gibt es halb-automatische Beweistaktiken sowie Schnittstellen zu externen Beweismechanismen. Vorzugsweise wird beim interaktiven Beweisen ein Rückwärtsbeweis versucht, wobei kleinere „Nebenbeweise" auch direkt als abgeschlossene Vorwärtsbeweise eingebaut werden können. Während eines Rückwärtsbeweises wird ein „Ziel" in Teilziele zerlegt, die den Beweiszustand ausmachen. Ein Beweis ist erfolgreich beendet, wenn der Beweiszustand kein Teilziel mehr enthält. Der Beweiszustand ist allerdings flach, und die durch die Zerlegung induzierte hierarchische Struktur geht verloren. Durch die für Isabelle entwickelten WEB-Werkzeuge kann diese Struktur zumindest auf der Darstellungsebene wiedergewonnen werden.

Wiederum ist es an dieser Stelle nicht möglich, einen vollständigen Isabelle-Beweis zu präsentieren; wir beschränken uns daher auf die Darstellung von Fragmenten. In der Dissertation wird ein Isabelle-Beweis des Church-Rosser-Theorems für den λ-Kalkül dargestellt. Abb. 4 zeigt auf der linken Seite zwei Isabelle-Fragmente, aus denen weave die Darstellungen auf der rechten Seite generiert. Das erste Fragment illustriert, wie WEB gestattet, auch einen Isabelle Beweis hierarchisch zu strukturieren. Das zweite Fragment illustriert die Anwendung und Darstellung von eigens für transformationelle Beweise entwickelten Taktiken.

<table>
<tr><td valign="top">

```
by (assume_and_prove_tac (all_tac)
   [(["M=={x.f x=>x}"],"")]
   "f(Union M) = Union M" 1);
<<"f(Union M) => Union M">>
<<"Union M => f(Union M)">>
<<QED (Knaster-Tarski)>>
```

</td><td valign="top">

ASSUME: $M \equiv \{x.fx \supseteq x\}$
PROVE: $f(\sqcup M) = (\sqcup M)$
$\langle f(\sqcup M) \supseteq \sqcup M \ 1\rangle$
$\langle (\sqcup M) \supseteq f(\sqcup M) \ 2\rangle$
$\langle QED\ (Knaster\text{-}Tarski).\ 3\rangle$

</td></tr>
<tr><td valign="top">

```
by (calc_init_tac
      "R^* O converse (R^*)" 1);
by (calc_step_tac (Simp_tac 1) "" "<="
      "(R^* O converse R^*)^*" 1);
by (calc_step_tac (Simp_tac 1) "" "="
      "(R Un converse R)^*" 1);
by (calc_step_tac (Asm_full_simp_tac 1) ""
        "<=" "converse (R^*) O R^*" 1);
by (calc_finish_tac 1);
```

</td><td valign="top">

$R^* \circ R^* {\scriptstyle\cup}$
$\sqsubseteq$ by (Simp_tac 1)
$(R^* \circ R{\scriptstyle\cup}^*)^*$
$=$ by (Simp_tac 1)
$(R \cup R{\scriptstyle\cup})^*$
$\sqsubseteq$ by (Asm_full_simp_tac 1)
$R^* {\scriptstyle\cup} \circ R^*$

</td></tr>
</table>

Abb. 4 Formen der Präsentation von Isabelle Beweisen

4 Resümee

Wir haben einen Ansatz zur verständlichen Darstellung formaler Beweise vorgestellt. Dabei erlaubt die enge Übereinstimmung zwischen dem Entwicklungsprozeß
formaler Beweise und dem Entwicklungsprozeß eines Programms, bekannte Prinzipien und Techniken des Programmentwurfs auf den Entwurf und die Darstellung
formaler Beweise zu übertragen. Dies führt zu hierarchisch gegliederten formalen
Beweisen, die in einem Stil präsentiert werden, der Knuth's „literate programming"
nachempfunden ist und der transformationelle Beweise betont. Die Beschreibung
zweier Experimente illustriert die Praktikabilität des Ansatzes. Hierbei werden,
dem Präsentationsansatz folgend, formale Beweise dargestellt, die zum einen in
einer statischen Beweissprache ausgedrückt und zum anderen für einen interaktiven Theorembeweiser programmiert sind. Die Beobachtung, daß zwei wesentliche
Elemente des Präsentationsansatzes — nämlich die Komposition von formalen Herleitungen und deren hierarchische Verfeinerung — in herkömmlichen logischen Beweiskalkülen fehlen, führt zur Formulierung eines algebraischen Beweiskalküls, in
dem formale Herleitungen selbst Formeln sind und somit verfeinert und miteinander komponiert werden können. Die Hauptbeiträge dieser Arbeit bestehen demnach in dem praktischen Nachweis, daß Komposition und Verfeinerung als primitive Konstruktionselemente formaler Beweiskalküle zur Verbesserung der verständlichen Darstellung formaler Beweise beitragen, weiterhin der Formulierung einer
algebraischen Semantik für einen solchen Beweiskalkül und schließlich der Entwicklung von Techniken und Werkzeugen zur Präsentation formaler Beweise in
herkömmlichen formalen Beweissystemen.

Danksagung. An dieser Stelle sei herzlichst Matthias Anlauff, Roland Backhouse, Jochen Burghardt, Manuel Chakravarty, Viktor Friesen, Wilfried Koch, Stefan Jähnichen, Thomas Santen, Michel Sintzoff und Matthias Weber für ihre Unterstützung gedankt.

Literatur

Anlauff, M. (1995), *Rechnerunterstützung formaler Beweissprachen*, GMD-Bericht Nr. 244, R. Oldenbourg Verlag.

Backhouse, R. C. (1989), 'Making formality work for us', *Bulletin of the EATCS* (38), 219–249.

Backhouse, R. C. (1995), 'The calculational method', *Information Processing Letters* **53**. Special issue on the calculational method.

Biersack, M., Raschke, R. & Simons, M. (1993), The DevaWEB system: Introduction, tutorial, user manual, and implementation, Technical Report 93-39, TU Berlin.

Bird, R. & de Moor, O. (1997), *Algebra of Programming*, Prentice Hall International.

Dijkstra, E. W. (1997), The tide, not the waves, *in* P. J. Denning & R. M. Metcalfe, eds, 'Beyond Calculation', Springer, pp. 59–64.

Dijkstra, E. W. & Scholten, C. (1990), *Predicate Calculus and Predicate Transformers*, Springer-Verlag.

Gasteren, A. J. M. v. (1987), *On the Shape of Mathematical Arguments*, LNCS 445, Springer-Verlag.

Gentzen, G. (1935), 'Untersuchungen über das logische Schließen', *Mathematische Zeitschrift* **39**, 176–210, 405–431.

Gries, D. & Schneider, F. B. (1993), *A Logical Approach to Discrete Math*, Springer-Verlag.

Jones, C. B. (1990), *Systematic Software Development Using VDM*, second edn, Prentice Hall International.

Knuth, D. (1984), 'Literate programming', *The Computer Journal* **27**(2), 97–111.

Knuth, D. (1992), *Literate Programming*, Center for the Study of Language and Information.

Lamport, L. (1994), 'How to write a proof', *American Mathematical Monthly* **102**(7), 600–608.

Paulson, L. C. (1994), *Isabelle*, LNCS 828, Springer-Verlag.

Polya, G. (1954), *Mathematics and Plausible Reasoning, Vol. 1 — Induction and Analogy in Mathematics, Vol. 2 — Patterns of Plausible Inference*, Princeton University Press.

Polya, G. (1957), *How to Solve It*, second edn, Princeton University Press.

Santen, T., Kammüller, F., Jähnichen, S. & Beyer, M. (1995), Formalization of algebraic specification in the development language Deva, *in* M. Broy & S. Jähnichen, eds, 'KORSO: Methods, Languages, and Tools to Construct Correct Software', LNCS 1009, Springer-Verlag, pp. 223–238.

Simons, M. (1997*a*), *The Presentation of Formal Proofs*, GMD-Bericht Nr. 278, Oldenbourg Verlag.

Simons, M. (1997*b*), Proof presentation for Isabelle, *in* E. L. Gunter & A. Felty, eds, 'Theorem Proving in Higher Order Logics — 10th International Conference', LNCS 1275, Springer Verlag, pp. 259–274.

Simons, M., Biersack, M. & Raschke, R. (1994), Literate and structured presentation of formal proofs, *in* E.-R. Olderog, ed., 'IFIP Working Conference on Programming Concepts, Methods and Calculi (PROCOMET'94)', North Holland, pp. 61–81.

Simons, M. & Sintzoff, M. (1997), Algebraic composition and refinement of proofs, *in* M. Johnson, ed., 'Sixth International AMAST Conference (AMAST'97)', Springer-Verlag.

Simons, M. & Weber, M. (1996), 'An approach to literate and structured formal developments', *Formal Aspects of Computing* **8**(1), 86–107.

Thurston, W. P. (1994), 'On proof and progress in mathematics', *Bulletin (New Series) of the American Mathematical Society* **30**(2).

Weber, M. (1993), 'Definition and basic properties of the Deva meta-calculus', *Formal Aspects of Computing* **5**, 391–431.

Weber, M. (1994), Literate mathematical development of a revision management system, *in* M. Naftalin, T. Denvir & M. Bertran, eds, 'FME'94: Industrial Benefits of Formal Methods', LNCS 873, Springer-Verlag, pp. 441–460.

Weber, M., Simons, M. & Lafontaine, C. (1993), *The Generic Development Language Deva: Presentation and Case Studies*, LNCS 738, Springer-Verlag.

Wirth, N. (1971), 'Program development by stepwise refinement', *Communications of the ACM* **14**(4), 221–227.

Betriebswirtschaftliche Anwendungsbereiche Konnektionistischer Systeme

ROLAND DÜSING

Fachbereich 5 Wirtschaftswissenschaft
Gerhard Mercator Universität Duisburg
Lotharstraße 63, LF 222
e-mail: duesing@uni-duisburg.de

Abstract

Im Rahmen dieses Beitrages werden die betriebswirtschaftlichen Anwendungs-bereiche Konnektionistischer Systeme untersucht. Dabei werden auf der Grundla-ge der Eigenschaften Künstlicher Neuronaler Netze die Anwendungsmöglichkei-ten Konnektionistischer Systeme als betriebswirtschaftliche Erklärungsmodelle und Entscheidungsmodelle nachgewiesen.

1 Einleitung

Konnektionistische Systeme, die auch als Neuronenmodelle oder Künstliche Neuronale Netze bezeichnet werden, sind Systeme, die an dem Strukturprinzip und Funktionsprinzip natürlicher Neuronaler Netze der Biologie ausgerichtet sind. Sie stellen als computergestützte Systeme neue erfolgversprechende Problemlösungsansätze dar.

In der Betriebswirtschaftslehre sind die Möglichkeiten der Anwendung Künstlicher Neuronaler Netze gegenwärtig wenig erforscht. So liegen zwar für einige ausgewählte Problemstellungen, wie z. B. die Kreditwürdigkeitsanalyse oder die Insolvenzanalyse, Lösungsansätze auf der Grundlage Konnektionistischer Systeme vor, es fehlt jedoch eine fundierte wissenschaftliche Erarbeitung der Anwendungsmöglichkeiten von Neuronenmodellen auf einer breiten betriebswirtschaftlichen Basis.

Vor dem Hintergrund dieser Ausgangssituation besteht die mit dieser Untersuchung verbundene Zielsetzung darin, betriebswirtschaftliche Anwendungsbereiche Konnektionistischer Systeme herauszuarbeiten. Die Exploration dieser Anwendungsbereiche soll das betriebswirtschaftliche Anwendungspotential Künstlicher Neuronaler Netze verdeutlichen und zu einer besseren Einschätzung der Möglichkeiten der betriebswirtschaftlichen Anwendung beitragen.

Zu diesem Zweck erfolgt zunächst (Kapitel 2) eine grundlegende Darstellung Konnektionistischer Systeme. Im Anschluß daran (Kapitel 3) werden die Möglichkeiten der betriebswirtschaftlichen Anwendung Künstlicher Neuronaler Netze als Modelle zur Beschreibung, Erklärung und Entscheidung untersucht. Zum Abschluß der Untersuchung (Kapitel 4) werden die erreichten Ziele zusammengefaßt und die zu erwartende weitere Entwicklung in einem Ausblick skizziert.

2 Konnektionistische Systeme

Aufbauend auf einer Definition des Begriffes (Abschnitt 2.1) Konnektionistisches System werden das Strukturprinzip (Abschnitt 2.2) und Funktionsprinzip (Abschnitt 2.3) Künstlicher Neuronaler Netze erläutert. Anschließend werden die grundlegenden Eigenschaften (Abschnitt 2.4) von Neuronenmodellen vorgestellt.

2.1 Begriff

Konnektionistische Systeme sind Modelle von Systemen, deren Struktur und Funktion dem Prinzip natürlicher (biologischer) Neuronaler Netze folgen. Sie sind, so auch *Kemke (1988, S. 144)*, aus zahlreichen einfachen, miteinander verbundenen Verarbeitungselementen aufgebaut. Die Funktion eines Neuronenmodells resultiert aus der gleichzeitigen Aktivität einer Vielzahl einzelner Verarbeitungselemente. Künstliche Neuronale Netze greifen auf das Strukturprinzip und Funktionsprinzip natürlicher (biologischer) Neuronaler Netze zurück, ohne dabei einen Anspruch auf neurobiologische Adäquatheit zu erheben.

2.2 Strukturprinzip

Ein Konnektionistisches Systems besteht aus zahlreichen einfachen Verarbeitungselementen Pe_i, mit $i \in \{1, \dots, n\}$, deren Struktur, wie die Abbildung 1 veranschaulicht, durch eine Eingabefunktion, Aktivierungsfunktion und Ausgabefunktion festgelegt ist.

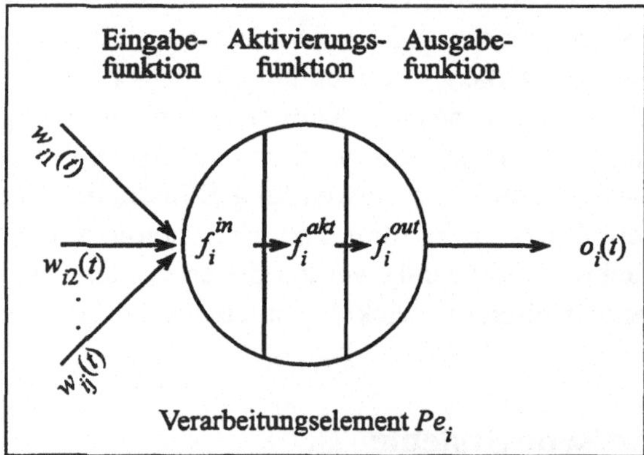

Abb. 1: Verarbeitungselement eines Konnektionistischen Systems

Die Eingabefunktion f_i^{in} bestimmt für einen Zeitpunkt t die effektive Eingabe $net_i(t) = f_i^{in}(w_{ij}(t), o_j(t))$ eines Verarbeitungselementes Pe_i. Der Wert der effektiven Eingabe $net_i(t)$ hängt von den Ausgabewerten $o_j(t)$ der dem Verarbeitungselement Pe_i vorgelagerten Verarbeitungselemente Pe_j und den gewichteten Verbindungen $w_{ij}(t)$ der Verbindungen zwischen den Verarbeitungselementen Pe_j und dem Verarbeitungselement Pe_i ab. Aus der effektiven Eingabe $net_i(t)$ und den Aktivierungswerten früherer Zeitpunkte $a_i(t-1), a_i(t-2), \dots, a_i(t-m)$ kann mit Hilfe

der   Aktivierungsfunktion f_i^{akt} der   Aktivierungswert
$a_i(t) = f_i^{akt}(a_i(t-1), a_i(t-2), ..., a_i(t-m), net_i(t))$ des Verarbeitungselementes Pe_i berechnet werden. Die Ausgabefunktion f_i^{out} ermittelt aus dem Aktivierungswert $a_i(t)$ des Verarbeitungselementes Pe_i den Ausgabewert $o_i(t) = f_i^{out}(a_i(t))$, der an mögliche nachgelagerte Verarbeitungselemente weitergeleitet wird.

Eine in der Literatur weitverbreitete Darstellungsform eines Künstlichen Neuronalen Netzes ist die Beschreibung als gerichteter und bewerteter Graph. Dabei entsprechen die Knoten des Graphen den Verarbeitungselementen und die gerichteten bewerteten Kanten den gewichteten Verbindungen zwischen den Verarbeitungselementen.

Im Rahmen der Darstellung von Neuronenmodellen hat es sich, der Einschätzung von *Kratzer (1990, S. 27)* folgend, bewährt, die einzelnen Verarbeitungselemente zu gruppieren. Ein Ansatz zur Strukturierung ist die in der Abbildung 2 vorgenommene Gruppierung der Verarbeitungselemente zu einer Eingabeschicht, Zwischenschicht und Ausgabeschicht. Die Eingabeschicht bzw. Ausgabeschicht werden auch als sichtbare Schichten eines Künstlichen Neuronalen Netzes bezeichnet, da ihre Verarbeitungselemente mit der Eingabe bzw. Ausgabe eines Neuronenmodells verbunden sind. Die Zwischenschicht setzt sich aus Verarbeitungselementen, die weder mit der Eingabe noch mit der Ausgabe eines Konnektionistischen Systems unmittelbar verknüpft sind, zusammen.

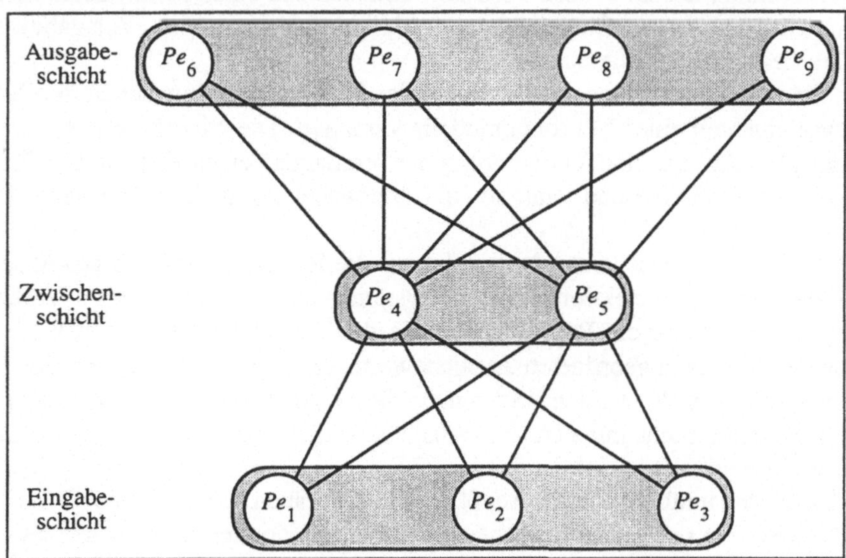

Abb. 2: Mehrschichtiges Konnektionistisches System

Das Merkmal der Richtung des Informationsflusses zwischen den Verarbeitungselementen führt zu einer Unterscheidung in vorwärtsgekoppelte und rückgekop-
pelte Konnektionistische Systeme.
Ein vorwärtsgekoppeltes Künstliches Neuronales Netz setzt sich aus Verarbeitungselementen, die Eingabewerte von den Verarbeitungselementen der vorgelagerten Schicht erhalten und Ausgabewerte an die Verarbeitungselemente der nach-
gelagerten Schicht weiterleiten, zusammen. Innerhalb einer Schicht haben die
Verarbeitungselemente keine Verbindung untereinander.[1]
In rückgekoppelten Neuronenmodellen ist die Richtung des Informationsflusses
nicht eindeutig festgelegt. Die Verarbeitungselemente eines rückgekoppelten
Konnektionistischen Systems können von jedem beliebigen Verarbeitungselement
Eingabewerte erhalten und jedem beliebigen Verarbeitungselement Ausgabewerte
zuführen.

2.3 Funktionsprinzip

Die Arbeitsweise eines Künstlichen Neuronalen Netzes ist durch die Prozesse der
Reproduktion und Adaption gekennzeichnet.
Im Rahmen der Reproduktion werden Eingabewerte an die Eingabeelemente eines
Neuronenmodells angelegt und die resultierenden Ausgabewerte der Ausgabeelemente berechnet. Dieser Prozeß verändert den Zustand eines Konnektionistischen
Systems, der sich in den Eingabewerten, Aktivierungswerten und Ausgabewerten
der Verarbeitungselemente ausdrückt.
Durch die Adaption werden die Gewichte der Verbindungen zwischen den Verar-
beitungselementen eines Neuronenmodells verändert. Die Modifizierung der Verbindungsgewichte hat eine Veränderung des Verhaltens eines Künstlichen Neuronalen Netzes zur Folge und kann sowohl überwacht als auch unüberwacht erfolgen.
Der Prozeß der überwachten Adaption ist auf die Realisierung eines gewünschten
Verhaltens eines Konnektionistischen Systems ausgerichtet. Dieses Verhalten
liegt vor, wenn durch die Reproduktion die den Eingabewerten des Künstlichen
Neuronalen Netzes zugeordneten Ausgabewerte, die Soll-Ausgabewerte des Neuronenmodells, erzielt werden. Stimmen die Ausgabewerte des Konnektionistischen Systems nicht mit den Soll-Ausgabewerten überein, so ist eine Anpassung der Verbindungsgewichte erforderlich.
Der Prozeß der unüberwachten Adaption zielt, so auch *Köhle (1990, S. 85)*, auf
die Klassifikation der an die Eingabeelemente eines Konnektionistischen Systems
angelegten Eingabewerte durch eine Modifizierung der Verbindungsgewichte ab.

---

[1] Vgl. auch *Stanley und Bak (1991, S. 181)*.

Zu diesem Zweck werden die statistischen Eigenschaften der Eingabewerte, wie z. B. Regelmäßigkeiten, Häufigkeiten und Ähnlichkeiten in den Eingabewerten, herangezogen, um Veränderungen der Gewichte der Verbindungen zwischen den Verarbeitungselementen vorzunehmen.

2.4 Eigenschaften

Aus dem Strukturprinzip (Abschnitt 2.2) und Funktionsprinzip (Abschnitt 2.3) Künstlicher Neuronaler Netze können grundlegende Eigenschaften Künstlicher Neuronaler Netze abgeleitet werden. Diese Eigenschaften sind zwar Merkmale aller Neuronenmodelle, aber abhängig vom jeweiligen konkreten Konnektionistischen System unterschiedlich stark ausgeprägt.

Eine grundlegende Eigenschaft eines Konnektionistischen Systems ist die Parallelität. Die Funktion eines Künstlichen Neuronalen Netzes resultiert aus der gleichzeitigen Aktivität zahlreicher, voneinander unabhängiger Verarbeitungselemente. Die parallele Arbeitsweise eines Neuronenmodells läßt, wie auch *Schöneburg, Hansen und Gawelczyk (1990, S. 15)* sowie *Zell (1994, S. 27)* anmerken, hochgradig parallele Implementierungen eines Künstlichen Neuronalen Netzes zu.

In einem Konnektionistischen System ist die Information verteilt gespeichert. Sie befindet sich, den Ausführungen von *Kemke (1988, S. 146)* und *Caudill (1989, S. 36)* folgend, in der Struktur und den gewichteten Verbindungen zwischen den Verarbeitungselementen des Neuronenmodells.

Die Adaptivität ist eine weitere grundlegende Eigenschaft eines Konnektionistischen Systems. Sie bezeichnet die Fähigkeit eines Künstlichen Neuronalen Netzes, eine Veränderung des Verhaltens vorzunehmen. Die Eigenschaft der Adaptivität resultiert aus der Veränderbarkeit der Verbindungsgewichte eines Neuronenmodells im Rahmen der Adaption.

Die Generalisierungsfähigkeit eines Konnektionistischen Systems ist die grundlegende Fähigkeit eines Neuronenmodells, die Zuordnungen der Ausgabewerte der Ausgabeelemente zu den Eingabewerten der Eingabeelemente zu verallgemeinern. Diese Verallgemeinerung kann dazu führen, daß im Rahmen der Reproduktion „... einander *ähnliche* Eingaben einander *ähnliche* Ausgaben hervorrufen."[2]

Die Fähigkeit eines Konnektionistischen Systems, auf den Ausfall von Teilstrukturen mit einer Verringerung der Genauigkeit und Geschwindigkeit des Verhaltens zu reagieren, wird als Fehlertoleranz bezeichnet. Die Eigenschaft der Fehlertoleranz ist auf die Generalisierungsfähigkeit eines Neuronenmodells und in einem

---

[2] *Nauck, Klawonn und Kruse (1996, S. 30).*

besonderen Maße auf die verteilte Informationsspeicherung in Künstlichen Neuronalen Netzen zurückzuführen.[3]

3 Möglichkeiten der betriebswirtschaftlichen Anwendung Konnektionistischer Systeme

Die mit den Ausführungen dieses Kapitels verbundene Zielsetzung besteht darin, die Möglichkeiten der betriebswirtschaftlichen Anwendung Konnektionistischer Systeme zu identifizieren. Die Grundlage für betriebswirtschaftliche Anwendungen sind betriebswirtschaftliche Modelle. Betriebswirtschaftliche Modelle sind kognitive, sprachliche oder materielle Abbildungen realer betrieblicher Systeme und können, so auch *Schweitzer (1994, S. 53)*, als Hilfsmittel sowohl zur Ableitung von Gestaltungsaussagen als auch zur Bildung von Hypothesen im Rahmen der Erkenntnisgewinnung eingesetzt werden. Vor diesem Hintergrund werden die Anwendungsmöglichkeiten Künstlicher Neuronaler Netze als Modelle zur Beschreibung (Abschnitt 3.1), Erklärung (Abschnitt 3.2) und Entscheidung (Abschnitt 3.3) untersucht. Die Ergebnisse der Untersuchungen sind im folgenden zusammengefaßt.[4]

3.1 Beschreibung

Die Zielsetzung von Beschreibungsmodellen ist, wie auch *Heinen und Sabathil (1977, S. 322)* ausführen, die systematisierte Wiedergabe von Tatbeständen der Realität. Ein betriebswirtschaftliches Beschreibungsmodell bildet die Struktur und Prozesse eines realen betrieblichen Systems ab. Diese Abbildung erfolgt auf der Grundlage von singulären Aussagen. Singuläre Aussagen sind sprachliche Aussagen, die durch einen speziellen Raum-Zeit-Bezug gekennzeichnet sind. Ein betriebswirtschaftliches Beschreibungsmodell dient daher auch nicht der Erklärung, sondern der Veranschaulichung eines realen betrieblichen Systems.
Konnektionistische Systeme können, wie im folgenden dargestellt wird, nicht zur Veranschaulichung realer betrieblicher Systeme im Sinne von betriebswirtschaftlichen Beschreibungsmodellen herangezogen werden.
Die Struktur und Prozesse eines realen betrieblichen Systems werden in einem Künstlichen Neuronalen Netz auf der Grundlage der Darstellung von ausgewähl-

---

[3] Vgl. *Bischoff, Bleile und Graalfs (1991, S. 376)* sowie *Dayhoff (1990, S. 12)*.

[4] Eine ausführliche Darstellung dieser Untersuchung ist in *Düsing (1997, S. 119 ff.)* zu finden.

ten Beziehungszusammenhängen zwischen einzelnen Einflußgrößen der betrieblichen Realität abgebildet. Diese Beziehungszusammenhänge sind das Ergebnis einer über die Beschreibung eines realen betrieblichen Systems hinausgehenden Analyse betrieblicher Strukturen und Prozesse. Sie drücken den kausalen Beziehungszusammenhang, d. h. den Ursache-Wirkungs-Zusammenhang, zwischen den Einflußgrößen der betrieblichen Realität aus. Die kausalen Beziehungszusammenhänge werden durch Funktionen dargestellt und weisen den Charakter genereller Aussagen auf.

3.2 Erklärung

Erklärungsmodelle beinhalten über die Wiedergabe von Tatbeständen der Realität hinaus Hypothesen über Gesetzmäßigkeiten bestimmter realer Zusammenhänge.[5] Ein betriebswirtschaftliches Erklärungsmodell bildet nicht nur die Struktur und Prozesse eines realen betrieblichen Systems, sondern auch den Ursache-Wirkungs-Zusammenhang zwischen einzelnen Einflußgrößen der betrieblichen Realität ab und vermittelt insoweit eine tiefere Erkenntnis als ein Beschreibungsmodell.

Konnektionistische Systeme bilden die Struktur und Prozesse realer betrieblicher Systeme auf der Grundlage einer funktionalen Darstellung ausgewählter kausaler Beziehungszusammenhänge zwischen einzelnen Einflußgrößen der betrieblichen Realität ab. Sie können insoweit zur Erklärung realer betrieblicher Systeme im Sinne von betriebswirtschaftlichen Erklärungsmodellen eingesetzt werden.

Die Anwendungsmöglichkeit Konnektionistischer Systeme als betriebswirtschaftliche Erklärungsmodelle ist auf die universelle Approximationseigenschaft Künstlicher Neuronaler Netze zurückzuführen. So kann ein Konnektionistisches System im Rahmen der Adaption den Ursache-Wirkungs-Zusammenhang zwischen beispielsweise den Einflußgrößen des Umsatzes eines Ladeneinzelhandelsunternehmens, Artikelpreis, Sortimentsbreite, Verkaufsfläche, Passantenfrequenz, Absatzwerbung sowie Verkaufsförderung, und der zu erklärenden Größe Umsatz ermitteln und durch eine funktionale Beziehung darstellen. Die Fähigkeiten zur Ermittlung und funktionalen Darstellung des kausalen Beziehungszusammenhanges zwischen einzelnen Einflußgrößen der betrieblichen Realität resultieren aus den Eigenschaften der Adaptivität und Generalisierungsfähigkeit Künstlicher Neuronaler Netze. Sie bilden die Grundlage für die Erklärung betrieblicher Systeme.

---

[5] Vgl. *Köhler (1975, Sp. 2711)*, *Hahn und Laßmann (1986, S. 62)* sowie *Heinen und Sabathil (1977, S. 322)*.

3.3 Entscheidung

Entscheidungsmodelle im Sinne der normativen Entscheidungstheorie sind, den Ausführungen von *Schweitzer (1994, S. 51)* folgend, „... auf die Ableitung zielorientierter Handlungs-, Gestaltungs- oder Entscheidungsalternativen zugeschnitten ...". Ein betriebswirtschaftliches Entscheidungsmodell bildet ein betriebliches Entscheidungsproblem ab und erleichtert damit die Problemerkennung und Problemlösung.[6] Ein Entscheidungsproblem besteht, so auch *Bea (1992, S. 310)*, darin, „... unter bestimmten Umweltzuständen (Daten) aus mehreren Handlungsalternativen diejenige Alternative zu wählen .., die am besten zur Zielerfüllung beiträgt." Unabhängig vom einzelnen Entscheidungstatbestand weisen alle Entscheidungsprobleme eine gemeinsame Grundstruktur auf. Diese ist durch die Grundelemente Umweltzustände, Handlungsalternativen und Zielsystem gekennzeichnet.

Konnektionistische Systeme können die Entscheidungsregel eines Entscheidungsträgers in einer Entscheidungssituation abbilden und eignen sich insoweit, wie im Rahmen der weiteren Ausführungen erläutert wird, zur Darstellung und Lösung betrieblicher Entscheidungsprobleme im Sinne von betriebswirtschaftlichen Entscheidungsmodellen.

Zur Modellierung einer Entscheidungsregel, wie beispielsweise eine Entscheidungsregel zur Reihenfolgeplanung für ein Produktionsunternehmen, auf der Grundlage Künstlicher Neuronaler Netze können zwei unterschiedliche Ansätze herangezogen werden. Der eine Ansatz basiert auf der universellen Approximationseigenschaft Konnektionistischer Systeme. So kann im Rahmen der Adaption eines Konnektionistischen Systems die Entscheidungsregel eines Entscheidungsträgers ermittelt und auf der Grundlage einer funktionalen Abbildung des Beziehungszusammenhanges zwischen der Entscheidungssituation und der in bezug auf das Wertsystem des Entscheidungsträgers optimalen Handlungsalternative dargestellt werden. Der andere Ansatz zur Modellierung der Entscheidungsregel eines Entscheidungsträgers ist dadurch gekennzeichnet, daß das betriebliche Entscheidungsproblem so auf die Struktur eines rückgekoppelten Künstlichen Neuronalen Netzes abgebildet wird, daß durch die Reproduktion des Neuronenmodells das Entscheidungsproblem gelöst wird.

---

[6] Vgl. *Bea (1992, S. 322)* sowie *Sieben (1985, S. 129)*.

4 Zusammenfassung und Ausblick

Die mit dieser Untersuchung verbundene Zielsetzung einer Exploration betriebswirtschaftlicher Anwendungsbereiche Konnektionistischer Systeme wurde erreicht. So konnten die Anwendungsmöglichkeiten Künstlicher Neuronaler Netze
als betriebswirtschaftliche Erklärungsmodelle und Entscheidungsmodelle nachgewiesen werden.
Die Erklärung realer betrieblicher Systeme und Abbildung der Entscheidungsregel
eines Entscheidungsträgers auf der Grundlage der universellen Approximationseigenschaft Konnektionistischer Systeme werden durch eine induktive
Vorgehensweise bestimmt und erfordern daher eine hinsichtlich des Umfanges
und der Struktur geeignete Datenbasis. Die sinnvolle Anwendung Künstlicher
Neuronaler Netze in diesen Anwendungsbereichen setzt voraus, daß der Erklärung
und Entscheidung kein vorab unterstelltes wohldefiniertes Modell, sondern lediglich eine Modellvorstellung zugrunde gelegt werden kann. Zudem ist mit der Bildung betriebswirtschaftlicher Modelle auf der Grundlage Konnektionistischer Systeme der Verzicht auf eine explizite Erklärungsfähigkeit, der aus der Eigenschaft
der verteilten Informationsspeicherung Künstlicher Neuronaler Netze resultiert,
verbunden.
Die Anwendungsmöglichkeiten Konnektionistischer Systeme als betriebswirtschaftliche Erklärungsmodelle und Entscheidungsmodelle werden, eine Verbesserung der Entwicklungsmethodik und Entwicklungswerkzeuge Künstlicher Neuronaler Netze vorausgesetzt, eine zunehmende Bedeutung erlangen. Dabei ist davon auszugehen, daß der Schwerpunkt der Anwendung Konnektionistischer Systeme nicht in der Lösung wohlstrukturierter Probleme, sondern in der Lösung
schlechtstrukturierter Probleme, d. h. Probleme mit Lösungsdefekten oder Wir-
kungsdefekten, liegen wird. Darüber hinaus ist zu erwarten, daß durch den Ansatz
der Bildung betriebswirtschaftlicher Modelle auf der Grundlage Künstlicher Neuronaler Netze das bisherige Spektrum der Ansätze zur betriebswirtschaftlichen
Modellbildung nicht ersetzt, sondern erweitert wird.

Literatur

Bea (1992)
Bea, F. X., „Entscheidungen des Unternehmens", S. 309 – 424, in: Bea, F. X., Dichtl, E., Schweitzer, M. (Hrsg.), „Allgemeine Betriebswirtschaftslehre, Band 1: Grundfragen", 6., neubearbeitete Aufl., Stuttgart et al., 1992

Bischoff, Bleile und Graalfs (1991)
Bischoff, R., Bleile, C., Graalfs, J., „Der Einsatz Neuronaler Netze zur betriebswirtschaftlichen Kennzahlenanalyse", S. 373 – 385, in: Wirtschaftsinformatik, Jg. 33, H. 5, 1991

Caudill (1989)
Caudill, M., „Using neural nets: representing knowledge, part 1", pp 34 – 41, in: Artificial intelligence expert, vol 4, no 12, 1989

Dayhoff (1990)
Dayhoff, J. E., „Neural network architectures: an introduction", New York, 1990

Düsing (1997)
Düsing, R., „Betriebswirtschaftliche Anwendungsbereiche Konnektionistischer Systeme", Hamburg, 1997

Hahn und Laßmann (1986)
Hahn, D., Laßmann, G., „Produktionswirtschaft - Controlling industrieller Produktion, Band 1: Grundlagen, Führung und Organisation, Produkte und Produktprogramm, Material und Dienstleistungen", Heidelberg et al., 1986

Heinen und Sabathil (1977)
Heinen, E., Sabathil, P., „Industriebetriebslehre (Teil I): Industriebetriebslehre als Entscheidungslehre" , S. 321 – 323, in: Wirtschaftswissenschaftliches Studium, Jg. 6, H. 7, 1977

Kemke (1988)
Kemke, C., „Der neuere Konnektionismus: ein Überblick", S. 143 – 162, in: Informatik Spektrum, Jg. 11, H. 3, 1988

Kratzer (1990)
Kratzer, K. P., „Neuronale Netze: Grundlagen und Anwendungen", München et al., 1990

Köhle (1990)
Köhle, M., „Neurale Netze", Wien et al., 1990

Köhler (1975)
Köhler, R., „Modelle", Sp. 2701 – 2716, in: Grochla, E., Wittmann, W. (Hrsg.),
„Handwörterbuch der Betriebswirtschaft", 4., völlig neu gestaltete Aufl., Stuttgart,
1975

Nauck, Klawonn und Kruse (1996)
Nauck, D., Klawonn, F., Kruse, R., „Neuronale Systeme und Fuzzy-Systeme:
Grundlagen des Konnektionismus, Neuronaler Fuzzy-Systeme und der Kopplung
mit wissensbasierten Methoden", 2., überarbeitete und erweiterte Aufl., Braunschweig et al., 1996

Schöneburg, Hansen und Gawelczyk (1990)
Schöneburg, E., Hansen, N., Gawelczyk, A., „Neuronale Netzwerke: Einführung,
Überblick und Anwendungsmöglichkeiten", Haar, 1990

Schweitzer (1994)
Schweitzer, M. (Hrsg.), „Industriebetriebslehre: das Wirtschaften in Industrieun-
ternehmungen", 2., völlig überarbeitete und erweiterte Aufl., München, 1994

Sieben (1985)
Sieben, G., „Gemeinsamkeiten betriebswirtschaftlicher Entscheidungsmodelle
(I)", S. 129 – 135, in: Das Wirtschaftsstudium, Jg. 14, H. 7, 1985

Stanley und Bak (1991)
Stanley, J., Bak, E., „Neuronale Netze: Computersimulation biologischer Intelli-
genz", München, 1991

Zell (1994)
Zell, A., „Simulation Neuronaler Netze", Bonn et al., 1994

Vergleich von multivariaten statistischen Analyseverfahren und Künstlichen Neuronalen Netzen zur Klassifikation bei Entscheidungsproblemen in der Wirtschaft

Helge Petersohn

Wirtschaftswissenschaftliche Fakultät

Institut für Wirtschaftsinformatik

Universität Leipzig

e-mail: petersohn@wifa.uni-leipzig.de

Die Lösung komplexer Entscheidungsprobleme erfordert oft die Klassifikation des vorhandenen Datenmaterials, um Gemeinsamkeiten in den Eigenschaftsstrukturen der verwendeten Daten herauszufinden. Dafür stellt die Statistik Verfahren zur Clusteranalyse bereit. Im Bereich der Künstlichen Neuronalen Netze ist es mit sogenannten Competitive Strategien möglich, Klassen zu bilden. Die statistischen und die konnektionistischen Ansätze führen bei gleichen Ausgangsbedingungen zu differierenden Lösungen. Darauf gründet sich der Bedarf an methodischen Hinweisen für den Einsatz von Klassifikationsverfahren. Die Kenntnisse über deren Verhalten basieren auf empirischen Analysen der Güte von Klassifikationsresultaten verschiedener Verfahren.

Dieser Beitrag bezieht sich sehr stark auf die Inhalte der Dissertation [7], wobei die Autorin mit der Gegenüberstellung von Varianten zur Klassifikation in Abb. 6, insbesondere mit Variante II neue Ergebnisse zur gleichen Thematik einbringt.

1 Problemstellung

Ökonomische Aufgabenstellungen beinhalten oft die Lösung komplexer Entscheidungsprobleme, bei denen das Erkennen bzw. die Klassifikation beobachteter Situationen und Ereignisse Bestandteil des Lösungsprozesses sind.

Das Ziel einer Klassifikation[1] besteht darin, Strukturen in einer Menge von Objekten zu entdecken, um daraus eine Zuordnung der Objekte zu Klassen (Gruppen, Clustern) ableiten zu können. Eine solche Klassenbildung kann bspw. zur Analyse von

- Produktpositionen,
- Marktsegmenten,
- Kundenbonitäten oder
- Produktqualitäten

dienen.

Entscheidungen, die auf solchen Analysen aufbauen, hängen sehr stark von der Güte der Klassifikationsergebnisse ab.

In der Fachliteratur, insbesondere bei den Marketingforschern, wird eine Vielzahl unterschiedlicher Klassifikationsverfahren diskutiert, deren Klassifikationsgüten jedoch oftmals unbekannt oder schwer vergleichbar sind [2, 4, 5, 8]. Erschwerend kommt hinzu, daß zwei grundverschiedene Verfahrensgruppen miteinander konkurrieren:

1. Verfahren der multivariaten Statistik einerseits und
2. Verfahren Künstlicher Neuronaler Netze (KNN) andererseits.

Somit stellt sich für den Anwender, der an klassenbildenden Analysen interessiert ist, ein *Auswahlproblem*.

Um ihn hierbei methodisch zu unterstützen, wurde ein Vorgehensmodell zur systematischen Auswahl von Klassifikationsverfahren vorgeschlagen [7, S. 204-207].

In diesem Beitrag wird auszugsweise aus der Dissertation [7] ein Überblick über die theoretischen Aspekte bei der Anwendung von Verfahren zur Klassenbildung gegeben (Abschnitt 2). Dies erfolgt anhand einer Auswahl von multivariaten statistischen Verfahren (MSV) zur Clusteranalyse und Selbstorganisierenden Karten (Self Organizing Maps - SOM) (Abschnitt 2.1). Für ein besseres Verständnis werden hierzu die für betriebswirtschaftliche Aufgabenstellungen neu ins Blickfeld geratenen SOM erläutert (Abschnitt 2.2) und um die Verfahren vergleichen zu können, werden danach in Orientierung am Ziel einer Klassenbildung wichtige Beurteilungskriterien vorgestellt (Abschnitt 2.3). An einem Beispiel erfolgt die Veranschaulichung des Vorgehens bei der Klassenbildung einschließlich der Be-

---

[1] In diesem Beitrag wird Klassifikation als Prozeß und Resultat einer Einteilung von Objekten in Klassen betrachtet (Klassenbildung).

urteilung der Ergebnisse (Abschnitt 3). Zum Schluß werden die wichtigsten
Aspekte einer Klassenbildung zusammengefaßt (Abschnitt 4).

2 Theoretische Aspekte zur Klassifikation von Objekten

2.1 Ausgewählte Klassifikationsverfahren

Abb. 1 enthält einen Überblick über die in diesem Beitrag betrachteten Klassifikationsverfahren der multivariaten Statistik und aus dem Bereich der KNN.

Die hier genannten Verfahren unterscheiden sich vor allem hinsichtlich der Art
und Weise, wie Objekte zu einer Klasse zusammengefaßt werden.

Die Klassenbildung mit *hierarchischen (agglomerativen) Verfahren* basiert auf
Proximitätsmatrizen und verfahrensspezifischen Fusionierungsalgorithmen.

Bei den *partitionierenden Verfahren* wird von einer gewünschten Klassenzahl
ausgegangen. Die Zuordnung von Objekten zu einer dieser Klassen beruht auf der
Minimierung der Abstände aller Objekte einer Klasse zu den jeweiligen Klassen-
zentroiden [7, S.61-71].

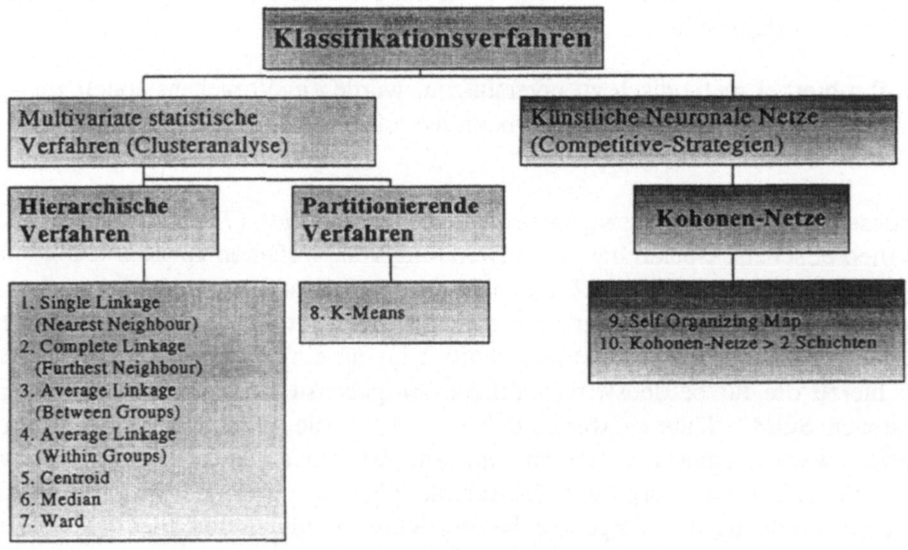

Abb. 1:   Klassifikationsverfahren

Es wird davon ausgegangen, daß die multivariaten statistischen Verfahren zur Klassenbildung bekannt sind [1, S. 260-322]. Das bezieht sich insbesondere auf diejenigen Verfahren zur Clusteranalyse, welche in der aktuellen Version des Statistikpakets SPSS zur Verfügung stehen und in diesem Beitrag als Vergleichsverfahren dienen.

Die Klassenbildung mit den hier verwendeten *SOM* ist bisher in der Marketingforschung kaum gebräuchlich und wird deshalb im folgenden Abschnitt 2.2 ausführlicher beschrieben.

2.2　Klassenbildung mit selbstorganisierenden Karten

Ein KNN wird beschrieben durch einen Graphen mit einer Menge von Knoten (Neuronen) und Kanten, welche die Knoten verbinden. Die Verbindungen besitzen Gewichte, die sich nach modellspezifischen Vorschriften verändern. Diese Veränderung wird als Lernen bezeichnet [6, S. 30-34].

KNN unterscheiden sich insbesondere durch ihren Lernmodus (überwacht, nicht überwacht).

Beim Lernmodus des *überwachten Lernens* (z.B. Backpropagation-Algorithmus) ist eine Zuordnung von Inputdaten (objektbeschreibende Merkmale) zu Outputdaten (z.B. Klassenzugehörigkeit, Prognosewerte) vor dem Lernen bereits bekannt.

Beim Lernmodus des *nicht überwachten Lernens* (z.B. SOM) ist eine Zuordnung von Inputdaten zu Outputdaten vor dem Lernen nicht bekannt. Die Zugehörigkeit bestimmter Objekte zu einer Klasse liegt mit dem Ausgangsdatenmaterial nicht vor. Ein Lernprozeß versucht hier die Gewichte des KNN so zu verändern, daß ein für alle Objekte gültiges Modell entsteht, mit dessen Hilfe auf Basis der objektbeschreibenden Merkmale für jedes Objekt die Zugehörigkeit zu einer Klasse entdeckt werden kann.

Der Lernprozeß für die in diesem Beitrag verwendeten SOM erfolgt nach der Kohonen-Lernregel nicht überwacht [3, S. 78 ff]. Es werden Komponenten von Gewichtsvektoren berechnet, deren Endpunkte durch jeweils ein Neuron der SOM ausgedrückt werden (vgl. Abb. 2).

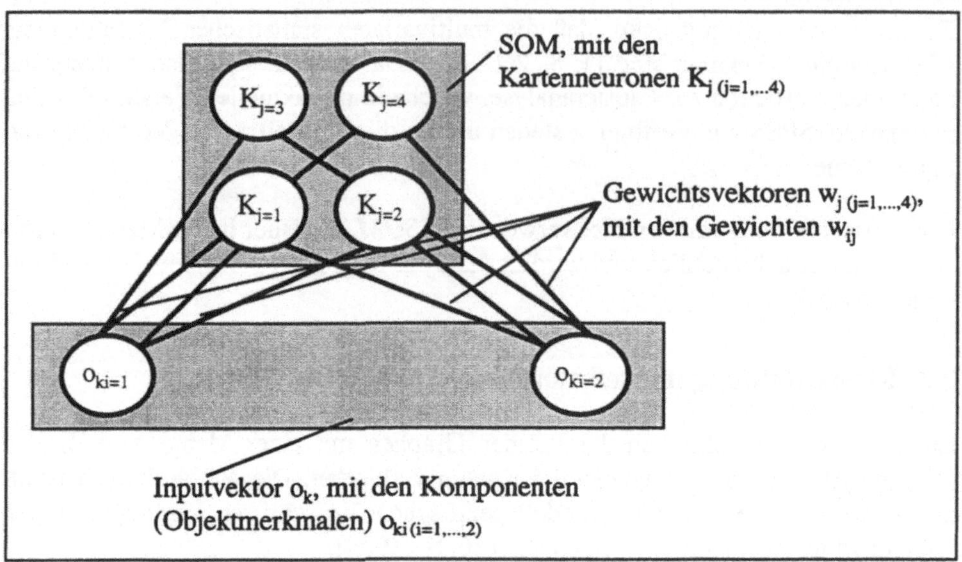

Abb. 2: Beispiel einer SOM

Zu jedem Objektvektor (Inputvektor) wird jeweils derjenige Gewichtsvektor gesucht, für den gilt, daß bspw. die Euklidische Distanz zwischen den Endpunkten von normiertem Inputvektor und Gewichtsvektor, verglichen mit allen möglichen Distanzen zwischen genau diesem Inputvektor und den anderen Gewichtsvektoren am kleinsten ist. Das Neuron auf der SOM, zu dem dieser Gewichtsvektor zeigt, repräsentiert das jeweilige Objekt auf der Karte. Objekte, die einander proximativ[2] sind, werden so auf der Karte identisch oder benachbart abgebildet. Hat die SOM aber nur so viele Neuronen, wie Klassen zu bilden sind, dann erhöht sich zwangsläufig die Anzahl der Objekte, die von einem Neuron repräsentiert werden.

Zur Klassenbildung sind zwei Phasen erforderlich, eine Lernphase zur Modellierung und eine Recallphase zur Modellanwendung. Die prinzipielle Funktionsweise einer SOM läßt sich daher durch folgende Punkte näher beschreiben.

Lernphase:
1. Festlegen der Anzahl von Neuronen auf der Karte. (Die maximale Anzahl zu bildender Klassen ist durch die Anzahl der Kartenneuronen begrenzt.)
2. Berechnung der Euklidischen Distanz $ED_j(o_k,w_j)$ zwischen dem Gewichtsvektor w_j (Vektor, dessen Komponenten die Kantengewichte von allen Inputneuronen zu einem Kartenneuron K_j sind) und dem normierten

---

2   Proximität ist das Quantum an Ähnlichkeit oder Distanz, welches zwischen Objekten existiert.

Eingabevektor o_k eines Objektes x_k für alle Kartenneuronen:

$$ED_j(o_k, w_j) = \sqrt{\sum_{i=1}^{m} \left(w_{ij} - o_{ki} \right)^2} \, , \qquad (1)$$

$$o_{ki} = \frac{x_{ki}}{\sqrt{\sum_{i=1}^{m} x_{ki}^2}} \qquad (2)$$

$ED_j(o_k,w_j)$ ... Euklidische Distanz zwischen normiertem Eingabevektor o_k

            und Gewichtsvektor w_j zum Kartenneuron K_j

w_{ij} ... Gewicht zwischen Inputneuron o_{ki} und Kartenneuron K_j

x_{ki} ... Ausprägung des Merkmals i (i=1,...,m) für ein Objekt k

o_{ki} ... Ausprägung des Merkmals i für ein Objekt k auf Basis der Normierung des Eingabevektors x_{ki}.

Das Kartenneuron K_j, welches für einen Eingabevektor die kleinste Distanz $ED_j(o_k,w_j)$ besitzt, wird als gewinnendes Kartenneuron bezeichnet.

3. Lernen der Daten durch Verschiebung des Gewichtsvektors, der zu dem gewinnenden Kartenneuron K_j führt, in Richtung des aktuellen Eingabevektors um den Betrag Δw_j, mit

$$\Delta w_j = \eta(o_k - w_j(t)) \qquad (3)$$
$$w_j(t+1) = w_j(t) + \Delta w_j \qquad (4)$$

η ... Lernrate, die vorgibt, wie stark sich der Gewichtsvektor in Richtung des Eingabevektors verschieben soll.

o_k ... normierter Eingabevektor für das Objekt k

$w_j(t)$ ... Gewichtvektor zum Kartenneuron K_j beim Lernschritt t

$w_j(t+1)$ ... Gewichtvektor zum Kartenneuron K_j beim Lernschritt t+1

Die nachfolgende Abb. 3 zeigt, wie sich als Lernschritt ein Gewichtsvektor in Richtung des Eingabevektors verschiebt.

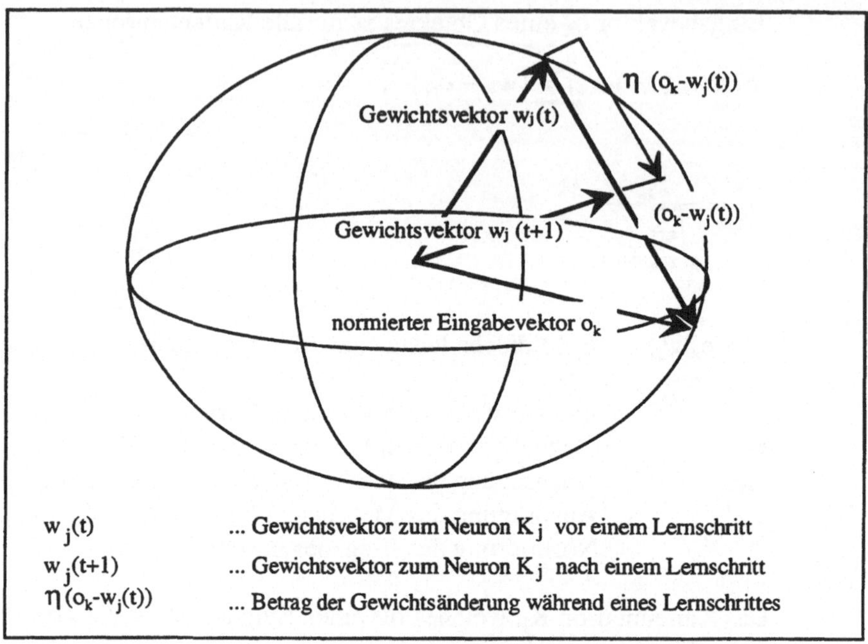

Abb. 3:   Verschiebung des Gewichtsvektors in Richtung des
Eingabevektors

In diesem Schritt muß eine Entscheidung über die Lernrate getroffen
werden. Von ihr hängt die Geschwindigkeit des Lernens und der Lerner-
folg ab. Es gibt bisher wenig Anhaltspunkte über die korrekte Wahl der
Lernrate. Für diesen Beitrag wurden verschiedene Lernraten (0,5 und 0,8)
getestet.

Die Schritte 2 und 3 werden solange wiederholt, bis sie bspw. das 30fache der
Anzahl der Objekte betragen (eine Anwendungsempfehlung des Handbuches zu
„Neural Works Professional II/Plus", mit dem die hier beschriebenen Untersuchungen durchgeführt wurden). Im Beispielfall (Abschnitt 3) sind dies 7950 Lern-
schritte für 265 Objekte.

Recallphase:

1. Berechnung aller Distanzen $ED_j(o_k,w_j)$ (vgl. Schritt 2) anhand der ge-
   lernten Gewichtsmatrix. Das Kartenneuron K_j mit der kleinsten Distanz
   $ED_j(o_k,w_j)$ repräsentiert die Klasse, in welche auf diese Weise der aktuelle Eingabevektor (das aktuelle Objekt) eingeordnet wird.
   Schritt 4 wird für jedes Objekt einmal abgearbeitet.

2.3 Beurteilung von Klassifikationslösungen

Für die praktische Anwendung von Klassifikationsverfahren stellt sich die Frage nach Kriterien, anhand derer beurteilt werden kann, ob eine Klassifikation einen betrieblichen Anwender zufriedenstellt oder nicht. Zur Beantwortung ist es außerordentlich wichtig, zwei prinzipiell verschiedene Möglichkeiten zu betrachten, die einer Entscheidung über die Güte der Klassifikation zugrundegelegt werden können:

1. Werden Klassen gesucht, deren Objekte einander ähnlich sein sollen, so richtet sich die Beurteilung nach einem *ähnlichkeitsbasierten* Gütekriterium.
2. Besteht hingegen das Analyseziel darin, Klassen anhand von Niveauunterschieden zu bilden, beruht die Gütebetrachtung auf einem *Distanzmaß*.

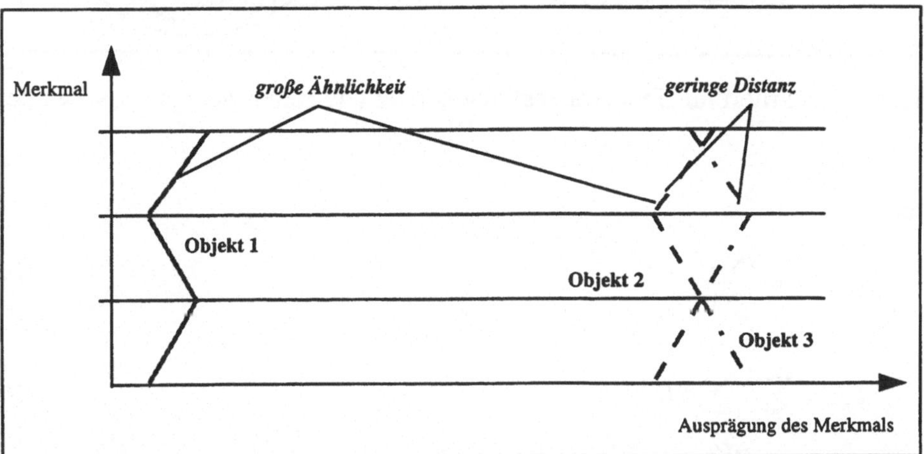

Abb. 4: Gegenüberstellung von Ähnlichkeit und Distanz als Hilfsmittel zur Entscheidung zwischen Ähnlichkeitsmaß oder Distanzmaß

Sowohl mit der ähnlichkeits- als auch mit der distanzbezogenen Klassenbildung wird eine Verteilung der Objekte auf Klassen angestrebt, die in einem starken Maße intern homogen und extern heterogen ist. Für die Bestimmung der Güte werden deshalb sogenannte Homogenitäts- und Heterogenitätsmaße verwendet, die je nach betrachtetem Gütekriterium variieren. Die Unterschiede zwischen Distanz und Ähnlichkeit (vgl. Abb. 4), aber auch die Vielfalt an Gütekriterien sind in [7, S. 44 ff, S. 123-143] ausführlicher untersucht worden.

Das hier vorrangig verwendete Gütekriterium g_{ED} (R) resultiert aus der Forderung an eine Klassenbildung nach hoher Innerklassenhomogenität bei möglichst heterogenen Klassen. Daraus läßt sich ein sehr gutes Maß für die Gesamtgüte einer

Klassifikation R ableiten. Es ist als Quotient aus den Innerklassenhomogenitäten und der Heterogenitäten zwischen den Klassen berechenbar (vgl. Abb. 5).

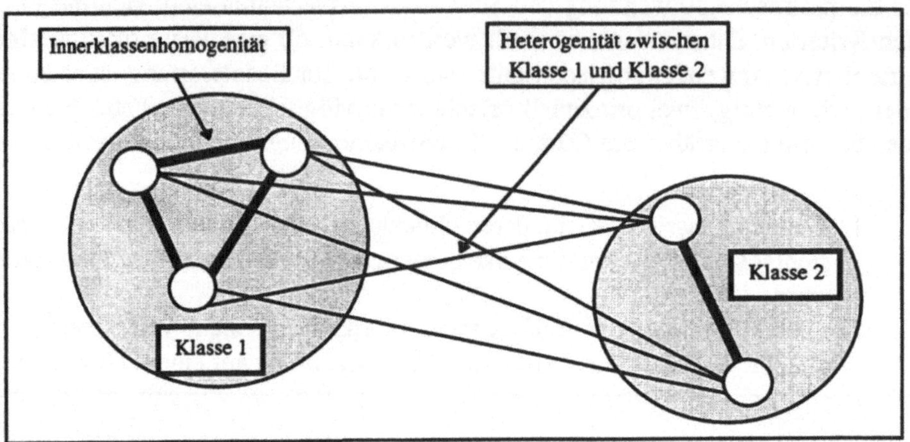

Abb. 5: Gütekriterium „Innerklassenhomogenität und Heterogenität zwischen den Klassen"

Gütekriterien:

$$g_{ED}(R) = \frac{IKH}{HZK} \tag{5}$$

$$IKH = \sum_{p=1}^{r} \sum_{\substack{x_s, x_t \in K_p \\ x_s \neq x_t}} ED(x_s, x_t) \tag{6}$$

$$HZK = \sum_{k=1}^{r-1} \sum_{p>k}^{r} \sum_{\substack{x_t \in K_k \\ x_s \in K_p}} ED(x_s, x_t) \tag{7}$$

IKH	... Summe der Innerklassenhomogenitäten über alle Klassen
HZK	... Summe der Heterogenitäten zwischen je zwei verschiedenen
	Klassen über alle Klassen
r	... Anzahl der Klassen einer Klassifikation R
K_k	... Klasse k
K_p	... Klasse p
$ED(x_s, x_t)$	... Euklidische Distanz zwischen je zwei Objekten x_s und x_t.

Innerhalb einer Klassenlösung ist das Verfahren das beste, welches vergleichsweise den geringsten Quotienten g_{ED} (R) aufweist.

Ein weiteres Kriterium $g_{Varianz}$ (R) berücksichtigt die Varianzen innerhalb der Klassen.

$$g_{Varianz}(R) = \sum_{p=1}^{r} \sum_{i=1}^{m} \sum_{k=1}^{n} \left(x_{k_i} - \overline{x_i^{K_p}} \right)^2 \qquad (8)$$

x_{k_i} ... Ausprägung des Merkmals i bei Objekt k der Klasse K_p

$\overline{x_i^{K_p}}$ ... Zentroid des Merkmals i aller Objekte in der Klasse K_p

Im Vergleich würde nach diesem Kriterium dasjenige Verfahren mit dem kleinsten $g_{Varianz}$ (R) die beste Klassifikation hervorbringen.

3 Beurteilung der Klassenbildung am Beispiel

3.1 Beschreibung des Datenmaterials

An einem Anwendungsfall aus dem Stadtmarketing soll hier exemplarisch gezeigt werden, wie empirische Untersuchungen prinzipiell vorgenommen werden sollten. Das verwendete Datenmaterial entstammt einer im Herbst 1993 von EMNID durchgeführten telefonischen Befragung von Unternehmen aus ganz Deutschland. Auftraggeber war das Institut für Urbanistik in Berlin, welches wiederum im Auftrag von Kommunen diese Daten zur Clusteranalyse mit dem Verfahren K-Means und für weitere Analysen verwendete. Ziel der Clusteranalyse war es, Klassen von Unternehmen bezüglich ihrer Einstellung zur Bedeutung von Standortfaktoren zu bilden. Der Auswertung lagen die Urteile der Befragten zur Wichtigkeit von 26 Standortfaktoren zugrunde, wie bspw. Arbeitsmarkt, kommunale Abgaben, Subventionen, Arbeitsweise der kommunalen Verwaltung, Wirtschaftsklima, Ausstattung und Lage der Büros, Kosten von Flächen, aber auch Stadtbild, Attraktivität der Region, Hochschulen, Kulturangebot, Kunstszene, Schulen, Image der Stadt, Image des Betriebsstandortes, Karrieremöglichkeiten, Umweltqualität, Wohnen und Freizeitmöglichkeiten. Für die Beantwortung standen 4 Alternativen (sehr wichtig, eher wichtig, eher unwichtig, völlig unwichtig) zur Auswahl, von denen nur eine Antwortmöglichkeit zulässig war. Die nachfolgenden Tests wurden mit einer repräsentativen Stichprobe von 265 Fällen durchgeführt.

3.2 Verwendete Varianten zur Klassenbildung

Für den Verfahrensvergleich wurden fünf, vier, drei und zwei Klassen gebildet. In Abb. 6 werden drei durchgeführte Varianten zur Klassenbildung gegenübergestellt.

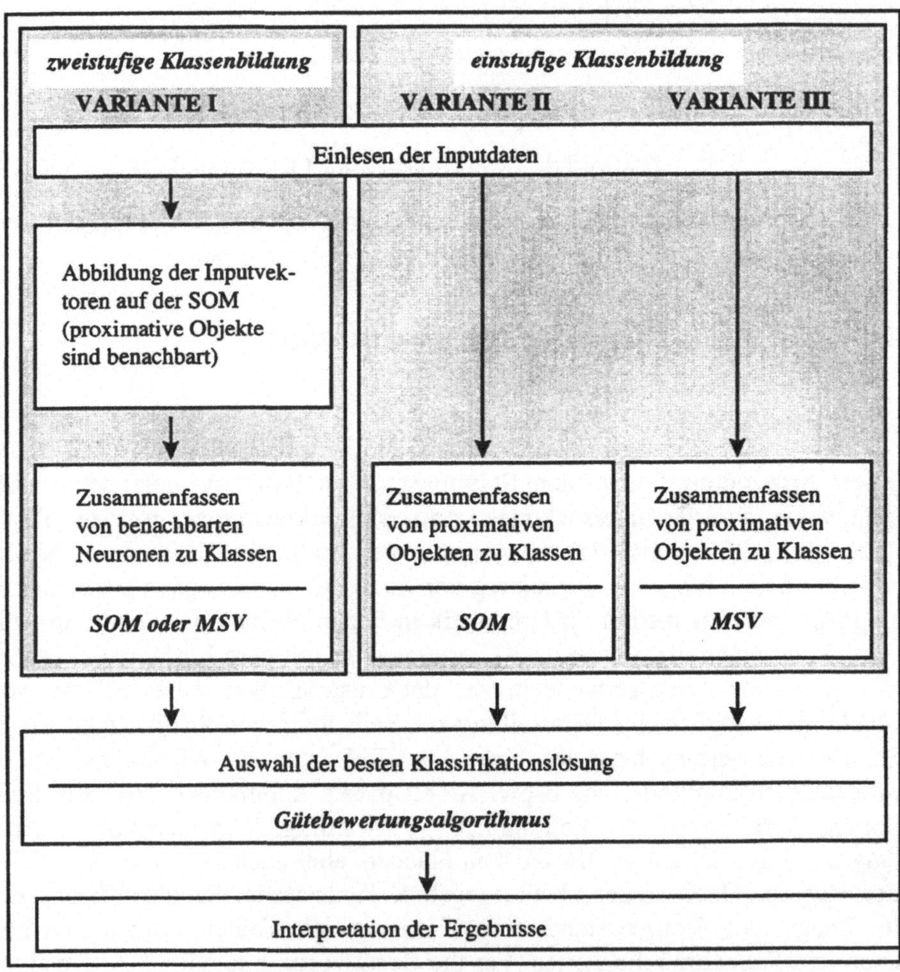

Abb. 6: Angewandte Varianten zur Klassenbildung

In *Variante I* erfolgt die Klassenbildung in zwei Stufen. Während der ersten Stufe werden mit SOM, deren Anzahl Kartenneuronen relativ groß ist (z.B. $8 < j < 100$, hier j=25), einander proximative Objekte auf der Karte benachbart abgebildet. In der zweiten Stufe wird ausgehend von den Werten für jedes Objekt auf der Karte $(ED_j(o_k, w_j)$ des Recalls mit optionaler Transformation aller $ED_j(o_k, w_j)$ in ein zweidimensionales Koordinatensystem) eine Klassenbildung entweder mit SOM (Anzahl Kartenneuronen = Anzahl zu bildender Klassen) oder mit einem MSV durchgeführt. Für das Beispiel wurde eine SOM (SOM-Var I) verwendet. Kritisch ist hierbei anzumerken, daß eine Art Datenreduktion in Stufe eins „Chancenungleichheit" im Verfahrensvergleich bewirkt.

Variante II stellt eine Form der Clusteranalyse mit SOM (SOM-Var II) dar, wobei bereits die Inputdaten wie in Stufe zwei bei Variante I zur Klassenbildung verwendet werden. Die Klassenbildung durch SOM erfolgte mit 5x1, 4x1, 3x1 und 2x1 Kartenneuronen.

Variante III umfaßt acht MSV, davon K-Means (KM), Average Linkage-Between Groups (BG), Average Linkage-Within Groups (WG), Single Linkage (Nearest Neighbour (NN)), Complete Linkage (Furthest Neighbour (FN)), Centroid (C), Median (M) und Ward (W), wobei den hierarchischen Verfahren die Euklidische Distanz zu Grunde lag.

3.3 Vergleich der Ergebnisse bei der Klassenbildung

Der Beispieldatensatz wurde, wie in Abschnitt 3.2 beschrieben, einer Klassenbildung unterzogen. Die folgenden Auswertungen beziehen sich nur auf die Klassifikationsgüten. Eine inhaltliche Interpretation der Ergebnisse kann an dieser Stelle nicht erfolgen. Die unterschiedlichen Resultate unterstreichen aber das Grundanliegen dieses Beitrages und deuten die Probleme der Fehlklassifikation an (vgl. Tab. 1).

Verfahren	*5 Klassen*	*4 Klassen*	*3 Klassen*	*2 Klassen*
SOM-Var I	*0.21*	*0.29*	*0.45*	*0.86*
SOM-Var II	*0.22*	*0.30*	*0.45*	*0.87*
KM	*0.48*	*0.39*	*0.86*	*1.43*
BG	*4.94*	*9.97*	*12.67*	*21.10*
WG	*0.33*	*0.54*	*0.82*	*0.89*
NN	*23.63*	*31.14*	*47.51*	*92.36*
FN	*0.40*	*0.44*	*0.47*	*1.12*
C	*17.06*	*21.02*	*27.62*	*40.15*
M	*17.57*	*32.50*	*50.94*	*51.03*
W	*0.38*	*0.50*	*0.76*	*1.09*

Tab. 1:   Gesamtgüte nach g_{ED} (R)=IKH/HZK

Für den Vergleich in Abb. 7 scheiden BG, NN, C und M aus. Bei ihnen führt die Selektion von vermutlichen Ausreißern zu diesen hohen Werten.

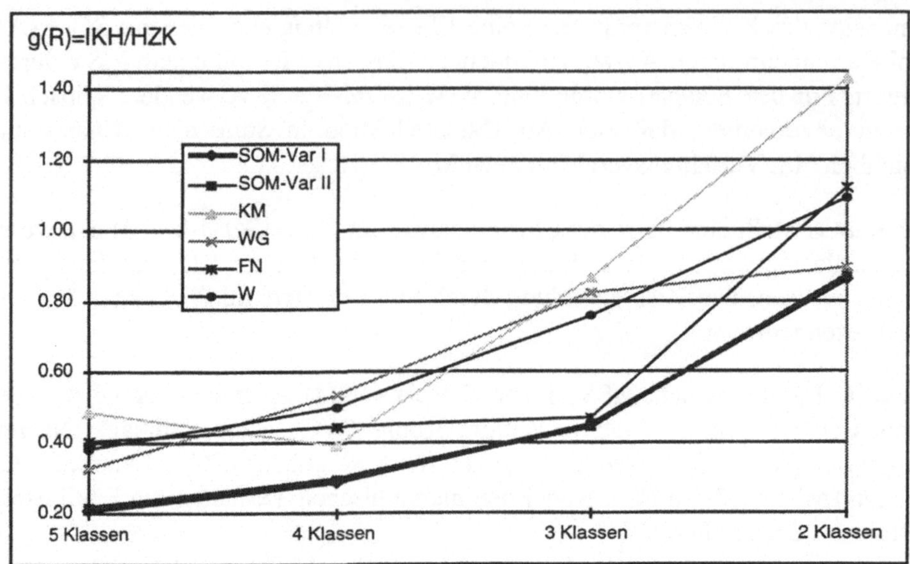

Abb. 7: Verlauf der Gütewerte für die 5-, 4-, 3- und 2-Klassenlösung

Sowohl aus Tabelle 1 als auch aus der Abb. 7 wird deutlich, daß SOM in Variante I und in Variante II zu besseren Ergebnissen führen als die Vergleichsverfahren der multivariaten Statistik. Weiterhin läßt sich feststellen, daß sich die Resultate in Abhängigkeit von der Klassenzahl kontinuierlich verhalten. Hier ließe sich das bekannte „Elbow-Kriterium" aus [1, S. 308] auf das Gütekriterium anwenden, um die geeignete Klassenzahl zu bestimmen. In diesem Fall würde die Autorin wegen des geringsten Anstiegs zwischen $g_{ED}(R)$ bei 5 Klassen und $g_{ED}(R)$ bei 4 Klassen eine 4-Klassenlösung präferieren.

In [7, S. 161 ff] führte die Analyse von distanz-, varianz- und ähnlichkeitsbasierten Gütekriterien zu der Erkenntnis, daß verschiedene Verfahren hinsichtlich bspw. Varianz $g_{Varianz}(R)$ und Distanz $g_{ED}(R)$ die jeweils bessere Güte aufweisen und es sich als sinnvoll erachten läßt, wenn für diese Klassifikationsergebnisse *Überdeckungen* bestimmt werden. Im Hinblick einer Erleichterung der Interpretation der Klassifikationsergebnisse wurden die Merkmale mittels einer explorativen Faktoranalyse zu 3 Faktoren zusammengefaßt.

Für alle Verfahren ließen sich typische Muster von Unternehmeransichten erkennen. Allerdings unterscheiden sich diese zum Teil stark durch die Klassengröße, die mit einem solchen Muster beschrieben wird. Die typischen Einschätzungsmuster führen in der vergleichenden Betrachtung, ausgehend von den Klassifikationen mit der besten Güte, nur zu drei Klassen von Unternehmen, und zwar vom:

Typ1,   die nahezu alle Faktoren als „wichtig" und „sehr wichtig" einstufen,

Typ2,   die den Faktoren 2 und 3 mittlere Bedeutung zukommen lassen (zwischen „wichtig" und „eher unwichtig") und Standortfaktoren, wie sie im Faktor 1 enthalten sind, als „eher unwichtig" einschätzen und

Typ3,   die allen Faktoren mittlere Bedeutung beimessen, aber darunter *einige* im Faktor 2 zusammengefaßte, sogenannte harte Standortfaktoren, als „sehr wichtig" und „wichtig" beurteilen.

Auffallend war, daß auch für denselben Typ bei verschiedenen Verfahren sehr unterschiedliche Klassengrößen auftraten.

In Abb. 8 wird das beste Resultat des Gesamtgütekriteriums g_{ED} (R) auf Basis der Euklidischen Distanz dem besten Resultat nach dem Gesamtgütekriterium auf Basis der Varianz $g_{Varianz}$ (R) hinsichtlich der definierten Typen und der Klassengrößen gegenübergestellt. Sie zeigt für die Verfahren SOM nach Variante I und WG die Anteile aller Objekte je Klasse und für die Typen 1-3 die Überdeckungen. Der Umfang an Überdeckungen beträgt 180 (=68+68+44) Objekte. Das bedeutet, die Sicherheit guter Interpretationen erhöht sich in diesem Fall für 67,92 % der Stichprobe. Dieses Herangehen führt zu einer besseren Eliminierung von Ausreißern im Nachgang der Klassifikation.

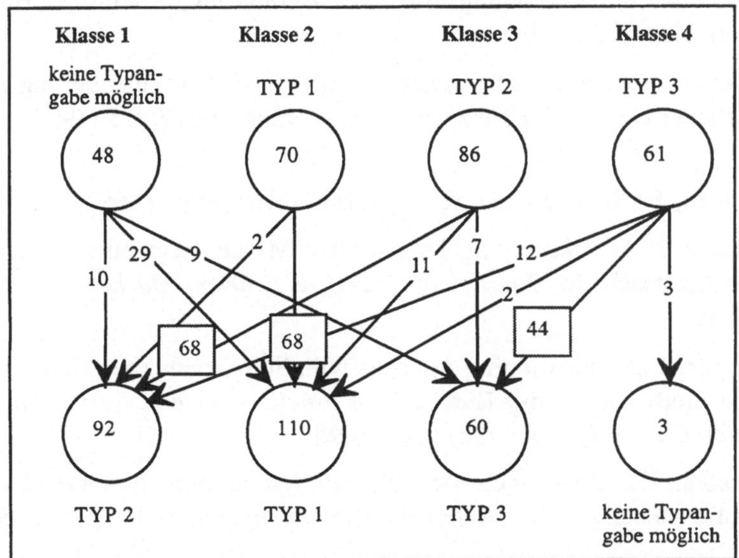

Abb. 8: Überdeckungen der Klassifikationen durch die Verfahren SOM nach Variante I (oben) und WG nach Variante III (unten)

4 Fazit

Wie in diesem Beitrag an einem Beispiel exemplarisch gezeigt wurde, stellen sich
für eine Analyse mit Klassenbildung vier wesentliche Entscheidungsprobleme
1. zur Auswahl des Proximitätsmaßes,
2. zur Auswahl der Klassifikationsverfahren,
3. zur Methode der Datenaufbereitung und
4. zur Selektion der anzusetzenden Gütekriterien.

Eine generelle Aussage darüber, welche Verfahren Klassen am besten bilden, wäre unrealistisch. Die Daten weisen für jedes Anwendungsproblem sehr verschiedene Eigenschaften auf. Sie unterscheiden sich vor allem hinsichtlich ihrer Anzahl
zu analysierender Objekte, Anzahl der Merkmale und Wertebereiche der Merkmale. Aus diesem Grund lassen sich zwar Erfahrungen aus den Analysen für die
Durchführung künftiger Untersuchungen ableiten. Signifikante Aussagen über die
Güte von SOM können jedoch aufgrund der genannten Dateneigenschaften nicht
getroffen werden. In jedem Fall empfiehlt sich die Anwendung von MSV durch
SOM zu ergänzen und einen Gütetest durchzuführen.

5 Literatur

[1] Backhaus, K./ Erichson, B./ Plinke, W./ Weiber, R.: Multivariate Analyse-
     methoden- Eine anwendungsorientierte Einführung, 7. Auflage, Berlin Hei-
     delberg New York 1994.

[2] Hruschka, H./ Natter, M.: Clusterorientierte Marktsegmentierung mit Hilfe
     künstlicher Neuronaler Netzwerke. In: *Marketing ZFP*, 15 (1995) 4, S. 249-
     254.

[3] Kohonen, T.: Self-Organizing Maps, Berlin Heidelberg 1995.

[4] Mazanec, J. A.: Classifying Tourists into Market Segments: A Neural Net-
     work Approach. In: *Journal of Travel & Tourism Marketing*, 1 (1992) 1,
     S. 39 59.

[5] Mazanec, J .A.: Positioning Analysis with Self-Organizing Maps. An explo-
     ratory Study on Luxury Hotels. In: *Cornell Hotel and Restaurant Admini-
     stration Quarterly*. 36 (1995) 6, S. 80-95.

[6] Petersohn, H.: Ein Vorgehensmodell zur systematischen Auswahl von Klas-
     sifikationslösungen. In: *IM-Informationsmanagement* 11 (1996) 3, S. 30-34.

[7]   Petersohn, H.: Vergleich von multivariaten statistischen Analyseverfahren und Künstlichen Neuronalen Netzen zur Klassifikation bei Entscheidungsproblemen in der Wirtschaft, Frankfurt am Main 1997.

[8]   Rittinghaus-Mayer, D.: Die Anwendung von Neuronalen Netzen in der Marketingforschung, München 1993.